# EPISTEMOLOGÍA
# DEL PSICOANÁLISIS

# EPISTEMOLOGÍA DEL PSICOANÁLISIS

Alfonso Herrera

Número de Control de la Biblioteca del Congreso de EE. UU.:          2013917861
ISBN:                    Tapa Dura                            978-1-4633-6725-1
                         Tapa Blanda                          978-1-4633-6724-4
                         Libro Electrónico                    978-1-4633-6723-7

**Para realizar pedidos de este libro, contacte con:**
Palibrio LLC
1663 Liberty Drive
Suite 200
Bloomington, IN 47403
Gratis desde EE. UU. al 877.407.5847
Gratis desde México al 01.800.288.2243
Gratis desde España al 900.866.949
Desde otro país al +1.812.671.9757
Fax: 01.812.355.1576
ventas@palibrio.com
470609

# ÍNDICE

# AGRADECIMIENTOS

La redacción del presente trabajo tuvo causa en una beca que como estudiante del Doctorado en Filosofía Política de la Universidad Autónoma Metropolitana (UAM-I) me fue concedida por el Consejo Nacional de Ciencia y Tecnología (Conacyt).

Durante la elaboración del escrito ofrecido para la obtención del grado, recibí la orientación y paciente generosidad de mi tutor académico, el Doctor Sergio Pérez Cortés.

Con sustanciales modificaciones, el presente documento retoma partes medulares de aquella investigación que los doctores Alberto Constante, Leticia Flores y Raúl Quesada asimismo dictaminaron.

Nunca podré agradecer como se debe que Fernanda Tovar Masvidal haya aceptado balizar con sus imágenes este libro.


Dedico este libro a Karina, Lucía y Rebeca, fundamentos de lo que hago y soy.

# Introducción

El presente trabajo sostiene que es posible fundamentar la noción de una epistemología del psicoanálisis. La verificación y validación de los principios teóricos, instrumentales y metodológicos del *corpus* que Freud propuso a la razón permite circunscribir el campo enunciativo de la metapsicología, la crítica racional de su entramado categorial, la valoración de su incidencia clínica, la discriminación de su rango de competencia y el juicio contrastado de su alcance epistémico.

La retícula conceptual metapsicológica perimetra un saber específico, cuyos fundamentos son incesantemente conminados por las prácticas y ciencias oficiales a corroborar su –siempre cuestionada– suficiencia. Las reiteradas comparecencias ante los tribunales de las disciplinas legitimadas derivaron en que hoy día el psicoanálisis puede dar cuenta de las relaciones cronológicas y lógicas que rigen sus enunciados, de las posibilidades y límites de su campo explicativo, de sus postulados y soportes conceptuales, y de las condiciones específicas en que su saber fue instituido.

En unos 200 trabajos de distinto aliento publicados a lo largo de medio siglo (1886-1938) Freud instituyó una discursividad que reverbera, discurre y se despliega en todos los ámbitos de la cultura. Mas la diseminación del *constructo* psicoanalítico no ha diluido la distancia que desde la metapsicología Freud estableció con la psicología, la medicina y la psiquiatría de su tiempo. Muy por el contrario, esa elucidación fue la que hizo viable la emergencia del psicoanálisis en el concierto de prácticas que acometen lo subjetivo, y es lo que sigue ratificando su especificidad .

Los dos capítulos que constituyen este libro hacen sendos cortes en lo psicoanalítico:

El primero (atinente a las *condiciones de posibilidad* y al *surgimiento del psicoanálisis*) enmarca sus directrices argumentativas en la biología filosófica de Georges Canguilhem, y propone hacer un tajo diacrónico en la obra freudiana para perfilar el bastidor sobre el que el psicoanálisis se entramaría: se analizarán ahí las condiciones epistemológicas que posibilitaron la emergencia del saber freudiano, el contexto científico y las disputas metodológicas imperantes en la Viena decimonónica, las diversas y sucesivas técnicas que Freud empleó en su exploración de las formaciones de lo inconsciente e incluso los avatares biográficos que tuvieron un influjo decisivo en la concepción de sus teorías.

El segundo (relativo al *forjamiento de los conceptos*) intenta hacer lo propio en el orden sincrónico apoyado en la epistemología histórica de Gastón Bachelard, para mostrar el desarrollo mismo de la cosa psicoanalítica (la *cosa freudiana*, como la llamó Lacan) desentrañando la estructura argumentativa que soporta el aparato conceptual metapsicológico. Se detallará cómo se instituyó la metapsicología a partir de una batería categorial novedosa (distante y solidaria a un tiempo del saber médico), y se discernirá qué se entiende por *exposición metapsicológica* puntualizando ejemplos relativos a la *tópica*, la *económica* y la *dinámica* del aparato psíquico.

El periodo que a lo largo de esta investigación será abarcado puede dividirse de la siguiente manera:

-La fase prepsicoanalítica (1871-1899) en la que a instancias de su amigo y mentor Josef Breuer, Freud buscó adscribirse a las líneas de investigación científica encabezadas por sus admirados maestros (Helmholtz, Brücke, Du Bois-Reymond, Meynert, Charcot). Este amplio lapso fue acompasado epistolarmente con los grandes intercambios escritos que sostuviera sucesivamente con Eduard Silberstein, Martha Bernays y Wilhelm Fliess (con quien la correspondencia se mantendría, agonizante, hasta 1904). Es también en el curso de estos veintiocho años que Freud trató de establecer con su *Proyecto* un puente entre la psicología y la neurología, para después acceder a un campo nuevo del saber por la vía regia de la histeria; y —a pesar de haber forjado los conceptos eje de su complejo teórico, *psicoanálisis* y *metapsicología* entre otros—, fue también el periodo en que padeció el aislamiento al que la comunidad científica lo sometió, recrudecido por la indiferencia dispensada a su obra capital de 1899, *La interpretación de los sueños*.

-La fase plenamente psicoanalítica (1900-1914) que va de la *Traumdeutung* a la *Introducción del narcisismo*, periodo en el que las formaciones de lo inconsciente fueron el centro de interés en la investigación freudiana. Lo que de ahí se desprendiera conformaría lo que hoy se conoce genéricamente como la teoría psicosexual psicoanalítica. En esta segunda etapa Freud redactaría las 3 obras que cimentan el edificio psicoanalítico y publicaría sus cinco historiales clínicos: los casos de Dora (1901), de Juanito y del *Hombre de las ratas* (ambos en 1909), de Schreber (1910) y del *Hombre de los lobos* (1914). En este lapso de pleno reconocimiento al psicoanálisis tendrían lugar asimismo las llamadas *reuniones psicológicas de los miércoles* (1902-1906) celebradas por los pioneros del psicoanálisis, que derivarían en la *Sociedad Psicoanalítica de Viena* (1908-1915) y, sobre todo, en la fundación de la Asociación Psicoanalítica Internacional (IPA) en 1910; pero ése fue también el tiempo de las dolorosas disidencias de Alfred Adler (1911) y de Carl Gustav Jung (1912-1913).[1]

-En esta división arbitraria, la tercera fase (1915-1920) estaría marcada por el lustro en el que Freud replanteó la metapsicología con sus escritos sobre los avatares de la pulsión, la melancolía, lo inconsciente y la represión, amén de un complemento a la interpretación de los sueños.

-El gran giro que en la obra freudiana representó *Más allá del principio de placer* marcaría un cuarto periodo (1920-1930) en el que tiene lugar la postulación de la pulsión de muerte, la reflexión sobre el fenómeno transferencial producido por la fundación de la IPA (*Psicología de las masas y análisis del yo*), la formulación de una segunda tópica (*El yo y el ello*), un balance general del hoy llamado freudismo (*Presentación autobiográfica*), un magistral ensayo que ilustra una exposición metapsicológica (*Inhibición, síntoma y angustia*) y la obtención del premio Goethe que no hizo más que acentuar para Freud la particularidad de ser honrado por sus dotes literarias más que por sus méritos científicos, pues el premio Nobel le fue escamoteado hasta el final de sus días.[2]

---

[1]  Para refutar las posiciones de ambos (se hablaba entonces de tres escuelas psicoanalíticas), y argumentando que no tenían derecho a hablar en nombre del psicoanálisis quienes se apartaran de sus postulados fundamentales, Freud redactó su *Contribución a la historia del movimiento psicoanalítico* (1914). Adler acabaría por denominar sus teorías con el término "psicología individual" y Jung con el de "psicología analítica".

[2]  La tercera y la cuarta fase representan un periodo de franca consolidación del psicoanálisis; lo que no significa que, en el marco general de la cultura, la obra

-La década de los treinta sería el lapso del quinto y último periodo (1930-1939) donde Freud sopesó el estado que entonces guardaba la civilización occidental (*El malestar en la cultura*), al tiempo que aportó sus últimas puntualizaciones a la cosa psicoanalítica (*Análisis terminable e interminable, Esquema del psicoanálisis* y *Construcciones en el análisis*); a lo que se sumaría el que es considerado su testamento teórico (*Moisés y la religión monoteísta*).

freudiana hubiera trascendido alguna vez su carácter de saber marginal.

# Capítulo 1

## Condiciones de posibilidad y surgimiento del psicoanálisis

En este capítulo se discernirán las condiciones específicas en las que el campo del psicoanálisis fue instituido, examinando minuciosamente la *episteme* en la que tal emergencia tuvo lugar.[3] Para tal efecto, se indagarán las condiciones que hicieron posible el surgimiento de la metapsicología elucidando el entramado sobre el que se erigió su estructura categorial.

En palabras de Canguilhem, se trata de especificar qué instrumentos epistemológicos son eficaces para "valorizar o desvalorizar los procedimientos del saber"[4] (psicoanalítico, por caso), estableciendo "las relaciones cronológicas y lógicas entre diferentes sistemas de enunciados relativos a algunas clases de problemas o soluciones".[5] Habrá que desplegar, entonces, "asuntos de fuentes, invenciones o influencias, de anterioridad, simultaneidad o sucesión [pues] el pasado es el comodín de la interrogación retrospectiva".[6] En todo caso, la ponderación retroanalítica será pertinente sólo en la medida

---

[3] Con el término *episteme* se alude aquí al conjunto de relaciones que en una época dada guardan diversas disciplinas y discursos. Recuérdese que "Foucault denomina *epistemes* a las categorías que ordenarían tanto los campos del sentido común como el de la ciencia de cierto horizonte histórico" (Birman, Joël, *Foucault y el psicoanálisis* [2007], Buenos Aires, Nueva Visión, 2008, p.30.)

[4] Canguilhem, Georges, *Ideología y racionalidad en la historia de las ciencias de la vida* [1977], Buenos Aires, Amorrortu, 2005, p.16.

[5] *Ibíd.*, p.17.

[6] *Ibíd.*, pp.17 y 18.

en que se precise qué secuencia de enunciados fue emitida en nombre de una verdad siempre provisional que, sin embargo, posicionó a la práctica psicoanalítica entre los posibles modos de abordaje de la subjetividad.

De ahí que deba buscarse "en los propios actos del saber, no sus razones de ser, sino sus medios para lograr sus fines".[7] Lo que comulga con la sentencia que Kant desplegara en el segundo prólogo (1787) a la *Crítica de la razón pura*: la obligación epistemológica por excelencia estriba en colegir las reglas de producción de conocimientos.[8]

Deben discernirse entonces dos cuestiones específicas: cuál fue la *norma de cientificidad* aplicada al psicoanálisis en el momento de su emergencia, y qué lugar se le asignó a la metapsicología en el marco de la *ideología científica* a la sazón imperante. Para ambos efectos, el presente capítulo se desplegará en el horizonte que en su muy peculiar filosofía de la vida (*biología filosófica*, en rigor) asentara Georges Canguilhem.

## Biología filosófica, *norma* e *ideología científica* en Canguilhem

Como se sabe, Canguilhem otorgó al concepto de *norma* una primacía incuestionable. Hacia 1963 afirmaba: "Hoy como hace veinte años asumo el riesgo de intentar fundamentar qué significa lo normal haciendo un análisis filosófico de la vida".[9] Canguilhem opone a la noción de *normal* el término *patológico* para demostrar que lo mórbido –lejos de significar la ausencia de norma– evidencia el influjo de pautas heterogéneas con las que un organismo responde a condiciones que lo fuerzan a una nueva adaptación.[10] Toda

---

[7]    *Ibíd.*, p.26.

[8]    V. Kant, Immanuel, *Crítica de la razón pura* [1781], traducción de Pedro Ribas, Madrid, Taurus, 2005, pp.12-26.

[9]    "*Nouvelles réflexions concernant le normal et le pathologique*" (1963-1966), en: Canguilhem, George, *Le normal et le pathologique* [1966], París, P.U.F., 1966, p.173 ("Nuevas reflexiones sobre lo normal y lo patológico", en: *Lo normal y lo patológico* [1966], México, Siglo XXI, 1978, p.183).

[10]   El concepto de norma fue trabajado en momentos diversos por Canguilhem. Verbigracia: en el curso dictado en la Facultad de Letras de Estrasburgo, titulado "Las normas y lo normal" (1942-1943); en el artículo "*Le normal et le pathologique*" incluido en *La connaissance de la vie* [1952] –traducido al español como *El conocimiento de la vida* [1952], Barcelona, Anagrama, 1976; y en un curso dictado en La Sorbona titulado "*Les normes et le normal*" (1962-1963) –título idéntico al que utilizara en su curso de Estrasburgo veinte años atrás– que

patología supone entonces una condición privilegiada para la investigación, pues la enfermedad insta a la dilucidación de lo que estar enfermo *significa* para un sujeto en particular.

En esta perspectiva, quizá sea en *Lo normal y lo patológico* [1966] donde Canguilhem fundamenta más vigorosamente su filosofía de la vida, demostrando que el estado de enfermedad no representa sino una "novedad fisiológica".[11] Esa obra capital está conformada por dos ensayos: el primero —*Essai sur quelques problèmes concernant le normal et le pathologique* (1943)— confronta lo normal y lo patológico en oposición a la corriente positivista que considera al segundo concepto una derivación del primero; el segundo —*Nouvelles réflexions concernant le normal et le pathologique* (1963-1966)— diserta sobre el sentido social de toda norma. En congruencia con el método de su epistemología histórica, Canguilhem se aboca a desentrañar el principio estructurante del concepto *norma* mediante un despliegue riguroso de las sucesivas elaboraciones, obstáculos, extravíos y reformulaciones del término en el acontecer científico. En otras palabras, lo que Canguilhem expone de esa categoría es, como bien señala Guillaume Le Blanc, "la historia de su problematización".[12]

Dos décadas después de publicado el libro de Canguilhem, Michel Foucault definiría con toda precisión cuál es el alcance de un verdadero ensayo filosófico:

> *El ensayo que debemos entender como prueba modificadora de sí mismo en el juego de la verdad (…) es el cuerpo vivo de la filosofía, si es que ella sigue siendo hoy lo que fue otrora, una "ascesis", un ejercicio de sí en el pensamiento.*[13]

---

posteriormente formó parte de las *Nouvelles réflexions concernant le normal et le pathologique* (1963-1966), artículo que, a la par del *Essai sur quelques problèmes concernant le normal et le pathologique* (1943), es recogido en *Le normal et le pathologique* [1966].

11  Canguilhem, George, *Lo normal y lo patológico* [1966], *op.cit.*, p.67.
12  Le Blanc, Guillaume, *Canguilhem y las normas* [1998], Buenos Aires, Nueva Visión, 2004, p.11.
13  Foucault, Michel, *L'usage des plaisirs* [1984], París, Gallimard, 1984, p.15 (*Historia de la sexualidad 2. El uso de los placeres* [1984], Siglo XXI, Buenos Aires, 1986, p.12).

Y en efecto, precisa Le Blanc, el ensayo sobre lo normal y lo patológico es, en la dilucidación de la verdad, un verdadero ensayo de trasmutación de sí, pues ahí se elabora la extensión y comprensión de los conceptos relativos a la vida misma y a su aparente anomalía: la enfermedad.[14]

Si *reflexionar* es homólogo al *problematizar*, es común deducir que el objeto científico por excelencia es la verdad. Sin embargo, la verdad que *una* ciencia particular busque establecer encontrará múltiples dificultades. En el decir de Canguilhem, y a modo de ejemplo concreto:

> *La medicina se nos aparecía, y todavía se nos aparece, como una técnica o arte situado en la encrucijada de muchas ciencias, más que como una ciencia propiamente dicha.*[15]

Así, el proceder médico consiste en una valoración de aquellos elementos que, provenientes de ciencias diversas, se revelan pertinentes para el abordaje de una afección determinada. ¿No es análogo el procedimiento filosófico por cuanto —sin ser una ciencia— instituye una valoración de los discursos científicos ponderando su pertinencia para la consecución de *una* verdad? Canguilhem fue contundente en este rubro. El 27 de febrero de 1968 declaró en la Sorbona:

> *No hay otra verdad que la científica; no hay una verdad filosófica (…) No obstante, decir que no existe ninguna verdad más que la científica, o que sólo hay objetividad en el conocimiento científico, no significa, con todo, que la filosofía no tenga objeto.*[16]

Para Canguilhem, el hecho de que la verdad quede circunscrita a la ciencia no exime a la filosofía de evaluar la verdad en sus distintas

---

[14]  *Ibídem*

[15]  Canguilhem, George, *Le normal et le pathologique* [1966], *op.cit.*, p.7 (*Lo normal y lo patológico* [1966], *op.cit.*, p.11).

[16]  Texto recogido en *Structuralisme et marxisme*, París, "10/18", 1970, p.205-265. Imposible no señalar de pasada que Lacan difiere radicalmente de esta aseveración: en uno de sus más antiguos *Escritos*, se lee con toda claridad: "la verdad en su valor específico permanece extraña al orden de la ciencia: ésta puede honrarse con sus alianzas con la verdad, puede proponerse como objeto su fenómeno y su valor, pero de ninguna manera puede identificar a la verdad con su fin propio". V. Lacan, Jacques, "Más allá del principio de realidad" (1936), en: *Escritos* [1966], México, Siglo XXI, 2000, p.73.

manifestaciones discursivas, incluida la científica. La filosofía comporta entonces una actitud crítica que evoca a Nietzsche, para quien la filosofía se caracterizaba por la evaluación (y el trastocamiento) de todos los valores. Esta posición presupone, asimismo, que la filosofía constituye una *norma reflexiva* que calibra las normas de verdad imperantes en un momento histórico determinado.

Estas reflexiones son axiales para el presente capítulo, pues en su calidad de científico Freud abordó la problemática de las neurosis dando por descontado el carácter mórbido de sus causas y manifestaciones. Y aunque en la actualidad la presunta normalidad psíquica no es para el psicoanálisis sino la *normopatía*, en tiempos de Freud sí cabía la distinción entre personas normales y personas enfermas.[17]

La metapsicología concibió las neurosis como una especie de novedad psíquica –recuérdese que Canguilhem designa las patologías orgánicas como novedades fisiológicas–, aún cuando Freud nunca abandonó la esperanza de fundamentar fisiológicamente la etiología neurótica. La *novedad psíquica* no radicaba, evidentemente, en el registro fenomenológico de las neurosis sino en la reflexión sobre sus causas: la idea griega de un útero itinerante era heurísticamente tan infecunda como la creencia decimonónica en el carácter presuntamente fingido de la sintomatología histérica. Freud demostró que el cuadro neurótico tenía la edad de los prejuicios que habían pretendido explicarlo, y sólo la perspectiva de una economía psíquica *otra* (donde el carácter inconsciente de un recuerdo sería el elemento capital), permitiría elucidarlo. El recuerdo que en la histeria aparecía yugulado constituía, por sí mismo, el factor mórbido de tal afección neurótica. De modo que la nosografía por Freud esbozada definía también una suerte de campo epistémico marcado por la irregularidad, la atipia o la franca anormalidad cuya referencia tácita era un (presunto) funcionamiento psíquico deseable.

Para Canguilhem, la anormalidad es inmanente a la vida. Cuando, por ejemplo, se quiere encontrar un sentido a la existencia, la normalidad se inocula –por una vía filosófica– en lo vivo (puesto que todo discurso filosófico diserta sobre vivir en un sentido determinado). La norma es homóloga siempre a una corrección, a una asimilación o a una rectificación que se cierne sobre una condición primitiva supuesta. Así, toda noción de norma supone un

---

[17]   En efecto, a lo largo de toda la obra freudiana puede constatarse esta aseveración: desde los más tempranos escritos hasta los tardíos (e incluso póstumos) Freud se refiere al "hombre normal" y a las "personas sanas" o "personas normales".

juicio de valor que incide sobre una insuficiencia. Desde este punto de vista, la técnica filosófica es necesariamente normativa, por lo que el entramado filosófico busca mitigar la violencia de la anormalidad (intrínseca a la vida) con otra violencia: la de la norma. Esta normalización filosófica es de doble cuño: histórica (por valorar la experiencia de un sujeto de acuerdo a los códigos imperantes en una circunstancia cultural dada), y crítica (por tener que seleccionar y jerarquizar qué normas definen el valor de esa experiencia subjetiva).[18]

Nótese bien que se habla de lo normalizante en relación a *una* experiencia subjetiva: es eso lo que caracteriza a la empresa filosófica, a diferencia de las perspectivas políticas, sociales o religiosas que acometen el problema de la normatividad desde la óptica colectiva, general. De ahí que todo filósofo deba consagrarse al deber crítico que su oficio precisa cuidándose de establecer cualquier vínculo que restrinja tal condición. Es por eso que Canguilhem destaca la figura del filósofo profesor, el único que puede ejercer la filosofía (entendida como actitud normativa) sin por ello renunciar a una deontología signada por la crítica.[19]

Muy conocida y evocada es la frase de René Leriche –"la salud es la vida en el silencio de los órganos"–,[20] heredera de aquélla enunciada más de medio siglo antes –"en el estado de salud no se sienten los movimientos de la vida, todas las funciones se realizan en silencio"–,[21] y que a su vez repetía lo dicho por Diderot a mediados del siglo XVIII: "cuando uno está sano, ninguna parte del cuerpo nos instruye de su existencia; si alguna de ellas nos avisa de ésta por medio del dolor, es, con seguridad, porque estamos enfermos; si lo hace por medio del placer, no siempre es cierto que estemos mejor".[22] Hoy se sabe, sin embargo, que algunas de las enfermedades letales son asintomáticas: una vez que los órganos abandonan el silencio es demasiado tarde para hacer algo. Así, se cree tener buena salud cuando la relación con el cuerpo aparece como no interferida. De ahí que llegara a decirse:

---

[18]  Cf. Le Blanc, Guillaume, *Canguilhem y las normas* [2004], *op.cit.*, pp.19-21.

[19]  V. *Qu'est-ce qu'un philosophe en France aujourd'hui ?*, publicado por la revista *Commentaire*, # 53, primavera de 1991.

[20]  Citado en: Canguilhem, George, *Lo normal y lo patológico* [1966], *op.cit.*, p.63.

[21]  Daremberg, Charles, *La médecine, histoire et doctrines* [1865], (citado en: Canguilhem, Georges, *Escritos sobre la medicina* [1989], Buenos Aires, Amorrortu, 2004, p.50).

[22]  Diderot, Denis, *Lettre sur les sourds et muets à l'usage de ceux qui entendent et qui parlent* [1751], (citado en: *Ibídem*).

> *Como el cuerpo (…) fue conocido principalmente y develado no por las proezas de los fuertes sino por los desasosiegos de los débiles, de los enfermos, de los inválidos, de los heridos (…) mis enseñantes serán las perturbaciones del espíritu, sus disfunciones.*[23]

O, más sintéticamente:

> *La salud es el estado en el cual las funciones necesarias se realizan insensiblemente o con placer.*[24]

En contraste, la noción de enfermedad surge cuando se concibe la relación con el cuerpo propio desde una perspectiva marcada por la deficiencia (independientemente de que esta percepción corresponda o no a la realidad, pues la enfermedad tiene menos que ver con un diagnóstico fundado que con una experiencia, con una vivencia circunstanciada, por así decir). En lo relativo a la salud, en cambio, siempre se está en una condición indeterminada como bien lo argumentó Kant:

---

[23]  Michaux, Henri, *Les grandes épreuves de l'esprit et les innombrables petites*, 1966 (*Ibídem*).

[24]  Valéry, Paul, *Mauvaises pensées et autres*, 1942 (*Ibíd.*, p.49).

---

*Uno puede sentirse sano, es decir, juzgar según su sensación de bienestar vital, pero jamás puede saber que está sano (…) La ausencia de la sensación (de estar enfermo) no permite al hombre expresar que está sano de otro modo que diciendo estar bien* en apariencia.[25]

Lo que para Canguilhem equivale a decir que no hay ciencia de la salud puesto que "*saberse* sano" es imposible; esto es, salud y saber implican campos excluyentes entre sí.

Así, el concepto *enfermedad* no se forja en la teoría médica sino en la concepción siempre subjetiva de quien se siente enfermo.[26] Y es que una determinada concepción de lo patológico no necesariamente da cuenta de cómo un sujeto vive su experiencia mórbida. No se trata de ponderar los datos que del cuerpo consigna el laboratorio sino de escuchar el modo en que el sujeto enfermo significa y subjetiva su padecimiento. Cualquier médico sensible a los ensalmos de la palabra sabe que entre más y mejor escuche a su paciente, menos tendrá que interpelar al cuerpo. De otra manera, "frente al médico y para éste, un organismo enfermo es sólo un objeto pasivo dócilmente sometido a manipulaciones e incitaciones externas".[27]

Que en lo somático se manifieste una patología no obsta para que, en muchos casos, la elaboración significante del estado mórbido abra las vías de una curación posible. De modo tal que cuando el galeno escucha sólo al cuerpo y no al sujeto del mismo, de entrada le asigna a la enfermedad un fondo de significación inadecuado (puesto que en estricto no existen *enfermedades* sino *enfermos*). Se deduce entonces que la noción de normalidad designa menos una realidad biológica que una abstracción propiamente dicha, inoperante desde una perspectiva rigurosamente científica. Así, lo normal científico sustituye a lo normal viviente, pues lo normal debería derivarse de una vivencia y no de un complejo teórico. De otra manera, el enfermo es desplazado y el interés se enfoca en una enfermedad –en una patología– desubjetivada. ¿No es un error técnico, y por ende ético, hablar de "la enfermedad de un sujeto" en lugar de "un *sujeto* de la enfermedad"?

Pero puede agregarse algo aún a propósito de la *apariencia* de sentirse bien a la que aludía Kant: cuando la salud es quebrantada de un modo brutal, hay ocasiones en que los enfermos deben hacer *semblante* de estar mejorando

---

[25] Kant, Immanuel, *La disputa por las facultades*, 1798 (*Ibíd.*, pp.51-52).

[26] Cf. Le Blanc, Guillaume, *Canguilhem y las normas* [2004], *op.cit.*, p.28.

[27] Canguilhem, Georges, *Escritos sobre la medicina* [1989], *op.cit.*, p.18.

para que la recuperación, en efecto, tenga lugar. Es claro que al principio se trata de una apariencia, de una simulación incluso. Pero eso que inicia en el registro de lo imaginario (puesto que el enfermo busca proyectar una imagen de evolución favorable que en ese momento no corresponde a su mermado estado físico), tiene al final incidencia en lo real (todos los indicadores clínicos se estabilizan y la cura adviene). El registro intermedio entre lo imaginario y lo real es el plano significante donde el enfermo tramita una mutación subjetiva reposicionándose frente a su padecimiento.[28]

Por otro lado, la postura que permea las concepciones positivistas presupone un estado de *armonía* que en última instancia equivale a un orden prescriptivo: la normalidad deviene término estético al postular una armonía posible entre las leyes naturales y los niveles biológicos de un organismo determinado.

> *Aquello que el hombre ha perdido, puede serle restituido; aquello que ha entrado en él, puede salir de él* [pues] *la naturaleza (*Physis*), tanto en el hombre como fuera de él, es armonía y equilibrio. La enfermedad es la perturbación de esa armonía, de ese equilibrio.*[29]

De modo que la enfermedad no puede afectar parcialmente a un organismo, pues toda patología implica una transformación orgánica integral que se traduce en un nuevo posicionamiento ante el medio.[30] Reducir un estado mórbido a una simple variación cuantitativa sólo evidencia que ciertos experimentos –impecables en cuanto a la lógica interior de sus argumentaciones– no corresponden a realidad clínica alguna. A lo anterior se agrega el problema de que toda experimentación introduce cierta extrañeza en el estado normal supuesto. A la larga, el descuidar cómo es que un sujeto significa su condición de enfermo, deriva en un divorcio absoluto entre experimentación y experiencia. Ciertamente, el organismo *tiene* un sujeto (no

---

28  Júzguese el siguiente testimonio: habiendo sufrido 14 intervenciones quirúrgicas y luego de estar en coma profundo durante 60 días (es decir, en un estado que no admite impostura alguna), "hizo falta que yo hiciera *semblant* de andar bien, cuando los médicos hacían *semblant* de encontrar las cosas perfectas (…) he visto que si yo quería sobrevivir era necesario que rápidamente yo volviera a aparentar; si no, no era posible". Chauvelot, Diane, "Ignorancia, síntoma clave de la normalidad", en: Adjedj, Jean-Pierre *et al.*, *La normalidad como síntoma* [1992], Buenos Aires, Ediciones Kliné, 1994, p.38.

29  Canguilhem, George, *Lo normal y lo patológico* [1966], *op.cit.*, pp. 17 y 18.

30  Cf. Le Blanc, Guillaume, *Canguilhem y las normas* [2004], *op.cit.*, p.36.

---

es el sujeto el que tiene un organismo sino exactamente al revés).[31] Pero el organismo es también *sujetado* por la enfermedad como el sujeto lo es por el organismo.

Así, lo patológico implica una *alteridad* en el decurso biológico. Nótese que hablar de alteridad remite a una variación *cualitativa*, como hablar de aumento o disminución remite a una valoración *cuantitativa*. Toda alteridad cualitativa puede leerse entonces en términos de una *disparidad* que introduce una nueva relación del organismo consigo mismo. De tal manera que cuando un médico sólo atiende el aspecto *económico* implicado en una enfermedad, automáticamente concibe la patología como el efecto de una modificación cuantitativa de carácter local; por el contrario, definir la enfermedad como una variación cualitativa supone que toda patología entraña una trasmutación global.

Recuérdese que el sintagma *economía animal* (1640) procede de la expresión *economía política* (1615) y define las adecuadas correspondencias entre la función y la estructura de un organismo.[32] "La economía animal supone el sabio gobierno de un conjunto con miras al bien general. 'Economía animal' es, en la historia de los conceptos fisiológicos, el operador de la sustitución progresiva del concepto de máquina animal por el de organismo durante el siglo XVIII".[33] En el registro de lo humano, esta economía se ve modificada por un proceso mórbido que, sin embargo, precisa ser identificada por el sujeto que lo padece. A un patólogo se le dificulta la aprehensión de una anomalía cuando el sujeto que la presenta no la ha reconocido como disfunción en su organismo. La anomalía sólo admite correspondencia con un "sentimiento normativo" que la signifique como tal, es decir, como la traducción significante de una disminución en las capacidades orgánicas del propio cuerpo. Es imposible, pues, definir una anomalía a partir de criterios estrictamente anatómicos. Sólo en el marco de los valores individuales del afectado es que la noción de anomalía tiene sentido. Lo patológico (en su vertiente etimológica, *pathos*) presupone "un sentimiento directo y concreto de sufrimiento y de impotencia, sentimiento de vida contrariada".[34]

---

[31]   Lo mismo que ningún sujeto tiene un inconsciente: lo inconsciente *tiene* un sujeto.

[32]   Linneo postulará hacia 1749 el concepto de *economía natural*.

[33]   Canguilhem, Georges, *Ideología y racionalidad en la historia de las ciencias de la vida* [1977], *op.cit.*, p.160.

[34]   Canguilhem, George, *Lo normal y lo patológico* [1966], *op.cit.*,, p.101.

Canguilhem acota la frase de Leriche ("la salud es la vida en el silencio de los órganos"), aclarando que "esa definición de la enfermedad es la del enfermo y no la del médico. Válida desde el punto de vista de la conciencia, no lo es desde el punto de vista de la ciencia".[35] Importa entonces la experiencia del dolor subjetivada por quien padece la enfermedad, no por quien la estudia.

En sus *Nouvelles réflexions concernant le normal et le pathologique* (1963-1966), Canguilhem afirma que "la vida trata de ganarle a la muerte" y "juega contra la entropía creciente".[36] La muerte es una especie de *instancia* que fuerza la oposición de la vida ante todo aquello que la obstaculice. Más aún, "la muerte, la enfermedad y la capacidad de restablecimiento distinguen lo viviente de la existencia bruta",[37] aunque no debe olvidarse que la bioquímica del siglo pasado (en contraste con lo que los químicos decimonónicos sostenían) concluyó que no hay diferencia de naturaleza entre lo viviente y lo inerte:

> [Hoy], *el modo de existencia de lo viviente es el de un sistema en equilibrio dinámico e inestable, mantenido en su estructura de orden por un préstamo continuo de energía a expensas de un medio caracterizado por el desorden molecular o bien por el orden coagulado del cristal.*[38]

En su célebre definición, Bichat enunciaba que "la vida es el conjunto de funciones que oponen resistencia a la muerte". La vida, pues, tiene lugar en condiciones precarias que le confieren su valor. La conmoción, el estupor que toda enfermedad produce en un sujeto, implica una disminución cualitativa de las posibles respuestas de un organismo que afronta un estado límite. La enfermedad es una especie de normatividad extraviada, el riesgo intrínseco a todo vivir. La posibilidad de zozobrar es el riesgo que en toda enfermedad se actualiza. La enfermedad pone a prueba la salud en dos sentidos: porque la verifica y porque la fuerza a luchar ("las funciones se nos revelan cuando fallan").[39] Y lo viviente no zozobra porque algo falla, sino porque es la falla lo que en esencia constituye su ser. Ahora bien, la falla no designa lo opuesto a lo que funciona bien. Se trata, más bien, de dos destinos posibles de lo

---

35  *Ibíd.*, p.63.

36  *Ibíd.*, p.183.

37  Canguilhem, Georges, *Ideología y racionalidad en la historia de las ciencias de la vida* [1977], *op.cit.*, p.161.

38  *Ibíd.*, p.169.

39  Canguilhem, George, *Le normal et le pathologique* [1966], *op.cit.*, p.139.

viviente. Y aunque desde Aristóteles se concibe la falla como expresión de una forma viviente defectuosa, Canguilhem confiere a la falla un estatuto positivo que no implica la desaparición de un estado determinado (el de la salud, por ejemplo), sino la emergencia –la creación, en estricto– de una forma *otra* de vida: "Estar enfermo significa realmente para el hombre vivir una vida diferente".[40]

Así, en muchas ocasiones la enfermedad no se reduce a la disarmonía, sino que designa un "esfuerzo de la naturaleza en el hombre para obtener un nuevo equilibrio (…) el organismo desarrolla una enfermedad para curarse".[41] Más aún: "para el hombre no es menos natural estar enfermo que estar sano, y la enfermedad no es una corrupción de la naturaleza".[42] En este tenor, la tesis de Canguilhem es radical:

> *No existe un hecho normal o patológico en sí. La anomalía o la mutación no son de por sí patológicas. Expresan otras posibles normas de vida.*[43]

En lo que a la reflexión sobre la práctica médica se refiere, deben ubicarse tres problemas axiales: un problema abstracto (relativo a la experimentación); un problema objetivo (concerniente a la experiencia); y un problema subjetivo (atinente a lo que él llama "riesgo individual").

Tradicionalmente, el conocimiento que sobre la enfermedad tiene el médico elide la experiencia subjetiva del enfermo. Mientras menos hable el paciente menos estorbará al médico que, de entrada, inquiere al cuerpo. Importa que el cuerpo hable, no el sujeto.[44] La óptica científica considera relevantes los índices corporales –esto es, valora como significativas las

---

[40] *Ibíd.*, p.49.

[41] Canguilhem, George, *Lo normal y lo patológico* [1966], *op.cit.*, p.18.

[42] Canguilhem, Georges, *Ideología y racionalidad en la historia de las ciencias de la vida* [1977], *op.cit.*, p.159. Canguilhem evoca aquí las reflexiones de las *Meditaciones metafísicas* (VI), de Descartes.

[43] Canguilhem, George, *Lo normal y lo patológico* [1966], *op.cit.*, p.108.

[44] Nadie que esté mínimamente informado en psicoanálisis ignora que el cuerpo grita cuando el sujeto ha sido silenciado. De modo que, en muchos casos, el médico acomete la enfermedad por la punta equivocada: aborda la consecuencia (de orden real o imaginario) y no la causa (de orden simbólico). Muchos síntomas son significantes *encarnados* que, por tener cancelado el decurso simbólico, acabaron enquistándose en lo real del cuerpo.

variaciones económicas– y juzga menor el relato circunstanciado del enfermo considerado como una especie de alteración no significativa (hay que soportar la queja del enfermo para saber de qué va el interrogatorio al cuerpo, de donde se derivará el verdadero diagnóstico).[45] Cuando un enfermo valora su condición, la enfermedad –como fenómeno biológico– aparece desde ya desnaturalizado. La elaboración significante que todo enfermo hace del mal que lo aqueja impide hablar de estados mórbidos en términos exclusivamente biológicos. Canguilhem cita a Leriche quien afirmaba que "si se quiere definir la enfermedad, es necesario deshumanizarla" pues "en la enfermedad, lo menos importante, en el fondo, es el hombre".[46] Canguilhem no comulga con esta posición. No hay enfermedad que no esté referida al modo en que *un* enfermo procesa y significa su dolor:

> *Nos parece de la mayor importancia que el médico reconozca en el dolor un fenómeno de reacción total que sólo tiene sentido en el nivel de la individualidad humana concreta.*[47]

En efecto, toda noción de patología parte de una percepción: "me siento enfermo"; a esta percepción es inmanente una subjetivación: "me sé enfermo", "he perdido la salud", "estoy enfermo", etc. El cuerpo adquiere entonces una opacidad que la salud disimulaba: "El estado de salud es la inconciencia del sujeto con respecto a su cuerpo", dice Canguilhem[48] (y aunque cualquiera de las enfermedades silenciosas supone también la inconciencia del sujeto sobre su verdadero estado, ahí no impera estado de salud alguno).

Hacia 1943 (reflexión que constituye la primera parte de *Lo normal y lo patológico*), Canguilhem concebía la técnica como un medio eficaz para conservar la noción de lo viviente, en oposición a la ciencia que le parece muy alejada de la vida. Pero entre 1963 y 1966 (en las argumentaciones que conforman la segunda parte de la misma obra), torna a pensar la ciencia en

---

[45] La perspectiva psicoanalítica es muy otra: la alteración subjetiva que toda enfermedad provoca *es* el índice que encuentra decurso en el torrente discursivo. Lo que la ciencia considera *ganga* o *saldo* en su proceso de experimentación –esto es, la elaboración significante que apalabra lo que para el sujeto es *estar* o *ser* enfermo– es el oro molido en psicoanálisis; lo que en una perspectiva científica es irrelevante, constituye en la óptica analítica la disparidad que deviene *alteración significativa*.

[46] Citado en: Canguilhem, George, *Lo normal y lo patológico* [1966], *op.cit.*, p.64.

[47] Canguilhem, George, *Le normal et le pathologique* [1966], *op.cit.*, p.56.

[48] *Ibíd.*, p.57.

una relación directa —más que con lo vital— con lo social. La ciencia es una forma de la normatividad social. Canguilhem también hace una crítica de las nociones que entonces imperaban en biología (información, sentido, error) y concluye que la anomalía es inmanente a la vida. Los errores de transcripción en la información genética no derivan en una incompatibilidad con la vida, sino en formas diferentes de ésta: enfermedades, monstruosidades. Como si en algunas ocasiones la materia acusara una especie de resistencia ante la información morfológica. El fin y la forma, dice Canguilhem, toleran un cierto rango de desviación:

> La forma de un organismo se expresa en una constancia aproximada, por lo que se presenta en la mayoría de los casos. Esto nos autoriza a considerar la forma como una norma frente a la cual la excepción es calificada de anormalidad.[49]

De tal suerte que la vida es capaz de error pero la ciencia irrumpe como un intento normalizante —a veces más nocivo que benéfico— de la *supuesta* desviación. La ciencia sueña con un mundo disciplinado.[50]

Ahora bien, si se concibe la ideología como la suma de los preceptos teóricos que estructuran todo discurso científico, una verdadera historia de las ciencias supone necesariamente una historia de las ideologías científicas. En el caso que aquí importa, la postulación científica atinente a lo normal y lo patológico supone mecanismos ideológicos cuya genealogía Canguilhem intenta exponer.[51] Por ejemplo, debe elucidarse cómo es que la norma científica construida por los científicos decimonónicos entraña una concepción de la medicina como filosofía del orden: toda terapéutica consiste en restaurar la armonía trastocada por lo patológico, de manera que lo normal debe privar sobre lo mórbido.[52]

---

[49] Canguilhem, Georges, *Ideología y racionalidad en la historia de las ciencias de la vida* [1977], *op.cit.*, p.158. Canguilhem alude aquí a las reflexiones que Aristóteles vierte en su *De generatione animalium*, IV, 10.

[50] No es impertinente evocar aquí las ficciones cinematográficas que emparientan desarrollo científico y normatividad radical. Recuérdese el argumento central de *La Isla* [2005], dirigida por Michael Bay.

[51] V. Canguilhem, George, "Qu'est-ce qu'une idéologie scientifique?", en: *Idéologie et rationalité*, París, Vrin, 1977, p.43-44. Citado en: Le Blanc, Guillaume, *Canguilhem y las normas* [2004], *op.cit.*, p.42.

[52] Cf. Le Blanc, Guillaume, *Canguilhem y las normas* [2004], *op.cit.*, p.43.

Pero caracterizar lo patológico como una simple variación cuantitativa de lo normal equivale a postular que la enfermedad es sólo un riesgo permanente que amenaza al estado de salud y no un estado *otro* que expresa la nueva condición de un organismo que acaso nunca regresará al estado anterior (a la "salud" que primaba antes de la irrupción de tal o cual enfermedad), sin que eso signifique que de ahí en adelante permanecerá "enfermo":

> *Ninguna curación es un retorno a la inocencia biológica. Curarse significa darse nuevas normas de vida, a veces superiores a las antiguas.*[53]

Esta precisión es importante, pues todo organismo desarrolla una actividad *reproductora* (al conservar la potencia que al organismo le es inherente), y una actividad *creadora* o *productora* (que prepara al organismo para responder ante situaciones impredecibles de manera eficaz). Todo organismo hace un corte singular de su entorno para tomar de él lo que le es pertinente o para jugarse en él del modo más favorable posible:[54]

> *El medio es también obra del ser viviente que se sustrae o se ofrece selectivamente a él.*[55]

De esta capacidad creadora o productora depende en ocasiones la supervivencia de un organismo o de un sujeto si se considera que una adaptación plena al medio representa más un peligro que una seguridad porque una adecuación absoluta puede traducirse también en una incapacidad de respuesta frente a los fenómenos cambiantes del entorno.[56] Para

---

[53] Canguilhem, George, *Lo normal y lo patológico* [1966], *op.cit.*, p.176.

[54] Cf. Le Blanc, Guillaume, *Canguilhem y las normas* [2004], *op.cit.*, p.47.

[55] Canguilhem, George, *Le normal et le pathologique* [1966], *op.cit.*, p.57.

[56] Nietzsche pensaba la vida como fuerza de incorporación (*Einverleibung*): la nutrición, por ejemplo, implica la elección y su perfeccionamiento. El apetito deriva en una evaluación de las posibilidades para mitigarlo; la elección concomitante se traduce en un acto (normativo) específico que testimonia la capacidad productora o creadora de un organismo: "Vivir es apreciar. Toda voluntad implica evaluación, y la voluntad está presente en la vida orgánica" (Nietzsche, Friedrich, *La volonté de puissance* [1901], París, Gallimard, 1995, vol. I, p.227. Citado en: Le Blanc, Guillaume, *Canguilhem y las normas* [2004], *op.cit.*, p.50, n.47.) "Vivir ¿no es evaluar, preferir, ser injusto, limitado, querer ser diferente?" (Nietzsche, Friedrich, *Más allá del bien y del mal* [1886], Madrid, Edaf, 1985, p.45.) Así, el sujeto forja su medio. En términos estrictamente

Canguilhem pensar lo biológico en el registro de lo natural es imposible. De hecho, la idea de una inocencia biológica (arcaica, primigenia) es uno de los mitos (uno de los productos culturales) más elaborados. Y como en el origen no hay más que mitos, el de la naturaleza biológica se instituye –como todos– a partir de una supuesta pérdida.

En la génesis social de la normalización destacan tres momentos claramente diferenciados: una intención normativa (que se traduce en valores específicos); una decisión normativa (que genera reglamentos, reglas, patrones, modelos); y un uso normativo (que legitima una norma como referencia).[57] En términos generales, toda norma busca "un modo posible de unificación de una diversidad, de reabsorción de una diferencia, de arreglo de un diferendo".[58] Así, sin irregularidad no hay lugar para una normatividad pues "la experiencia de las reglas es la puesta a prueba de la función reguladora en una situación de irregularidad".[59]

De ahí que una medida común pretenda siempre organizar o reducir a su expresión mínima lo heterodoxo. No es irrelevante hacer notar que normalizar implica no sólo establecer un orden (en oposición a un supuesto

---

psicoanalíticos, el *fantasma* define esta peculiar manera en que el sujeto enmarca su visión del mundo.

[57] Cf. Le Blanc, Guillaume, *Canguilhem y las normas* [2004], *op.cit.*, p.70.

[58] Canguilhem, George, *Le normal et le pathologique* [1966], *op.cit.*, p.177.

[59] *Ibíd.*, p.179.

desorden), sino también elidir *otras* formas de orden posibles.[60] De ahí que la corrección y la vigilancia subyazgan a toda idea de normalización, pues *norma* significa *escuadra*: enderezar, corregir, actuar conforme a (lo) derecho, a lo recto.[61]

Para Canguilhem el acto de subjetivación se instituye en relación a las normas. Así como un organismo ejerce su facultad de vivir al asumir la elección y la preferencia, un sujeto procede en el seno de lo social prefiriendo ciertas normas en detrimento de otras, estamentando sus valores, configurando para sí una ética de la responsabilidad (en el sentido estricto del término, una ética traducida en *respuesta* a una circunstancia concreta). *Kaïros* es el término clásico para designar lo oportuno de un acto: un sujeto *de* esta ética quizá no sepa de antemano cómo actuará en determinadas circunstancias pero es un hecho que llegado el momento actuará conforme a la prudencia y la templanza.

Por otra parte, la estructura informativa que vehicula la transmisión hereditaria evidencia que el *logos* está inscrito en la vida. Todo sujeto, todo organismo, es efecto de la transcripción (afortunada o no) de un *logos*. Que la vida tiene un sentido se infiere de lo que el código genético porta como escritura. Descifrar lo ya inscrito es una de las metas del conocimiento, lo mismo que inscribir lo –literalmente– inédito.[62] Ya en 1977 Canguilhem afirmaba que en términos de *mensaje hereditario* la norma y sus excepciones (error, anomalía, desviación), son en realidad *modalidades de transmisión* [y

---

[60]  Cf. Le Blanc, Guillaume, *Canguilhem y las normas* [2004], *op.cit.*, pp.72-73. La coloquial expresión "aquí todos somos iguales pero unos somos más iguales que otros" refleja bien la veta autoritaria que toda normatividad entraña. Lo mismo vale para el sintagma que, por ejemplo, la Constitución Mexicana consagra confiriendo al Estado la facultad de ejercer la llamada "violencia legítima" para así preservar el Estado de Derecho.

[61]  Cf. Canguilhem, George, *Lo normal y lo patológico* [1966], *op.cit.*, p.187. Canguilhem coincide plenamente en este punto con Foucault quien homologa la sociedad disciplinaria moderna a una sociedad esencialmente normativa. Sólo la amistad, según Foucault, podría considerarse un proceso subjetivo no normalizado (V. Foucault, Michel, *De l'amitié comme mode de vie*, en: *Dits et écrits* [1954-1988], París, Gallimard, 1994, pp.163-168).

[62]  Cf. Le Blanc, Guillaume, *Canguilhem y las normas* [2004], *op.cit.*, pp.88-89 y 95.

de] *reproducción del programa genético.* Es decir, puede haber dificultades en la lectura de un código genético o errores de transcripción.[63]

> *Con el término error no se ha regresado en absoluto a la concepción aristotélica y medieval que consideraba a los monstruos como errores de la naturaleza, por cuanto aquí ya no se trata de una torpeza de artesano o de arquitecto sino de una pifia de copista.*[64]

Sirva lo anterior para establecer que en el momento de su emergencia el discurso psicoanalítico fue considerado como una anomalía, una suerte de monstruosidad epistémica a todas luces incompatible con los saberes ya para entonces legitimados.

El objetivo del presente capítulo será determinar, pues, las posibilidades y límites de enunciación que en los tiempos de Freud privaban, para así identificar las formas discursivas que traducían las normas y reglas relativas a la producción y circulación del saber psicoanalítico, de sus objetos de estudio y de los procedimientos que entonces le eran inherentes.

Si "conocer es analizar", esto es, "descomponer, reducir, explicar, identificar, medir, poner en ecuaciones" (lo que "debe ser un beneficio para la inteligencia, puesto que es una evidente pérdida para el disfrute");[65] si conocer es también discernir, por ejemplo, si la discursividad científica guarda

---

[63] Se evoca aquí el párrafo XLV del *Sistema de la Naturaleza* [1751], donde Maupertuis –autor de ficciones más que de anticipaciones científicas, según Canguilhem–, propone una teoría generativa basada en partículas elementales de la materia que en el curso de las generaciones acusan pequeñas desviaciones o errores, derivando de ello una variedad de seres potencialmente infinita. Se trata del problema relativo a los modos de permanencia de la unidad en la diversidad, a la que Darwin confirió estatuto científico explicando el mecanismo natural por el que una anomalía menor (la variación) es normalizada. Al hablar de variaciones individuales o de variaciones estructurales o instintivas, Darwin postuló un criterio de *norma transitiva* hacia la adaptación: la normalidad no reside en un ser vivo; sólo *se manifiesta* en él en un sitio y momento específicos. Así, ciertas anomalías no serían sino ensayos de supervivencia para nuevas condiciones ecológicas. Cf. Canguilhem, Georges, *Ideología y racionalidad en la historia de las ciencias de la vida* [1977], *op.cit.*, pp.163, 164, 165 y 167.

[64] *Ibíd.*, pp.168 y 170-171.

[65] Canguilhem, Georges, *El conocimiento de la vida* [1952], Barcelona, Anagrama, 1976, p.7.

relación con articulaciones reales, en un trabajo esencialmente epistemológico se hace imprescindible una valoración crítica de los enunciados científicos. De manera tal que la historia del psicoanálisis podría enmarcarse en una filosofía de la ciencia, pues problematizar las perspectivas metapsicológicas significa adherirse a una epistemología histórica para así dilucidar cómo es que la historia del psicoanálisis es también la historia normativa de los valores intrínsecos a las discursividades científicas que (aún) lo descalifican.

Recuérdese que, para Canguilhem, la epistemología de las ciencias se apoya menos en los objetos de la ciencia que en los discursos científicos:[66]

*La historia de las ciencias es la toma de conciencia explícita,
expuesta como teoría, del hecho de que las ciencias son discursos críticos.*[67]

La epistemología del psicoanálisis finca su especificidad en el hecho incontrovertible de que el remanente de esos discursos críticos es el sujeto del que la metapsicología se ocupa. Es verdad: el sujeto de la ciencia *es* el sujeto del psicoanálisis...[68] pero (y sin este agregado es imposible entender la célebre fórmula de Lacan), *en tanto forcluido.*

Como sucesor de Bachelard en el *Institut d'Histoire des Sciences et des Techniques* de la Universidad de París, Canguilhem heredó de aquél la certeza de que el filósofo de las ciencias debe interesarse menos por las estructuras teóricas que por la formación y transformación de los conceptos: en efecto, una verdadera conciencia reflexiva honra su condición en el análisis escrupuloso del sistema de conceptos críticos o normativos del que todo ensamble teórico emana. La *recurrencia entendida como jurisdicción crítica* es postulada entonces por Canguilhem para discernir cómo un andamiaje teórico actual anula y conserva (*rectificado*) un engranaje conceptual pretérito.[69] Ocupándose de la biología y la medicina y no de la física y la

---

[66]  Cf. Le Blanc, Guillaume, *Canguilhem y las normas* [2004], *op.cit.*, p.101.

[67]  Canguilhem, Georges, *Etudes d'histoire et de philosophie des sciences* [1951], París, P.U.F., 1951, p.17.

[68]  V. "La ciencia y la verdad" (1965), en: Lacan, Jacques, *Escritos* [1966], *op.cit.*, p.837.

[69]  Cf. Canguilhem, Georges, *Ideología y racionalidad en la historia de las ciencias de la vida* [1977], *op.cit.*, p.28. De Canguilhem y Bachelard difiere Cavaillès, para quien el progreso significa "revisión perpetua de los contenidos por profundización y tachadura. Lo que está después es más de lo que estaba antes, no porque lo contenga o siquiera lo prolongue, sino porque sale necesariamente

química como su predecesor, Canguilhem dedicó una tesis filosófica de *La formación del concepto de reflejo en los siglos XVII y XVIII* para demostrar que una categoría puede desplegarse en distintos espectros teóricos a lo largo del tiempo. No obstante, lo que él llama "el método histórico de recurrencia epistemológica" debe aplicarse en comarcas del saber específicas. Si se procede adecuadamente, "de una especialidad bien trabajada, bien 'practicada', en la inteligencia de sus actos generadores, se pueden abstraer reglas de producción de conocimientos susceptibles de ser extrapoladas con prudencia".[70]

De nueva cuenta: *abstraer reglas de producción de conocimientos*, ¿no era lo buscado por Kant en el segundo posfacio (1787) a su *Crítica de la razón pura* –ya aludido– donde el "problema epistemológico relativo al modo permanente de constitución de los conocimientos científicos en la historia" es central?[71] De ahí que discernir las razones de emergencia de una especialidad en *la inteligencia de sus actos generadores* relativice la importancia de establecer los precursores de un determinado descubrimiento científico. Para Canguilhem, un precursor es simplemente aquél del que se sabrá después que estuvo antes. Interesa más definir el momento de emergencia de una *innovación conceptual* (categoría deudora de "ruptura epistemológica" que, sin embargo, matiza la noción de discontinuidad proponiendo distinguir rupturas parciales en la historia de las ciencias).[72] Es imperioso dictaminar si al interior de una obra teórica las rupturas son parciales o sucesivas:

> *Ciertos hilos de una trama teórica pueden ser completamente nuevos, mientras que otros han sido sacados de texturas antiguas. Las*

---

de él y porta en su contenido la marca cada vez más singular de su singularidad" (Cavaillès, J., *Sur la logique et la théorie de la science*, París, Vrin, 1976, p.70 (citado en: Canguilhem, Georges, *Ideología y racionalidad en la historia de las ciencias de la vida* [1977], *op.cit.*, p.31). No obstante, Canguilhem homologa el concepto de ruptura o desgarradura en Bachelard al concepto de *fractura* en Cavaillès, quien habla de "esas fracturas de independencia sucesivas que cada vez destacan sobre lo anterior el perfil imperioso de lo que viene después necesariamente para superarlo"; en: Cavaillès, J., *Sur la logique et la théorie de la science* [1976], París, Vrin, 1976, p.28 (citado *Ibíd.*, p.32).

[70] *Ibídem.*

[71] V. *Ibíd.*, p.44.

[72] "Cuando uno, en su rinconcito de investigador, ha reconocido la discontinuidad como historia, malas razones tendrá para rechazarla como historia de la historia. A cada cual su discontinuidad" (*Ibíd.*, p.10).

*revoluciones copernicana y galileana no se hicieron sin conservación de herencias.*[73]

Le Blanc es en su argumentación más contundente aún:

*El concepto delimita un problema que el juicio intenta aprehender. La epistemología filosófica gira en torno a conceptos y no en torno a teorías. Y sucede que un concepto no se desarrolla necesariamente dentro de una teoría: puede ser anterior a ella*[74]

Es por eso que la epistemología no hace otra cosa que juzgar por igual tanto las normas inmanentes a las discursividades científicas imperantes, como los valores normativos que la norma científica triunfante rechazó en su momento.[75] Dicho de otra manera:

*Historiar un problema es historiar las opciones normativas que la condicionan haciendo un inventario de los conceptos que el problema implica.*[76]

En este sentido, la función de una verdadera epistemología crítica estribaría en revelar este tipo de aporías en la historia de las ciencias,[77] aunque –paradójicamente– "desde el punto de vista de la cronología, la historia de las ciencias no debe nada a esa suerte de disciplina filosófica que, al parecer desde

---

[73]  *Ibíd.*, p.33.

[74]  Le Blanc, Guillaume, *Canguilhem y las normas* [2004], *op.cit.*, p.102. Dominique Lecourt –dice Le Blanc– explica que una teoría puede surgir para que determinados conceptos, por fin, se articulen. V. *Pour une critique de l'epistémologie* [1972], París, François Maspero, 1972, p.79 (citado en: *Ibídem*, n.114).

[75]  De hecho, en este punto radica la crítica que Canguilhem hace a Kuhn: hablar de *paradigma* y de *ciencia normal* presupone un acto regulatorio; pero esos conceptos "implican también la posibilidad de un desajuste o de un desprendimiento respecto de lo que ellos mismos regularizan (…) Creemos estar frente a conceptos de crítica filosófica, cuando en realidad nos encontramos en el ámbito de la psicología social" (Canguilhem, Georges, *Ideología y racionalidad en la historia de las ciencias de la vida* [1977], *op.cit.*, p.30).

[76]  Le Blanc, Guillaume, *Canguilhem y las normas* [2004], *op.cit.*, p.102.

[77]  Cf. *Ibíd.*, p.106.

1854, es llamada epistemología".[78] Más aún, la epistemología ha centrado su interés "en sustituir la historia de las ciencias por las ciencias según su historia".[79] Evocando una cita de Michel Serres ("...todo el mundo habla de historia de las ciencias. Como si existiera. Sin embargo, yo no la conozco"),[80] Canguilhem afina el pincel para puntualizar lo siguiente:

> *Según Serres, la historia de las ciencias es víctima de una clasificación que ella acepta como un dato de saber, pero el problema es saber de qué dato procede, por lo que habría que emprender ante todo "una historia crítica de las clasificaciones".*[81]

Y es que para Canguilhem el saber se despliega en un "proceso histórico" específico que determina la parcelación del saber mismo. Permanecer acrítico ante ese hecho evidencia la sujeción a una "ideología". No se olvide que Canguilhem postuló hacia los años 1967-1968 la necesidad de introducir una *ideología científica* instrumentada por filósofos que fuera una suerte de *aventura intelectual* que se posicionara por encima de la racionalización normativa de una determinada época. "Era una manera de refrescar, sin rechazarla, la lección de un maestro a cuyos cursos no había podido asistir pero cuyos libros, en cambio, había leído: la lección de Gaston Bachelard".[82] Para Canguilhem, el concepto de *ideología científica* debe ayudar a precisar los límites normativos de una discursividad. Se trata entonces de elucidar "qué criterios permitirán decidir que una práctica o disciplina presentada como ciencia en tal o cual época de la historia general, merece o no ese título, pues se trata sin duda de un título, es decir, de una reivindicación de dignidad".[83]

Podría discutirse si al tiempo que forjaba su obra Freud instituía también una ideología entendida como aquello que designa y delimita "todas las

---

[78] Canguilhem, Georges, *Ideología y racionalidad en la historia de las ciencias de la vida* [1977], *op.cit.*, p.15.

[79] *Ibíd.*, p.17.

[80] Serres, M., en Le Goff, J. Y Nora, P. (eds.), *Faire de l'histoire*, tomo II, *Nouvelles approches: les sciences* [1974], París, Gallimard, 1974, pp.203-228 (citado *Ibíd.*, p.37).

[81] *Ibídem.* No obstante, en el mismo texto Serres habla del "necio proyecto consistente en describir lo que sucede en el funcionamiento del sujeto cognoscente: "¿Quién se lo dijo? ¿Lo ha visto usted? Dígame adónde hay que ir para verlo". En la obra freudiana hubiera encontrado respuestas puntuales.

[82] *Ibíd.*, p.9.

[83] *Ibíd.*, p.43.

formaciones discursivas con pretensión de teoría, las representaciones más o menos coherentes de relaciones entre fenómenos, los ejes relativamente duraderos de los comentarios sobre la experiencia vivida".[84] Paul-Laurent Assoun se inclina por la afirmativa postulando que el *freudismo* define una especie de *ideología freudiana*.[85]

Canguilhem inscribe su propuesta conceptual de *ideología científica*, ese "monstruo lógico", en el linaje teórico marxista.

> *Toda ideología es, por definición, un apartamiento en el doble sentido de distancia y desfase, distancia de la realidad, desfase con respecto al centro de investigación a partir del cual ella se cree proceder.*[86]

Como toda ideología, ésta sería también ilusoria. Pero debe elucidarse el alcance de este término:

> *Por ilusión debe entenderse sin duda un error, una equivocación, pero también una fabulación tranquilizadora, una complacencia inconsciente como un juicio orientado por cierto interés.*[87]

Es preciso diferenciar una ideología científica de una falsa ciencia, recomienda Canguilhem. El acento diacrítico está dado por la historia: una falsa ciencia carece de ella; una ideología científica la presupone cuando deriva en un saber susceptible de verificación científica:

> *Cada ideología científica tiene una historia [y] encuentra un fin cuando el lugar que ocupaba en la enciclopedia del saber se ve investido por una disciplina que da pruebas, operativamente, de la validez de sus normas de cientificidad.*[88]

Cabe preguntarse entonces si el freudismo (esa especie de ideología freudiana a decir de Assoun), detenta un entramado categorial que valida cada vez más consistentemente sus normas de legitimación epistemológica, derivando en una verdadera disciplina (la metapsicología).

---

[84]   *Ibíd.*, p.45.
[85]   Assoun, Paul-Laurent, *El freudismo* [2000], México, Siglo XXI, 2003.
[86]   *Ibíd.*, pp.47-48.
[87]   *Ibídem*
[88]   *Ibíd.*, p.50.

No deben confundirse las ideologías científicas con las *ideologías de científicos* (que son en realidad ideologías filosóficas para Canguilhem).[89] Dicho de otro modo:

> *Las ideologías científicas son sistemas explicativos cuyo objeto es hiperbólico con referencia a la norma de cientificidad que se le aplica por préstamo.*[90]

¿Cuáles fueron, entonces, las condiciones de posibilidad específicas que enmarcaron el surgimiento del psicoanálisis? El siguiente apartado esboza una posible respuesta.

# La emergencia del saber freudiano

## Contexto científico: métodos, modelos y referencias.

Para saber cómo se forja históricamente el método freudiano se hace necesaria una perspectiva del largo debate epistemológico que antecedió al surgimiento del psicoanálisis:

Heredero del paradigma forjado en el siglo XVII con la física de Galileo, el modelo epistemológico dominante hasta principios del siglo XIX encontró oposición en un modelo alternativo emergente que reivindicaba un objeto y un método esencialmente distintos. Las ciencias del espíritu (*Geisteswissenschaften*) optaban por comprender (*verstehen*) –esto es, captar un hecho en su singularidad–, en vez de explicar (*erklären*) –o relacionar hechos singulares con una ley general–, que era lo propio de las ciencias naturales (*Naturwissenschaften*). Fue Johann Gustav Droysen quien formuló esta oposición en su obra *Fundamentos de la Historia* (*Grundriss der Historik*). La hermenéutica agudizaría esta contraposición al distinguir, con Wilhelm Windelband (1848-1915), las "ciencias nomotéticas" (o naturales, por cuanto establecían leyes), y las "ciencias idiográficas" (que registraban la escritura, la grafía de lo singular).[91] Heinrich Rickert planteó entonces la irreductibilidad del objeto idiográfico, el espíritu, de la que deriva una teoría de los valores o axiología.[92] Pero fue Wilhelm Dilthey quien en su *Introducción al estudio de*

---

[89] Cf. *Ibíd.*, p.56.

[90] *Ibíd.*, p.57.

[91] V. Windelband, Wilhelm, *Historia y ciencia de la naturaleza.*

[92] V. Rickert, Heinrich, *Las fronteras de la formación conceptual en las ciencias de la naturaleza.*

*las ciencias del espíritu* [1883] y en sus *Estudios para una fundamentación de las ciencias del espíritu* [1907-1910] –periodo clave en la construcción de la cosa psicoanalítica– se abocó a dotar de legitimidad epistemológica a las ciencias interpretativas.

Cuando el psicoanálisis freudiano buscó su ámbito de pertenencia se enfrentó al dualismo imperante. Pero a Freud la disputa metódica pareció no interesarle. Para él nunca hubo duda: no hay otra ciencia que la natural y el psicoanálisis era para él precisamente eso, una ciencia natural (*Naturwissenschaften*) cuya racionalidad no podría ser sino explicativa.[93] Esto es, no es suficiente describir; hay que explicar. Desde este punto de vista, la reyerta metodológica le parecía un falso debate. Una carta a Oskar Pfister disipa cualquier duda en este rubro:

> *Con el espíritu hay algo muy especial: ¡se sabe tan poco de él y de su relación con la naturaleza...! Tengo mucho respeto por él, pero ¿se lo tiene también la naturaleza? Es sólo un fragmento de ella, y el resto parece podérselas arreglar muy bien sin este fragmento.*[94]

Por otro lado, la *intencionalidad* inherente a las llamadas ciencias del espíritu, por atender a los hechos relativos a la conciencia, es del todo ajena al psicoanálisis que hace de lo inconsciente su objeto. Se entiende entonces que Freud no acordara en lo esencial con las tesis de Franz Brentano quien postulaba que la intencionalidad era atributo de *todos* los fenómenos mentales. La "tesis Brentano" privilegiaba, entre los fenómenos de conciencia, las representaciones, los juicios y los fenómenos emotivos (sentimientos y voliciones).

Es en todos estos puntos que el psicoanálisis reclama una diferencia esencial: el deseo, desde lo psicoanalítico, es –por definición– inconsciente y no podría en modo alguno homologarse a la volición; el pensamiento es susceptible de advenir a la conciencia pero en principio también es inconsciente; pensamiento y representación se distinguen asimismo al interior del psicoanálisis: un pensamiento es consciente, preconsciente o inconsciente

---

[93] De aquí que difícilmente pueda homologarse al psicoanálisis hermenéutica alguna. *Deutung* designa menos la *interpretación* que la *traducción* de los contenidos psíquicos.

[94] Carta a Óscar Pfister del 7 de febrero de 1930, en: Caparrós, Nicolás (editor), *Correspondencia de Sigmund Freud* (tomo V), Madrid, Biblioteca Nueva, 2002, p.248.

(*tópica*), y en tanto tal es investido de un monto libidinal determinado (*económica*) en función de los conflictos que genere la oposición de diversas fuerzas libidinales (*dinámica*).

En lo que a la representación se refiere, quizá la noción psicoanalítica que mejor expresa la diferencia con Brentano sea la de representación-fin que postula que las leyes que rigen al pensamiento no sólo son mecánicas –como lo quiere la doctrina asociacionista– sino que el fin perseguido (consciente o inconsciente) *determina* las asociaciones de pensamiento que en principio aparecen como azarosas. Hay entonces una finalidad manifiesta –consciente, intencional, como lo quiere Brentano– pero hay también (he aquí el descubrimiento del psicoanálisis) una finalidad latente, inconsciente. Es para esta finalidad inconsciente que Freud reserva la noción de representación-fin (y no representación *de* fin como aparece el término *Zielvorstellung* en algunas publicaciones, traducción que remite a una intencionalidad). Así, la representación-fin expresa que la finalidad inconsciente induce a una concatenación de asociaciones específica, determinada.

Ni siquiera en la perspectiva del determinismo psicoanalítico hay convergencia posible: es cierto que lo que no es comandado por la conciencia está determinado desde lo inconsciente. Pero ahí no hay intencionalidad alguna (lo que no releva al sujeto de su responsabilidad). Lo inconsciente no *quiere decir; dice*, sin más.[95] Edmund Husserl, alumno de Brentano, formalizó la teleología de la conciencia para concluir que el mundo pensado *es* el mundo, el único que tiene sentido. La postura freudiana difiere de cabo a rabo: la conciencia sólo traduce un registro imaginario al que subyace una *escena otra* (lo inconsciente) en donde priva el sinsentido.

---

[95] La –paradójicamente así llamada– asociación *libre* (*freie Assoziation*) es esencial en el método y en la técnica psicoanalítica.

La *finalidad* es asimismo una noción ligada a las ciencias del espíritu en la disputa entre modelos epistemológicos. Tampoco encaja ahí lo psicoanalítico pues si un determinado fin es buscado deliberadamente, se habla de la *finalidad intencional* de un sujeto consciente; pero si un estado final dado es efecto de una sucesión que obedece a reglas transubjetivas, se habla de *finalidad natural*. ¿Dónde queda el sujeto de lo inconsciente que persigue fines –pensemos en la pulsión de muerte– de los que nada sabe? Es porque la pulsión nada tiene que ver con el instinto, que lo inconsciente no se asimila a finalidad natural alguna.

Ahora bien, para la construcción del psicoanálisis, Freud optó por un monismo epistémico y se adhirió sin reservas al postulado fisicalista de la troica Helmholtz / Brücke / Du Bois-Reymond según el cual sólo fuerzas químicas y físicas actúan en el organismo. Se hace también necesario, pues, un recorrido histórico que contextualice la emergencia del fisicalismo:

El *Manual de fisiología humana*, de Johannes Müller implicó una modificación profunda en los referentes epistemológicos de la fisiología de la época. La psicofisiología era a la sazón un campo ampliamente cultivado por los médicos, entre los que destaca Robert Mayer, descubridor del principio de conservación de la energía (teoría sucesora de aquélla que debemos a Lavoisier sobre el principio de conservación de la materia). Una consecuencia de este descubrimiento fue que W. Wundt postuló la conservación de la energía al campo de lo psíquico, lo que le valdría hacia 1860 ser reconocido como el fundador de la llamada psicología científica. En el ámbito de la química descollaba Justus von Liebig quien elaboró una energética bioquímica. Estos científicos configuraron el horizonte químico-analítico que enmarcó el pasaje de Freud de la medicina a la psicología. *Descomponer* y *comprender* era el binomio que privaba en la práctica de la física, la fisiología, la química y la psicología. Aún más, la palabra *psicoanálisis* se forjó en el campo de este modelo físico-químico porque su práctica admite correspondencias puntuales: Freud llama "fundamento último" a los componentes pulsionales que vertebran la sintomática que un paciente exterioriza. La fenoménica de una patología evidencia la abstrusa ramificación de la que es efecto, de manera que para dar con ese *fundamento último* Freud analizaba la composición de los sedimentos anímicos, reconducía la sintomática a sus causas pulsionales (ignoradas por el enfermo, "tal y como el químico separa la sustancia básica, el elemento químico, de la sal en que se había vuelto irreconocible por combinación con otros elementos").[96]

La noción de un "campo de fuerzas psíquico" se adhirió, entonces, al espíritu de inteligibilidad fisicalista.[97] Mas lo psíquico configuraba una suerte de provisionalidad metafísica –metapsicológica, para mayor precisión–, una entidad virtual a la espera de su carta de identidad científica. Desde esta perspectiva quizá no resulte tan sorprendente que tiempo atrás, en una carta a Karl Abraham, Freud mentaba una supuesta "toxina única, aún no encontrada, de la libido, que suscita la embriaguez del amor".[98] Y todavía en 1925, refiriéndose a lo que entonces llamaba "neurosis actuales", Freud escribía:

> Mi tesis se limita a aseverar que los síntomas de estos enfermos no están determinados psíquicamente ni el análisis puede resolverlos, sino que se los debe concebir como consecuencias tóxicas directas del quimismo sexual.[99]

Otros pasajes freudianos no admiten confusión alguna:

> Debe recordarse que todas nuestras provisionalidades psicológicas deberán asentarse alguna vez en el terreno de los sustratos orgánicos.[100]

A lo psíquico subyace, entonces, lo químico. El psicoanálisis sería, en última instancia, una teoría que designa entidades mitológicas en tanto la química no les otorgue su estatuto plenamente científico: "La doctrina de las pulsiones es nuestra mitología", dice Freud,[101] quien en sus documentos

[96] *Nuevos caminos de la terapia analítica* (1919), en: Freud, Sigmund, *Obras Completas*, Buenos Aires, Amorrortu, 1993, vol. XVII, p.156.

[97] Es común que Freud se refiera a la resistencia o al deseo –por ejemplo– como "fuerzas psíquicas".

[98] Carta a Karl Abraham del 7 de junio de 1908 en: Caparrós, Nicolás (editor), *Correspondencia de Sigmund Freud* (tomo II), Madrid, Biblioteca Nueva, 1997, p.654.

[99] *Presentación autobiográfica* (1925[1924]), en: Freud, Sigmund, *Obras Completas*, *op.cit.*, vol. XX p.25.

[100] *Introducción del narcisismo* (1914), en: Freud, Sigmund, *Obras Completas*, *op.cit.*, vol. XIV p.76.

[101] *Nuevas conferencias de introducción al psicoanálisis* (1933[1932]), en: Freud, Sigmund, *Obras Completas*, *op.cit.*, vol. XXII, p.88.

preanalíticos comenta a Fliess de su flamante engendro mental: los *mitos endopsíquicos* y la *psico-mitología*:

> *La oscura percepción interna del propio aparato psíquico incita a ilusiones cognitivas que naturalmente son proyectadas hacia fuera (...) al futuro y a un más allá. La inmortalidad (...) el más allá, son tales figuraciones de nuestro interior psíquico. ¿Chifladuras? Psico-mitología.*[102]

Mas para Freud, luego de una etapa precientífica (psicomitológica) el psicoanálisis llegaría a ostentar los blasones de la normatividad científica. Que al psicoanálisis se le escamoteara su lugar entre las ciencias de la naturaleza siempre lo irritó. A quienes consideraban que las categorías psicoanalíticas (pulsión, libido) designaban campos fenoménicos inciertos, Freud respondía que si las ciencias naturales fueran sometidas al mismo criterio, también quedaría en duda la cientificidad de su estatuto:

> *La biología todavía hoy no sabe llenar el concepto de lo vivo con un contenido cierto (...) ni siquiera la física habría realizado todo su desarrollo si hubiera debido esperar hasta que sus conceptos de materia, fuerza, gravitación y otros alcanzaran la claridad y la precisión deseables.*[103]

El modo en que las categorías primeras buscan ilustrar los hechos observados tiene un carácter provisional, en tanto las inconsistencias son identificadas y las aporías resueltas:

> *[Los] conceptos máximos de las disciplinas de las ciencias naturales siempre se dejan indeterminados al comienzo (...) y no es sino mediante el progresivo análisis del material de observación como pueden volverse claros, llenarse de contenido y quedar exentos de contradicción.*[104]

A Freud le pareció por momentos que la misión del psicoanálisis radicaba en servir de puente entre las ciencias de la naturaleza y las ciencias del espíritu o ciencias de la cultura; esto es, ser el vínculo entre dos continentes

---

[102] Carta del 12 de diciembre de 1897, en: Freud, Sigmund, *Cartas a Wilhelm Fliess (1887-1904)*, Buenos Aires, Amorrortu, 1986, p.311.

[103] *Presentación autobiográfica* (1925[1924]), en: Freud, Sigmund, *Obras Completas*, *op.cit.*, vol. XX, p.54.

[104] *Ibídem*

epistémicos sin estar –al mismo tiempo– en posición de servir a dos amos. El ámbito de competencia del psicoanálisis (lo inconsciente) precisaba de una doble lengua; y el psicoanalista acaso haría las veces de traductor bilingüe.

El 14 de agosto de 1872, Emile Du Bois-Reymond, a la sazón rector de la Universidad de Berlín, pronunció un discurso en el Congreso de los naturalistas de Leipzig que hoy se conoce por la palabra con la que la alocución concluía: *Ignorabimus*.[105] Basado en Kant, Du Bois-Reymond fundamenta un resuelto agnosticismo argumentando el límite del conocimiento: ignoramos e ignoraremos siempre (*Ignoramus. Ignorabimus!*) dos asuntos atinentes al conocimiento natural: a) la esencia de la materia y la fuerza (y el nexo entre ambas), y; b) la relación entre la conciencia y las condiciones materiales (¿cómo es que una sustancia puede llegar a desear, sentir y pensar?). Hacia 1880 estos problemas serían abordados desde una perspectiva más compleja: los dos enigmas antecitados devendrían siete. La naturaleza de la materia, el origen del movimiento y el origen de la vida –según Du Bois-Reymond– serían tres problemas trascendentes e insolubles; la aparente finalidad de la naturaleza, el surgimiento de la sensación y la conciencia, y lo concerniente al pensamiento, la razón y el lenguaje, serían otros tres problemas difíciles pero solubles; por último, el séptimo problema sería el enigma ético / metafísico del libre arbitrio, sobre el que Du Bois-Reymond no emite juicio alguno. En este espectro de asuntos debían situarse los científicos de la época.

Freud, alumno de Ernst Brücke (colega a su vez de Du Bois-Reymond), abrevó de esta filosofía natural cuyos postulados invitaban menos a la especulación metafísica que al estudio positivo de los fenómenos fisiológicos. De manera que si el psicoanálisis quería ganar un sitio entre las ciencias, debía fundamentarse en una "psicología sin alma",[106] lo que simple y llanamente equivalía a la aceptación acrítica de un campo incognoscible que iniciaba donde el saber fisiológico reconocía su límite. De hecho, *lo inconsciente* constituyó ese incognoscible del que Freud quiso dar cuenta *desde* la ciencia, abordaje que en el curso de su investigación se revelaría inadecuado.

Muchos años después, sería en la metapsicología que el psicoanálisis fundaría y configuraría su identidad epistémica, afirmación que obliga a reconstruir el proceso histórico que posibilitó su formalización.

---

[105] *Acerca de los límites del conocimiento de la naturaleza* (Über die Grenzen des Naturerkennens), es el título de este discurso.

[106] V. Lange, *Historia del materialismo*.

## La técnica

### Periodo prepsicoanalítico

Entre 1880 y 1882 Josef Breuer ensayó el método catártico con una paciente llamada Bertha Pappenheim (mejor conocida como Anna O). Comentó sus hallazgos a Freud quien llegó a convencerse de que ese caso ilustraba mejor que cualquier otro el cuadro neurótico.

> *En mi fuero interno* [escribió Freud] *me resolví a dar noticia a Charcot de estos hallazgos cuando fuera a París y así lo hice. Pero el maestro no demostró interés alguno ante mis primeras referencias, de suerte que nunca volví sobre el asunto y aun yo mismo lo abandoné.*[107]

Esta inesperada respuesta marca un viraje de timón que hay que ponderar: con los auspicios de una beca, Freud permaneció en Francia de octubre de 1885 a febrero de 1886. Arribó a París interesado en la anatomía del sistema nervioso y se fue de ahí totalmente enfocado a la exploración de la histeria y del hipnotismo.[108] El día clave de esta conversión fue el 20 de octubre de 1885 cuando Freud asistió a la llamada *Consultation Externe* (consulta con enfermos ambulatorios). Se refirió a este momento crucial como el "paso del que tantas cosas dependen".[109] Los efectos de este encuentro pronto serían evidentes. Un Freud subyugado por la personalidad del gran maestro francés le escribiría a su prometida:

> [Charcot] *está echando por tierra simplemente todos mis puntos de vista y mis propósitos (…) cuando me aparto de él no siento más el deseo de trabajar en esas sencillas cosas mías (…) jamás ningún ser humano ha tenido sobre mí una influencia semejante.*[110]

---

[107] *Presentación autobiográfica* (1925[1924]), en: Freud, Sigmund, *Obras Completas*, *op.cit.*, vol. XX, pp. 19-20.

[108] Puede leerse en detalle el decurso de esta transformación en: *Informe sobre mis estudios en París y Berlín* (1956[1886]), en: Freud, Sigmund, *Obras Completas*, vol. I, pp.1-15.

[109] Carta a Martha Bernays del 19 de octubre de 1885, en: Caparrós, Nicolás (editor), *Correspondencia de Sigmund Freud* (tomo I), Madrid, Biblioteca Nueva, 1997, p.404.

[110] Carta a Martha Bernays del 21 de octubre de 1885. *Ibíd.*, p.409.

Esta admiración sin par hace que Freud escriba cinco semanas después una carta prácticamente idéntica (como preso de un pensamiento circular en el que no advirtiera haber dado cuenta ya de tal estado anímico):

> [Charcot está] *destruyendo todos mis objetivos e intenciones (…) tras estar con él ya no me quedan ganas de hacer mis propias tonterías (…) jamás hombre alguno ha influido en mí de igual manera.*[111]

Para Freud, lo que hace Charcot no puede compararse con las *sencillas cosas*, las *tonterías* que hasta antes de su viaje a París lo absorbían. Parece lateral esta declaración pero un rápido recuento de los modos en que Freud concebía su trabajo antes de encontrarse con Charcot puede ayudar a dimensionar el calibre de esta aseveración: "Trabajo permanentemente, me enseño a mí mismo",[112] escribía casi dos años atrás. "Ahora comienza la preocupación por mantenerse en el sitio alcanzado, la necesidad de hallar algo nuevo que tenga al mundo ocupado y que no sólo consiga la aprobación de unos pocos, sino que atraiga la afluencia de muchos", escribía cinco semanas después.[113] "Comprendo que no tengo por qué experimentar ansiedad respecto al éxito final de mis esfuerzos; se trata solamente de saber cuánto tiempo tardará en llegar", aseguraba Freud.[114] "He de seguir viviendo así: arriesgándome mucho, esperando mucho, trabajando mucho (…) poseo la buena cualidad de poder creerme a mí mismo", confesaba a mediados de ese mismo año.[115]

No obstante los altibajos anímicos que pueden constatarse a lo largo de toda su correspondencia, que un hombre con la determinación que caracterizaba a Freud capitulara –aunque sólo fuera por un momento–, en sus comunicaciones más íntimas (*Charcot está echando por tierra todos mis puntos de vista y mis propósitos, está destruyendo todos mis objetivos e intenciones*), es algo que debe subrayarse para sopesar a cabalidad la dimensión del encuentro con el insigne galeno francés.[116] Tampoco es menor que en la segunda de

---

[111]  Carta a Martha Bernays del 24 de noviembre de 1885. *Ibíd.*, p.416.
[112]  Carta a Martha Bernays del 10 de enero de 1884. *Ibíd.*, p.323.
[113]  Carta a Martha Bernays del 14 de febrero de 1884. *Ibíd.*, p.335.
[114]  Carta a Martha Bernays del 29 de febrero de 1884. *Ibíd.*, p.335.
[115]  Carta a Martha Bernays del 19 de junio de 1884. *Ibíd.*, p.350.
[116]  Este desfallecimiento contrasta sobremanera, por ejemplo, con la euforia y la esperanza que comandaba sendas misivas enviadas a Jung donde se lee: "trabajamos para el futuro (…) nuestro reino no es de este mundo"; y "No, aún no amanece. Hemos de proteger cuidadosamente nuestra pequeña lámpara; la

las misivas recién citadas, escribiera como al pasar que llevaba tres días de perezoso y que no se sentía culpable por ello. Raro pues, no obstante haber sido víctima en múltiples ocasiones de los más precarios estados de salud, Freud forzaba su incorporación al trabajo de modo determinado. Valga un ejemplo:

> *Estuve acostado, presa de los más terribles dolores (…) me miré al espejo hasta que llegó a darme horror mi barba. La rabia fue aumentando y, al fin, solté espumarajos de ira. Decidí que ya no tenía ciática, que volvería a ser persona y me abstendría del lujo de estar enfermo.*[117]

Todo el bagaje neurológico de Freud fue relativizado en una ocasión memorable en la que Charcot reivindicaba los ejes del trabajo clínico (ver y ordenar), criticando los desvaríos de la medicina teórica. Al señalarle, a propósito de un comentario específico, que equis cosa no podía ser por contradecir la teoría de Young- Helmholtz, Charcot reviró: "Tanto peor para la teoría; los hechos de la clínica tienen precedencia". Y remató:

> *La théorie, c'est bon, mais ça n'empêche pas d'exister.*[118]

En su autobiografía Freud testimonia que esa frase le "quedó grabada de manera inolvidable".[119] Que *los hechos de la clínica tienen precedencia* fue un precepto guía a lo largo de toda la obra freudiana. Así, su admiración por

---

noche persistirá aún por mucho tiempo". Freud llegaría a plantear una imagen religiosa del asunto: "Usted, si es que yo soy Moisés, tomará posesión, al igual que Josué, de la tierra prometida de la psiquiatría, a la cual únicamente puedo contemplar desde lejos". Grande fue la expectativa sucesoria respecto del que llamaría "hijo primogénito (…) sucesor y príncipe heredero *in partibus ifidelium*" *(en las regiones de los infieles).* Cartas a Jung del 5 de marzo y del 29 de noviembre de 1908, en: Caparrós, Nicolás (editor), *Correspondencia de Sigmund Freud* (tomo II, *op.cit.* pp.634, 684); y cartas del 17 de enero y 16 de abril de 1909, en: Caparrós, Nicolás (editor), *Correspondencia de Sigmund Freud* (tomo III), Madrid, Biblioteca Nueva, 1997, pp.6 y 30.

[117] Carta a Martha Bernays del 19 de marzo de 1884, en: Caparrós, Nicolás (editor), *Correspondencia de Sigmund Freud* (tomo I), *op.cit.*, p.336.

[118] *Charcot* (1893), en: Freud, Sigmund, *Obras Completas, op.cit.*, vol. III, p.15.

[119] *Presentación autobiográfica* (1925[1924]), en: Freud, Sigmund, *Obras Completas, op.cit.*, vol. XX, p.13.

Charcot implicó también una filiación epistémica, claramente enunciada en una de sus cartas:

> *Él* [Charcot] *no es solamente un hombre al que debo estar subordinado, sino también un hombre con el cual me siento muy contento de estarlo".*[120]

Con más claridad aún, a un año de su arribo a París, Freud le confía a Carl Koller:

> *París ha significado para mí el comienzo de una nueva existencia. Allí encontré al profesor –Charcot– que siempre había soñado y aprendí a observar las cosas bajo su aspecto clínico.*[121]

Freud evocaría en su artículo necrológico sobre Charcot algo que siempre intrigó al maestro francés:

> *Se preguntaba por qué en la medicina los hombres sólo veían aquello que ya habían aprendido a ver (…) él mismo debía confesar que ahora veía muchas que durante treinta años tuvo ante sí en las salas de internados, sin que atinase a verlas.*[122]

De ahí la necesidad imperiosa para Freud de erigir una metapsicología que diera cuenta –aún en contra de los postulados teóricos a la sazón vigentes– de las evidencias clínicas por él recabadas.

La deuda que Freud sentía hacia Charcot es más que evidente en una carta en la que le solicita su anuencia para traducir al alemán sus lecciones de la Salpêtrière. Con humor le aclara:

> *En cuanto a mi capacidad para tal empresa, debo decirle que sólo tengo afasia motriz para el francés pero no afasia sensorial.*[123] *He dado*

---

[120] Carta a Martha Bernays escrita entre octubre de 1885 y febrero de 1886, en: Caparrós, Nicolás (editor), *Correspondencia de Sigmund Freud* (tomo I), *op.cit.*, p.410.

[121] Carta a Koller del 13 de octubre de 1886, *Ibíd.*, p.457.

[122] *Charcot* (1893), en: Freud, Sigmund, *Obras Completas*, *op.cit.*, vol. III, p.14.

[123] A Freud la lengua francesa le representaba una especial dificultad: "El idioma francés es terriblemente pobre en vocales; cada suspiro significa doce cosas y, con una ligera modificación, otras doce cosas distintas"; en: carta a Minna Bernays

*pruebas de mi estilo en alemán en mi traducción de un volumen de
estudios de John Stuart Mill.*[124]

Charcot autorizaría llevar a cabo dicha empresa, lo que estrecharía los
lazos con Freud. Aún más, invitado a las célebres veladas que tenían lugar
en casa del venerado maestro, Freud reconoce en una carta dirigida a Martha
Bernays que estuvo tentado de cortejar a la hija de éste, Jeanne Charcot:

> *Imagínate que no estuviera ya enamorado y fuera, además, un
> aventurero en toda regla. Sería una fuerte tentación caer en la trampa,
> pues no hay nada más peligroso que una joven que posee los rasgos del
> hombre que uno admira.*[125]

...con lo que se abrió por un momento la posibilidad de que el fundador
del psicoanálisis estableciera una relación sentimental con la hija de su
indiscutible mentor y maestro en el campo de lo histérico.[126] Martha debe

---

del 3 de diciembre de 1885, en: Caparrós, Nicolás (editor), *Correspondencia de
Sigmund Freud* (tomo I), *op.cit.*, pp.418-419. En otro pasaje, Freud describe
algo sucedido en casa de Charcot: comentando que algunos de los presentes
dominaban idiomas varios, Mme. Charcot preguntó a Freud qué lenguas
hablaba. Freud respondió que inglés, alemán, algo de castellano y francés con
cierta dificultad. A lo que "Charcot añadió: '*Il est trop modeste, il ne lui manque
que d'habituer l'oreille*'. Entonces confesé que en realidad no comprendía
habitualmente nada hasta medio minuto después de haberlo oído, comparándolo
a los síntomas de la tabes, lo que fue muy celebrado"; en: carta a Minna Bernays
del 20 de enero de 1886; *Ibíd.*, pp.430-431).

[124] Carta a J M Charcot del 3 de diciembre de 1885; *Ibíd.*, p.418. A los 23 años
de edad, Freud había traducido de J. S. Mill "Enfranchisement of Women"
[1851]; reseñas de Grote, Plato and té Other Companions of Sokrates
[1866], "Thornton on Labour and its Claims" [1869], y "Chapters on
Socialism" [1879], que finalmente aparecerían publicados con los títulos "über
Frauenemancipation"; "Plato"; "Die Arbeiterfrage"; "Der Sozialismus"; en Mill,
J. S., Gesammelte Werke, Vol. 12, ed. por Theodor Gomperz, Leipzig, 1880 (Cf.
carta a Eduard Silberstein del 10 de agosto de 1879; *Ibíd.*, p.232.)

[125] Carta a Martha Bernays del 20 de enero de 1886; *Ibíd.*, p.431.

[126] Imposible pasar por alto que el gran psicoanalista francés Jacques-Alain Miller,
ejecutor testamentario de Lacan y responsable de editar la enseñanza que éste
impartiera en su *seminario* entre 1953 y 1980 es marido de Judith, hija de Lacan,
quien a su vez —temiendo interesarse por Anna Freud— no presentó sus respetos
al padre del psicoanálisis cuando éste pasó por París huyendo de los nazis. El

---

haber resentido el tono de esta misiva, lo que provocaría otro aguijonazo de Freud (extremadamente celoso, para colmo):

> [La hija de Charcot] *llevaba un vestido griego y, puesto que tus celos no habrán durado mucho tiempo, puedo comunicarte que estaba muy atractiva.*[127]

Freud retornó a Viena el 4 de abril de 1886, se instaló en un departamento de la Rathausstrasse y a finales del mismo mes inició su consulta privada. El 13 de septiembre de ese año contrajo nupcias con Martha Bernays (con quien procrearía seis hijos) y ambos se mudaron a un imponente edificio de apartamentos en la Kaiserliches Stifungshaus construido por orden expresa del emperador José I en el mismo lugar donde la tragedia incendiaria del Teatro Ring (8 de diciembre de 1881) había cobrado 400 vidas. En el verano de 1891 la familia Freud (que entonces contaba ya con cinco miembros) se mudó a Bergasse 19 donde Freud residiría hasta su exilio forzoso el 4 de junio de 1938.

Anécdotas aparte, en el terreno estrictamente clínico, la gran enseñanza para el Freud del periodo parisino fue la existencia de pensamientos no conscientes que comandan estados mórbidos específicos. Los pacientes *no saben* (por efecto de su escisión subjetiva) que están en posesión de aquello que permitiría desarticular el síntoma. De ese *saber insabido* daba cuenta la hipnosis, cuando en cumplimiento a una orden dada por el hipnotizador, el paciente ejecutaba algo que a él mismo le parecía absurdo y que, sin embargo, no podía evitar hacer (abrir una sombrilla y guarecerse debajo de ella en una habitación cerrada, por ejemplo). El decurso de ideas separadas de la conciencia y la naturaleza no orgánica de los síntomas histéricos conversivos (una parálisis real que no tiene sustento anatómico alguno, por ejemplo), llevaron a Freud a explorar las posibilidades terapéuticas de la hipnosis poniendo en reserva su saber anatomopatológico.

---

mismo Freud albergó algún tiempo la esperanza de que Sándor Ferenczi desposara a Anna, a la postre, insigne psicoanalista, después de haberlo deseado como yerno en relación a Matilde (que había contraído nupcias el 7 de febrero de 1909 y que había motivado estas palabras de Freud: "Puedo admitirle ahora que en el verano me hubiera gustado verle en el lugar del joven recién conocido que se ha ido con mi hija"). V. Caparrós, Nicolás (editor), *Correspondencia de Sigmund Freud* (tomos I y III), *op.cit.*, pp.650 n.1 y p.4 respectivamente.

[127] Carta a Martha Bernays del 2 de febrero de 1886, en: Caparrós, Nicolás (editor), *Correspondencia de Sigmund Freud* (tomo I), *op.cit.*, p.437.

---

Ya de vuelta a su (presuntamente) odiada Viena, Freud aquilataría la importancia de haber suspendido sus certezas epistemológicas gracias al "siempre estimulante, instructivo y espléndido" Charcot:[128]

> *Aguardar y trabajar es lo que estoy haciendo desde hace ya bastante tiempo y veremos cuál será el resultado.*[129]

## La hipnosis

En las cartas a Fliess pueden rastrearse los tanteos técnicos que derivarían en la invención del psicoanálisis. Ya en su segunda misiva, Freud le confiaba:

> *En las últimas semanas me he arrojado sobre la hipnosis y he alcanzado toda clase de logros pequeños pero asombrosos. Me propongo también traducir el libro de* [Hippolyte] *Bernheim sobre la sugestión.*[130]

Bernheim (1840-1919) era un médico francés que en 1882 había adherido al método hipnótico del también doctor galo y magnetista Ambroise Auguste Liébeault (1823-1904). A la sazón profesor de clínica médica en Nancy, Bernheim había introducido el método de la sugestionabilidad hipnótica (instituida por Liébault en su clínica de Nancy) a la práctica oficial académico-hospitalaria.[131]

En otra carta a Fliess, Freud comenta su decisión de explorar las posibilidades terapéuticas ligadas al hipnotismo: "La época de la hipnosis

---

128 Carta a Rosa Freud del 5 de diciembre de 1885, *Ibíd.*, p.419. Freud llamaría a un hijo nacido el 7 de diciembre de 1889 Jean Martin, en honor de Charcot. Se lo hace saber y éste responde: "Felicitaciones, sea bienvenido; que el evangelista y el centurión generoso le sea propicio; que sus nombres le proporcionen la felicidad". V. Caparrós, Nicolás (editor), *Correspondencia de Sigmund Freud* (tomo II), *op.cit.*, p.24.
129 Carta a Rosa Freud del 8 de marzo de 1886. *Ibíd.*, p.445.
130 Carta del 28 de diciembre de 1887, en: Freud, Sigmund, *Cartas a Wilhelm Fliess (1887-1904)*, *op.cit.*, p.5. La traducción mencionada es de la obra *Die Suggestion und ihre Heilwirkung*.
131 V. Roudinesco, Elisabeth & Plon, Michel, *Diccionario de psicoanálisis* [1997], Buenos Aires, Paidós, 1998, p.650.

ha llegado", escribió.[132] Es digno de énfasis que la hipnosis misma estuviera implicada en la redacción de la carta misma: en efecto, Freud escribe como si tal cosa: "Tengo precisamente recostada ante mí a una dama en hipnosis y por eso puedo seguir escribiendo tranquilo".[133] Es probable que esta dama en hipnosis fuera Emma von N., el primer caso en el que Freud aplicó el método catártico.[134]

No era fácil practicar el hipnotismo sin arriesgarse al público descrédito de la sociedad médica, y Freud (un incipiente médico que hacia 1888 contaba con sólo dos años de práctica profesional) asumió el riesgo con una determinación notable. De entrada, en su prólogo al libro de Bernheim, Freud arremete contra Theodor Meynert, la gran autoridad en el medio psiquiátrico francés ("ídolo de elevado sitial")[135], para luego pedir a los lectores apoyarse en los hechos y no en la autoridad de una celebridad médica ignorante del tema:

> La obra de Bernheim [es] una excelente introducción al estudio del hipnotismo, disciplina esta que el médico ya no tiene permitido descuidar (...) es idónea para destruir la creencia de que el problema de la hipnosis seguiría rodeado, como asevera Meynert, de un "halo de absurdidad".[136]

Freud señala que las eminencias médicas alemanas –excepto Forel y Krafft-Ebing han dispensado al hipnotismo el peor de los tratos sin conocer sus virtudes terapéuticas, e insta a los galenos a una valoración más ponderada recordándoles un apotegma:

> En ciencias naturales la decisión última sobre aceptación y desestimación corresponde siempre a la sola experiencia, y nunca a la autoridad sin una experiencia mediadora.[137]

---

[132] Carta del 28 de mayo de 1888, en: Freud, Sigmund, *Cartas a Wilhelm Fliess (1887-1904), op.cit.,* p.9.

[133] *Ibídem.*

[134] Cf. la "Nota Introductoria" que Strachey escribiera para *Los estudios sobre la histeria* (1893-1895), en: Freud, Sigmund, *Obras Completas, op.cit.,* vol. II, p.6.

[135] Así, se refiere Freud a Meynert en la carta a Fliess del 2 de mayo de 1891, en: Freud, Sigmund, *Cartas a Wilhelm Fliess (1887-1904), op.cit.,* p.14.

[136] *Prólogo y notas complementarios a la traducción al alemán de H. Bernheim,* De la sugestión et de ses applications à la thérapeutique (París, 1886), (1888 [1888-89]), en: Freud, Sigmund, *Obras Completas, op.cit.,* vol. I, pp.81-82.

[137] *Ibídem.*

En otra carta a Fliess, Freud comenta al pasar la crítica que Meynert hace al hipnotismo (y a su reseña al libro de Bernheim):

> *Con su manera habitual, maligna y desenfadada, se ha pronunciado autoritativamente sobre un tema del cual nada sabe.*[138]

Freud alude a una conferencia pronunciada por Meynert ante la Sociedad Médica de Viena el 2 de junio de 1888 titulada "Sobre fenómenos hipnóticos", donde afirmó que la hipnosis no eran un tema científico sino un "delirio producido experimentalmente" donde se asistía al "sometimiento perruno del hombre por otros hombres".[139] En esta secuencia de manodobles con Meynert, Freud lo increparía enérgico en otra reseña a un libro sobre hipnotismo de August Forel donde le reprocha desestimar *a priori* un procedimiento que no conoce ni ha empleado, postura a la que otros se adherirán sin reflexión crítica alguna sólo por afinidad.

> *Por cierto que el respeto al grande hombre, sobre todo en materia intelectual* [léase Meynert], *se cuenta entre las mejores cualidades de la naturaleza humana; pero debe ceder paso al respeto por los hechos.*[140]

Uno debe resistirse a la tentación "de apuntalarse en una autoridad para apoyarse en el propio juicio, formado mediante el estudio de los hechos", dice Freud.[141]

Como se sabe, Freud mantenía una disputa pública con Meynert de tiempo atrás (a raíz de la conferencia que el primero había pronunciado sobre la concepción que Charcot tenía de la histeria masculina el 15 de octubre de 1886 ante la Sociedad de Medicina).[142] Como todos los presentes, Meynert reaccionó con incredulidad y exhortó a Freud presentar ante la Sociedad

---

[138]  Carta del 29 de agosto de 1888, en: Freud, Sigmund, *Cartas a Wilhelm Fliess (1887-1904)*, op.cit., p.11.

[139]  *Ibíd.*, p.11, n.4.

[140]  *Reseña de August Forel.* Der Hypnotismus [seine Bedeutung und seine Handhabung] (*El hipnotismo, su significación y su manejo*) (1889), en: Freud, Sigmund, *Obras Completas*, op.cit., vol. I, pp.100-101.

[141]  *Ibídem.*

[142]  Recuérdese que, con 27 años de edad, el 1° de mayo de 1883 Freud había ingresado como *Sekundararzt* a la Clínica Psiquiátrica de Meynert ("el más grande anatomista del cerebro de su tiempo", en palabras de Freud), donde permanecería casi cinco meses. V. las cartas a Martha Bernays del 17 de abril, 3

casos más sólidos donde la sintomatología histérica fuera inequívoca. Freud aceptó el desafío y, en colaboración con el insigne oculista L. Königstein presentó el 26 de noviembre inmediatamente posterior el caso clínico titulado *Observación de un caso severo de hemianestesia en un varón histérico* (1886).[143] En esa ocasión, la recepción de la ponencia fue en general más benévola. Meynert, sin embargo, minimizó la importancia del caso y opuso a la teoría de Charcot una postura anatomista que a Freud le pareció insostenible. La disputa con Meynert tuvo para Freud un alto precio: sus colegas médicos del Instituto Neurológico de la Universidad de Viena y de la Facultad de medicina le volvieron la espalda. La magnitud del golpe anímico asestado fue patente: durante cinco años Freud no publicó una sola línea relativa a la histeria.

Trece años después de aquellas ponencias Freud revelaría la causa por la que Meynert había sido abiertamente hostil con él luego de un corto lapso de predilección: cuenta en la *Traumdeutung* que al visitarlo en su lecho de muerte (Meynert fallecería el 31 de diciembre de 1892), el moribundo confesó: " 'Sabe usted, siempre fui uno de los más bellos casos de histeria masculina'. Así, para mi contento y para mi asombro [dice Freud] concedía aquello a lo cual se había opuesto obstinadamente tanto tiempo".[144]

En 1889 Freud se trasladaría a la ciudad de Nancy para intercambiar impresiones clínicas con Bernheim. En su autobiografía confiesa que ser considerado un taumaturgo era entonces una posibilidad muy seductora

---

de julio y 29 de octubre de 1883, en: Caparrós, Nicolás (editor), *Correspondencia de Sigmund Freud* (tomo I), *op.cit.*, pp.274, 276 y 300 respectivamente.

[143] V. en: Freud, Sigmund, *Obras Completas*, *op.cit.*, vol. I, pp.23-34.

[144] V: *La interpretación de los sueños* (1900[1899]), en: Freud, Sigmund, *Obras Completas*, *op.cit.*, vol. V, pp.436-37. Este pasaje es recreado admirablemente en el film *Freud. The Secret Passion* [1962] de John Huston en la que Montgomery Clift interpreta el papel de Freud. El guión original fue redactado por Jean-Paul Sartre y daba para una película de siete horas. Huston pidió recortes que Sartre rechazó hacer. Charles Kaufman y Wolfgang Reinhardt serían finalmente los guionistas oficiales aunque su trabajo sólo redujo lo escrito por Sartre. El guión original íntegro puede ser leído en: Sartre, Jean-Paul, *Freud*, París, Éditions Gallimard, 1984. Hay traducción castellana: Sartre, Jean-Paul, *Freud*, Madrid, Alianza Editorial, 1985, 397pp., con prólogo de Jean-Bertrand Pontalis. Cf. asimismo el recuento de Ernst Kriss sobre este periodo en su introducción a la primera edición que en 1950 se hiciera de la correspondencia Freud / Fliess, en: Freud, Sigmund, *Cartas a Wilhelm Fliess (1887-1904)*, *op.cit.*, p.535.

(además de pragmática porque los médicos especialistas en enfermedades nerviosas poco o nada podían ayudar a los pacientes neuróticos). Este periodo en Nancy fue clínicamente ponderado así:

> Fui testigo de los asombrosos experimentos de Bernheim con sus pacientes de hospital, y recogí las más fuertes impresiones acerca de la posibilidad de que existieran unos potentes procesos anímicos que, empero, permanecerían ocultos para la conciencia del ser humano.[145]

En la colaboración científica con Breuer, Freud incorporaría al método catártico lo aprendido en la práctica hipnótica. La combinación de ambos métodos fructificaría en lo asentado en *Los estudios sobre la histeria* (1895). La técnica empleada para el tratamiento de las enfermedades nerviosas sufría así un vuelco, si se atiende al hecho de que "la historia del psicoanálisis propiamente dicho sólo empiece con la innovación técnica de la renuncia a la hipnosis".[146]

## La abreacción (*Abreagieren*)

Con este término, Freud y Josef Breuer designaron una descarga emocional que libera el *quantum* de afecto ligado a un acontecimiento traumático.[147] Breuer había discernido en su paciente Anna O. (en cuyo caso no se había interesado Charcot) que sus síntomas tenían origen en una especie de *retención* de recuerdos (de ahí el término *catarsis*, como sinónimo de una purga que la paciente misma llamaba *talking cure* o *chimney-sweeping*). Así, la abreacción era el objetivo práctico del método llamado catártico (procedimiento terapéutico clave en la prehistoria del psicoanálisis y sucesor inmediato, como ya se expuso, de la hipnosis propiamente dicha).

Aunque en múltiples escritos posteriores a los *Estudios sobre la histeria* (1895) Freud pugnó por distinguir claramente el método catártico del psicoanálisis en sí, en 1914 aceptaba que no se trataba tanto de diferenciar ambos métodos como de marcar una evolución del primero al segundo. Para Freud el método catártico devino psicoanálisis cuando irrumpieron en su

---

[145]  *Presentación autobiográfica* (1925 [1924]), en: Freud, Sigmund, *Obras Completas*, op.cit., vol. XX, p.16-17.

[146]  *Contribución a la historia del método psicoanalítico* (1914), en: Freud, Sigmund, *Obras Completas*, op.cit., vol. XIV, p.15.

[147]  Cf. Laplanche, Jean y Pontalis, Jean-Bertrand, *Diccionario de Psicoanálisis* [1968], Barcelona, Labor, 1983, p.1.

práctica clínica "la doctrina de la represión y de la resistencia, la introducción de la sexualidad infantil, y la interpretación y el uso de los sueños para el reconocimiento de lo inconsciente".[148] Y en un escrito tan posterior como 1924 afirma enfático:

> *El método catártico es el precursor inmediato del psicoanálisis, y pese a todas las ampliaciones de la experiencia y las modificaciones de la teoría sigue contenido en él como su núcleo.*[149]

Lo cierto es que en uno de sus más tempranos escritos, Freud discernía que una impresión psíquica está siempre investida por un monto determinado de afecto (*Affektbetrag*) que es liberado por un proceso psíquico de asociación o por medio de una acción motriz. Pero si ese monto afectivo no encuentra vía eferente, se conforma un trauma (que es causa eficaz en toda histeria). "La imposibilidad de la eliminación es notoria cuando la impresión permanece en el subconsciente", dice Freud;[150] y bautiza su teoría como *abreacción de los aumentos de estímulo*.[151] El escrito antecitado es contemporáneo de una carta a Fliess donde Freud le informa del momento en que Breuer acepta, no sin trabajo, redactar una comunicación conjunta –que hoy conocemos como los *Estudios sobre la histeria* (1893)– para hacer públicos los hallazgos clínicos que la abreacción había posibilitado; asimismo lo pone al tanto de la inminente publicación.[152]

En la "Comunicación preliminar" de dichos *Estudios sobre la histeria* (1895) Breuer y Freud afirman que, en el caso de la histeria, el afecto ligado a una vivencia traumática no es adecuadamente tramitado o *abreaccionado*. Dicha inadecuación produce síntomas de la más variada especie que son huellas del afecto que queda, así, estrangulado. La posible cura consiste en evocar el recuerdo de la vivencia traumática para liberar el afecto ligado a ella, pues *cessante causa cessat effectus* ("cuando cesa la causa, cesa el efecto"). De

---

[148] *Contribución a la historia del método psicoanalítico* (1914), en: Freud, Sigmund, *Obras Completas, op.cit.,* vol. XIV, pp.14-5.

[149] *Breve informe sobre el psicoanálisis* (1924[1923]), en: Freud, Sigmund, *Obras Completas, op.cit.,* vol. XIX, p.206.

[150] Una de las raras ocasiones en que Freud utiliza este término.

[151] *Algunas consideraciones con miras a un estudio comparativo de las parálisis motrices orgánicas e histéricas* (1893[1888-1893]), en: Freud, Sigmund, *Obras Completas, op.cit.,* vol. I, p.209.

[152] Cf. las cartas del 28 de junio y del 18 de diciembre de 1892, en: Freud, Sigmund, *Cartas a Wilhelm Fliess (1887-1904), op.cit.,* pp.17 y 24 respectivamente.

hecho, averiguar la causa de un síntoma constituye ya una acción terapéutica. Lo que los autores no explican en este texto son las razones por las que un afecto *debe* ser descargado. Es en la conferencia pronunciada el 11 de enero de 1893 que Freud explica lo que en la "Comunicación preliminar" no figuraba:

> *Hemos descubierto que en el histérico, simplemente, hay unas impresiones que no se despojaron de afecto y cuyo recuerdo ha permanecido vívido (...) el histérico padece de unos traumas psíquicos incompletamente abreaccionados.*[153]

Como causas desencadenantes Freud distingue una impresión psíquica excesiva, la imposibilidad de una reacción motriz o lingüística frente al hecho traumático, o el rehusamiento a reaccionar ante la vivencia.

Las vías de descarga pueden ser: la reviviscencia –bajo hipnosis– del hecho traumático para liberar el afecto aprisionado y cancelar la representación que la vivencia penosa había generado; o la asociación lingüística, pues la palabra sirve como sustituto –*aprés coup*– de la motricidad anteriormente inhibida.[154] Se entiende entonces que lo reprimido deviene influjo incesante en perjuicio de la vida psíquica, haciéndose necesario el fracaso de la represión para que se produzca el llamado "retorno de lo reprimido". El síntoma es el efecto de una negociación entre las fuerzas represoras y el deseo (por definición, inconsciente) que pugna por expresarse.

---

[153] *Sobre el mecanismo psíquico de fenómenos histéricos* (1893), en: Freud, Sigmund, *Obras Completas*, *op.cit.*, vol. III, p.39.

[154] "El primero que en vez de arrojar una flecha al enemigo le lanzó un insulto fue el fundador de la civilización", dice un jocoso Freud (*Ibíd.*, p.38).

De ahí que toda anomalía psíquica derive en una "formación de compromiso" donde el síntoma sustituye un acto no tramitado.

Todo lo hasta aquí reseñado fue escuetamente resumido en una carta a Fliess en forma de apuntes provisorios:

> *Anudamiento con la teoría de la constancia. Incremento de estímulo externo e interno, excitación constante y efímera. –Carácter sumatorio de la excitación interna. –Reacción específica. –Formulación y exposición de la teoría de la constancia. –Intercalación del yo con almacenamiento de la excitación.*[155]

Pero de este antecedente tan remoto nada se sabría sino hasta 1950, cuando la edición parcial de las cartas a Fliess fue dada a conocer. Ahora bien, a pesar de que la hipnosis era el medio habitual para lograr la abreacción, Freud era consciente de las limitaciones de este método por lo menos desde 1891. Entre las obvias desventajas del procedimiento, señalaba:

> *El médico tiene que inventar de continuo un anudamiento nuevo para su sugestión, una nueva prueba de su poder, una novedosa variante del procedimiento hipnotizador. Esto significa para él, que quizá duda interiormente del éxito, un esfuerzo grande y a la postre agotador.*[156]

Y dado que la cruda realidad se adecua mal a lo artificioso de toda sugestión, Freud acepta que los pacientes (y aun los galenos) son menos pacientes con la hipnosis que con otros tratamientos:

> *Mientras que ningún enfermo tiene derecho a impacientarse si la vigésima sesión eléctrica o el enésimo frasco de agua mineral no le aportaron curación, tanto médico como paciente se cansan del tratamiento hipnótico.*[157]

Lo que lleva a un diagnóstico radical: "La *profundidad* de la hipnosis no está en todos los casos en proporción directa al éxito obtenido con ella";[158] posición también manifestada en las notas a la traducción de las *Leçons du*

---

[155] Manuscrito D, anexo a la carta del 21 de mayo de 1894, en: Freud, Sigmund, *Cartas a Wilhelm Fliess (1887-1904), op.cit.,* p.72.

[156] *Hipnosis* (1891), en: Freud, Sigmund, *Obras Completas, op.cit.,* vol. I, p.145.

[157] *Ibídem*

[158] *Ibídem*

*mardi* de Charcot, donde se señala asimismo la precariedad terapéutica de la hipnosis. Cuando Charcot daba consejos sobre la sugestión, recuerda Freud, decía cosas tales como:

> *Los ingleses, que por cierto son gente práctica, nos dan en su lengua esta advertencia: "Do not prophesy, unless you be sure". Yo adheriría a ese apotegma y les recomendaría también a ustedes seguirlo.*[159]

Con una sinceridad pasmosa, Charcot ironizaba que una parálisis psíquica admite que el médico haga las veces de Jesús ordenando a Lázaro andar. Pero también advertía que deben presupuestarse los imponderables:

> *Les aconsejo que no se aventuren demasiado, y desde el comienzo mediten acerca de cómo habrán de asegurarse la retirada "en orden" si sobreviene un eventual fracaso.*[160]

Estas reservas serían resumidas en una conferencia, donde Freud explica cómo tuvo que separar la hipnosis (al que califica de tratamiento "tornadizo y por así decir místico") del tratamiento catártico. Resolvió entonces trabajar con los pacientes en estado de conciencia:

> *Puesto que no podía alterar a voluntad el estado psíquico de la mayoría de mis pacientes, me orienté a trabajar con su estado normal (...) Se planteaba la tarea de averiguar del enfermo algo que uno no sabía y que ni él mismo sabía; ¿cómo podía esperarse averiguarlo no obstante?*[161]

Esta confianza en la hipnosis como método terapéutico iría declinando en Freud con el paso del tiempo y la experiencia clínica concomitante.[162] Se había hecho necesaria una nueva técnica. Sin la hipnosis, el método

---

[159] *Prólogo y notas de la traducción de J.-M. Charcot, Leçons du mardi de la* Salpêtrière *(1887-88)* (1892-94), "Extractos de las notas de Freud a su traducción de Charcot, *Leçons du mardi*", en: Freud, Sigmund, *Obras Completas, op.cit.*, vol. I, p.175.

[160] *Ibídem*

[161] *Cinco conferencias sobre psicoanálisis* (1909), conferencia 2, en: Freud, Sigmund, *Obras Completas, op.cit.*, vol. XI, p.19.

[162] James Strachey afirma que Freud practicó la hipnosis entre 1887 y 1896. V. *Estudios sobre la* historia (1893-1895), "Historiales clínicos. 3. Miss Lucy R.", en: Freud, Sigmund, *Obras Completas, op.cit.*, vol. II, pp.127-28, n.1.

catártico debía conservar su eficacia en la intelección de las causas que concurrieron para la constitución de una sintomatología histérica específica. Paradójicamente, es el recuerdo de una sesión de hipnotismo con Bernheim lo que permite a Freud resignar el método hipnótico mismo: cuando a un paciente se le hacía volver de un estado alterno de conciencia (sonambulismo), parecía no quedar recuerdo alguno de lo vivido en estado de trance; mas Bernheim los exhortaba a recordar tocándoles la frente y asegurándoles que en algún lugar conservaban registro de lo acontecido bajo hipnosis. Y en efecto, mediante esa estratagema, el recuerdo emergía confuso para irse aclarando progresivamente hasta ser nítido. Freud decidió implementar la misma técnica:

> *Mis pacientes no podían menos que "saber" todo lo que de ordinario sólo la hipnosis les volvía asequible, y mi asegurar e impulsar* [Antreiben], *acaso apoyado por la imposición de la mano, debía tener el poder de esforzar hasta la conciencia los hechos y nexos olvidados.*[163]

¿En qué consistiría concretamente el nuevo método de exploración subjetiva que pretendía conservar todas las ventajas de la catarsis desechando los inconvenientes de la hipnosis? En 1895, Freud conminaba a sus pacientes a cerrar los ojos y concentrarse, confirmando que los recuerdos buscados acudían sin necesidad de hipnosis. Notó entonces que una fuerza cuya naturaleza debía ser discernida, obstruía el que las representaciones mórbidas devinieran conscientes; conjeturó entonces que quizá era la misma fuerza que antes había contribuido en la gestación de los síntomas histéricos. Una vez dilucidada la causa eficiente de tal fuerza, Freud concluyó que las representaciones patógenas tenían una raíz común:

> *...todas ellas eran de naturaleza penosa, aptas para provocar los afectos de la vergüenza, el reproche, el dolor psíquico, la sensación de un menoscabo: eran todas ellas de tal índole que a uno le gustaría no haberlas vivenciado, preferiría olvidarlas.*[164]

Freud se refirió a esta nueva técnica como *estado de concentración*, que combinaría con un método de sugestión distinto: la *presión en la frente* de

---

[163] *Presentación autobiográfica* (1925[1924]), parte 2, en: Freud, Sigmund, *Obras Completas, op.cit.*, vol. XX, p.27.

[164] *Estudios sobre la histeria* (1893-1895), "Psicoterapia de la histeria", en: Freud, Sigmund, *Obras Completas, op.cit.*, vol. II, p.275-76.

sus pacientes, tal como lo había observado en las consultas de Bernheim.[165] Agregó, sin embargo, "un pequeño artificio técnico": advertía a la paciente que al presionar su frente le acudiría la imagen de un recuerdo que debía ser comunicado sin censura ni reserva alguna.

> *Presiono durante unos segundos la frente del enfermo situado ante mí, lo libro de la presión y le pregunto con tono calmo, como si estuviera descartada cualquier decepción: "¿Qué ha visto usted?" o "¿Qué se le ha ocurrido?" (…) este procedimiento me llevó siempre a la meta.*[166]

Freud llegó a definir este método como "hipnosis momentánea reforzada", lo que traduce bien la dificultad que le representó renunciar a los relictos de la hipnosis, método que tan buenos servicios le había brindado. Quedaba sin aclarar, aún, el porqué era asequible en estado de conciencia la representación buscada.

> *He aquí la enseñanza que extraigo de que bajo la presión de mi mano acuda siempre lo que yo busco: La representación patógena supuestamente olvidada está aprontada siempre "en las cercanías", se la puede alcanzar mediante unas asociaciones de fácil tránsito.*[167]

Freud aventuró entonces que si ciertas sugestiones sólo eran eficaces bajo el influjo de la hipnosis, cabía esperar que la remoción de representaciones mórbidas colegidas en estado de vigilia tuviera un carácter, si no permanente, quizá más duradero. Las indicación precisa de no censurar lo que viniera a la cabeza, no es sino el germen de lo que más tarde sería llamada "la regla fundamental del psicoanálisis", sustento de la asociación libre (en ciernes, entonces).[168] De ahí que cuando los pacientes aseguraban que nada sabían sobre la causa de sus síntomas, Freud les aseguraba –como Bernheim lo

---

[165] Probablemente utilizado por primera vez con Elisabeth von R. V. nota de James Strachey al historial clínico de Miss Lucy R.. *Ibíd.*, p.127, n.1.

[166] *Ibíd.*, pp.277-78.

[167] *Ibídem*

[168] Una carta a Abraham del 9 de enero de 1908 despeja dudas importantes sobre este tema: "Cumpliendo estrictamente la regla fundamental ('decir todo lo que se le ocurre') pone de manifiesto su superficie psíquica en todo momento", dice Freud. Caparrós apunta acertadamente que es ésta "una elocuente expresión de cómo el inconsciente, contra lo que puede parecer en la metáfora geológica, mora en la superficie así como en las profundidades. El inconsciente es lo más recóndito y lo más evidente"; en: Caparrós, Nicolás (editor), *Correspondencia*

hacía– que estaban en posesión de un saber que por su carácter inconsciente parecía no estar a disposición.

> *Los recuerdos olvidados (...) se encontraban en posesión del enfermo y prontos a aflorar en asociación con lo todavía sabido por él, pero alguna fuerza les impedía devenir conscientes. (...) sentía como resistencia del enfermo esa fuerza que mantenía en pie al estado patológico.*[169]

Las elaboraciones psicoanalíticas en torno a la *defensa*, la *represión* y la *resistencia* tienen aquí uno de sus varios puntos de partida. James Strachey señala que no es del todo claro cuándo fue que Freud renunció al *estado de concentración* y a la *presión sobre la frente* como medios terapéuticos. Se sabe, empero, que en 1905, Freud aseguraba: "...hace ya ocho años que no practico la hipnosis con fines terapéuticos",[170] de donde se colige que a partir de 1896 abandonó esa herramienta técnica. Para 1904 describiría (hablando de sí mismo en tercera persona) el modo en que procedía con sus pacientes:

> *Los invita a tenderse cómodamente de espaldas sobre un sofá, mientras él sustraído a su vista, toma asiento en una silla situada detrás. Tampoco les pide que cierren los ojos, y evita todo contacto y cualquier otro procedimiento que pudiera recordar a la hipnosis.*[171]

No obstante, Freud reconoce que "esta escenografía tiene un sentido histórico: es el resto del tratamiento hipnótico a partir del cual se desarrolló el psicoanálisis".[172] Por otra parte, se tiene aquí una descripción ya muy cercana

---

de *Sigmund Freud* (tomo II), *op.cit.*, p.614, n.275. Muy útil resulta evocar el neologismo propuesto por Lacan en este tipo de casos: éxtimo.

[169] *Cinco conferencias sobre psicoanálisis* (1909), conferencia 2, en: Freud, Sigmund, *Obras Completas, op.cit.*, vol. XI, p.20. Un ejemplo notable –demasiado largo para ser citado– de la eficacia que la *presión sobre la frente* tenía, puede leerse en una misiva a Fliess: Manuscrito J, en: Freud, Sigmund, *Cartas a Wilhelm Fliess (1887-1904), op.cit.*, pp.162-165.

[170] *Sobre psicoterapia* (1905), en: Freud, Sigmund, *Obras Completas, op.cit.*, vol. VII, p.250.

[171] *El método psicoanalítico de Freud* (1904), en: Freud, Sigmund, *Obras Completas, op.cit.*, vol. VII, p.238.

[172] *Sobre la iniciación del tratamiento* (1913), en: Freud, Sigmund, *Obras Completas, op.cit.*, vol. XII, p.135.

a las sesiones que aún hoy día se practican en diván. Obsérvese lo puntual que Freud era al detallar las características del nuevo dispositivo:

> *Una sesión de esta clase trascurre como una conversación entre dos personas igualmente alertas, a una de las cuales se le ahorra todo esfuerzo muscular y toda impresión sensorial que pudiera distraerla y no dejarle concentrar su atención sobre su propia actividad anímica.*[173]

En rigor, el primer discernimiento del método apoyado en la asociación libre había tenido lugar desde 1895 (más de un lustro después de las disputas con Meynert). Freud reseñó lo sucedido en el transcurso de una cura (momento clave en la historia del psicoanálisis), así:

> *La conversación que sostiene conmigo mientras le aplican los masajes no es un despropósito, como pudiera parecer (...) a menudo desemboca, de una manera enteramente inesperada, en reminiscencias patógenas que ella apalabra sin que se lo pidan.*[174]

Tiempo después Freud formularía su teoría sobre el determinismo.

## Periodo psicoanalítico

### La *proton pseudos* en la histeria[175]

Freud inició su práctica médica privada en la Pascua de 1886. En esos años, tres personas distintas —reputadas todas— le sugirieron el origen de las afecciones neuróticas, según sabemos por una muy tardía confidencia hecha cuando la primera gran guerra iniciaba. Aseguraba no ser el padre de la tesis sobre la etiología sexual de las neurosis:

> [Ésta] *me había sido trasmitida por tres personas cuya opinión reclamaba con justicia mi más profundo respeto: Breuer (...) Charcot y*

---

[173] *El método psicoanalítico de Freud* (1904), en: Freud, Sigmund, *Obras Completas, op.cit.*, vol. VII, p.238.

[174] *Estudios sobre la histeria* (1893-1895), "Historiales clínicos. 2. Señora Emma von N.", en: Freud, Sigmund, *Obras Completas, op.cit.*, vol. II, p.78.

[175] Freud se vale de una expresión de Aristóteles, quien analizando los vicios del silogismo plantea que "el argumento falso se produce en función de la falsedad previa". V. *Analíticos primeros*, libro II, capítulo 18, en: Aristóteles, *Tratados de Lógica (El Organón)* [s.IV a.C.], Madrid, Gredos, 2008, p.277.

*(...) Chrobak (...) Los tres me habían trasmitido una intelección que, en todo rigor, ellos mismos no poseían.*[176]

He aquí algo que alude a lo inconsciente como saber insabido: *me habían transmitido una intelección que, en todo rigor, no poseían*. Freud tampoco podría aquilatar, sino *aprés-coup*, lo escuchado. ¿Cómo y quiénes le transmitieron a Freud esta intuición sobre la importancia de la sexualidad en la constitución de una neurosis?

El primero fue Josef Breuer. Relata Freud que siendo un joven médico, paseaba con su mentor y amigo cuando fueron interceptados por un hombre que necesitaba urgentemente hablar con Breuer. Una vez que el hombre partió, Freud supo que se trataba del marido de una mujer con claros síntomas histéricos a quien Breuer trataba.

*Son siempre secretos de alcoba, concluyó Breuer. Atónito, pregunté qué quería decir eso, y él me aclaró la palabra "alcoba" ("el lecho matrimonial") porque no entendía que la cosa pudiera parecerme tan inaudita.*[177]

Si en este pasaje sorprende la ingenuidad de Freud acaso sea porque hoy estamos suficientemente familiarizados con lo que –paradójicamente– él mismo hizo emerger como sustrato cultural en sus futuras investigaciones (la relación entre abstinencia y neurosis).[178]

El segundo hombre que comunicó a Freud la incidencia de lo sexual en las neurosis, fue Charcot. Compartiendo una velada con su venerado maestro, Freud presenció un diálogo entre éste y Brouardel, quien relataba la situación de una pareja donde él padecía impotencia y ella era claramente histérica. Charcot intercalaba comentarios a la narración: *"Tâchez donc"*, repetía; *"je vous*

---

[176]   *Contribución a la historia del movimiento psicoanalítico* (1914), en: Freud, Sigmund, *Obras Completas, op.cit.,* vol. XIV, p.12.

[177]   Breuer dijo *Alkove*, y al explicarlo lo tradujo al alemán como *Ehebettes*, explica Strachey en: *Contribución a la historia del movimiento psicoanalítico* (1914), en: Freud, Sigmund, *Obras Completas, op.cit.,* vol. XIV, p.13.

[178]   Desde *La sexualidad en la etiología de las neurosis* (1898) sostenía Freud que es legítimo "responsabilizar a nuestra civilización por la propagación de la neurastenia"; pero su estudio más extenso sobre el tema sería *La moral sexual "cultural" y la nerviosidad moderna* (1908). V. Freud, Sigmund, *Obras Completas, op.cit.,* vol. III, p. 270 y vol. IX, pp.159-81.

*assure, vous y arriverez"*. Brouardel (dice Freud) estaba muy asombrado de que el síntoma del marido produjera tales efectos en la mujer.

> *Y Charcot pronunció de pronto, con brío, estas palabras:* Mais dans des cas pareils c'est toujours la chose génitale, toujours… toujours… toujours! *Y diciéndolo cruzó los brazos sobre el pecho y se cimbró varias veces de pies a cabeza con la vivacidad que le era peculiar.*[179]

"Y si él lo sabe, ¿por qué nunca lo dice?", se preguntó en silencio Freud (según detalla el relato). No obstante, el estudio de la anatomía cerebral y la reproducción de la sintomática histérica en el consultorio acaparaban su interés, lo que hizo que olvidara la anécdota recién referida. En este caso le fue transmitida a Freud una intelección que él mismo (no su interlocutor) estaba imposibilitado de aprehender: por tener la mira en la anatomía propiamente dicha no reparó en el factor psíquico eficaz en aquellas afecciones que —según sus propias palabras— absorbían su interés (impidiéndole ver lo que, sin embargo, estaba ante sus ojos).[180]

El tercer colega que recomendó considerar lo sexual como factor etiológico en las neurosis fue Chrobak, quien pidió a Freud hacerse cargo de una de sus pacientes. Esta mujer presentaba accesos de angustia que sólo podían mitigarse si se le comunicaba con toda precisión dónde estaba su médico en el transcurso del día. Chrobak confió a Freud que la mujer era virgen aún cuando llevaba 18 años casada, recayendo en el médico la tarea de disimular la impotencia del marido asumiendo el descrédito de no haber podido curar a la infeliz esposa.

> *La única receta para una enfermedad así, agregó Chrobak, nos es bien conocida, pero no podemos prescribirla. Sería:*

> *Rp. Penis normalis*
> *dosim*
> *Repetatur!*

> *Yo nunca había oído hablar de semejante receta* [escribe Freud].[181]

---

[179] *Contribución a la historia del movimiento psicoanalítico* (1914), en: Freud, Sigmund, *Obras Completas, op.cit.,* vol. XIV, p.13.

[180] Cf. *Ibídem.* Recuérdese que fue Charcot quien conminó a Freud a preguntarse *por qué en la medicina los hombres sólo veían aquello que ya habían aprendido a ver.*

[181] *Contribución a la historia del movimiento psicoanalítico* (1914), en: Freud, Sigmund, *Obras Completas, op.cit.,* vol. XIV, p.14.

Tres fueron, pues, los médicos que alertaron a Freud sobre la relación entre sexualidad anómala y sintomatología histérica: Breuer, Chrobak y Charcot. Sin embargo, los dos primeros recularon cuando se les pidió ratificar lo dicho. Freud quedó entonces como el solitario promotor de una idea que no había forjado pero que con toda seguridad lo desprestigiaría por largo tiempo.

> *Esas tres comunicaciones idénticas, que recibí sin comprender, quedaron dormidas durante años, hasta que un día despertaron como un conocimiento en apariencia original.*[182]

En el curso de los tratamientos a su cargo, las pacientes describían a Freud haber vivido en su infancia primera escenas de seducción a merced de un adulto (el padre, regularmente).

> *Di crédito a estas comunicaciones y supuse, en consecuencia, que en esas vivencias de seducción sexual durante la infancia había descubierto las fuentes de las neurosis posteriores.*[183]

Apoyado en esta evidencia clínica (Freud había iniciado su práctica en 1886), asentó en uno de sus escritos teóricos más tempranos:

> *Unas constelaciones funcionales relativas a la vida sexual desempeñan un gran papel en la etiología de la histeria.*[184]

En el manuscrito A enviado a Fliess aparece otra alusión que perfilaba ya la primera teoría sobre la etiología en toda histeria:

---

[182]   *Ibíd.*, p.12-3. Suponerse el padre intelectual de una idea (la etiología sexual de la histeria, en este caso) volvió a ocurrirle a Freud a propósito de la bisexualidad (lo que le costaría, a la larga, la relación con Fliess). En ambos casos, algo que le había sido comunicado previamente se le impuso de pronto como una idea original. V. *La psicopatología de la vida cotidiana* (1901), capítulo 7: "Olvido de impresiones y designios", A: "Olvido de impresiones y conocimientos", en: Freud, Sigmund, *Obras Completas, op.cit.*, vol. VI, p.143.

[183]   *Ibídem*

[184]   *Histeria* (1888), en: Freud, Sigmund, *Obras Completas, op.cit.*, vol. I, p.56.

> *No existe ninguna neurastenia o neurosis análoga sin perturbación de la función sexual.*[185]

Y en el *Proyecto de psicología* (1895) discernía la defensa inherente a las neurosis y explicaba su causa eficaz:

> *...la represión atañe por entero a unas representaciones que al yo le despiertan un afecto penoso (displacer) (...) representaciones provenientes de la vida sexual.*[186]

En una carta a Fliess, Freud informa de una prueba conclusiva en un caso de histeria masculina:

> *Un caso me ha proporcionado lo esperado (¡espanto sexual, es decir abuso infantil en una histeria masculina!) (...) Paso ahora por un momento de verdadera satisfacción. Sin embargo, no es todavía tiempo de gozar ahora del instante supremo para volver a hundirse después.*[187]

Freud presentía ya que algo no andaba bien en su teoría de la seducción: refiere *un momento de verdadera satisfacción* que enseguida matiza calificándolo de gozo prematuro, pues columbra el hundimiento que seguirá al *instante supremo*.[188] En efecto, el hundimiento sobrevendría pronto. No obstante, más de un año después Freud aún sostenía esos presupuestos en otra carta a Fliess donde alude a un caso –femenino esta vez– de histeria:

> *La histeria se me revela cada vez más como consecuencia de perversión del seductor; la herencia, cada vez más, como seducción por el padre.*[189]

---

[185]  V. Manuscrito A, en: Freud, Sigmund, *Cartas a Wilhelm Fliess (1887-1904)*, *op.cit.*, p.25.

[186]  *Proyecto de psicología* (1895), parte II, punto 2: "La génesis de la compulsión histérica", en: Freud, Sigmund, *Obras Completas, op.cit.*, vol. I, p.397.

[187]  Carta del 2 de noviembre de 1895, en: Freud, Sigmund, *Cartas a Wilhelm Fliess (1887-1904), op.cit.*, p.153.

[188]  Es ésta una alusión a Goethe: "En el presentimiento de tan alta dicha gozo ya ahora del supremo momento". V. Goethe, Johann Wolfgang, *Fausto* [1773-1831], Segunda parte, acto V, escena IV, en: *Obras Completas*, México, Aguilar, 1991, p.963.

[189]  Carta del 6 de diciembre de 1896, en: Freud, Sigmund, *Cartas a Wilhelm Fliess (1887-1904), op.cit.*, p.224.

---

En febrero de 1896, Freud reafirmó una convicción ya inteligida pocos años antes:

> *Que los síntomas de la histeria sólo se vuelven inteligibles reconduciéndolos a unas vivencias de eficiencia "traumática", y que estos traumas psíquicos se refieren a la vida sexual, he ahí algo que Breuer y yo hemos declarado ya en publicaciones anteriores.*[190]

Es hasta el manuscrito K (1° de enero de 1896) que el enfoque se tornaría más psicológico. Para entonces, había colegido por el relato de sus pacientes que una precoz seducción quizá fuera la causa de la sintomatología histérica.[191] Es preciso enfatizar la especificidad de esa primera teoría freudiana sobre la etiología de la histeria: desde 1888, Freud sostenía que el origen de esta variante de la neurosis se ubica en la huella psíquica de un trauma de orden sexual. La acción patógena de una representación psíquica inconciliable con el yo es la causa de la histeria. Se trata de una idea parásita cargada de un afecto que no fue debidamente tramitado, abreaccionado. Se puede hablar entonces de una enfermedad causada específicamente por una representación (*Vorstellung*):

> *Elevo esas influencias sexuales al rango de causas específicas, reconozco su acción en todos los casos de neurosis y, por último, descubro un paralelismo regular, prueba de una relación etiológica particular, entre la naturaleza del influjo sexual y la especie mórbida de la neurosis.*[192]

Por trauma se entiende un afecto inconsciente desbordado sin tramitación de la angustia concomitante (no hubo llamada de auxilio, lucha, fuga). Este afecto aprisionado se convierte en el foco mórbido de la neurosis histérica:

---

[190] *Nuevas puntualizaciones sobre las neuropsicosis de defensa* (1896), en: Freud, Sigmund, *Obras Completas*, *op.cit.*, vol. III, p.164.

[191] Dicha conjetura (que hoy se conoce como su primera teoría de la histeria), derivó en una crisis que en breve se detallará.

[192] *La herencia y la etiología de las neurosis* (1896), en: Freud, Sigmund, *Obras Completas*, *op.cit.*, vol. III, p.149.

> *El acontecimiento del cual el sujeto ha guardado el recuerdo inconsciente es una (...) experiencia sexual pasiva antes de la pubertad: tal es, pues, la etiología específica de la histeria.*[193]

Freud es enfático. Su tesis no admite excepción, como se aprecia en las citas siguientes:

> *Siempre se halla como causa específica de la histeria un recuerdo de experiencia sexual precoz. (...) No interesa que muchos seres humanos vivencien escenas sexuales infantiles sin volverse histéricos, con tal de que todos los que se han vuelto histéricos hayan vivenciado esas escenas.*[194]

De tal manera que el trauma no es la agresión exterior sino la huella psíquica reactivada por un hecho posterior. No es el impacto de la vivencia, sino la impresión que ésta deja como una impronta:

> *Los síntomas de la histeria (dejando de lado los estigmas) derivan su determinismo de ciertas vivencias de eficacia traumática que el enfermo ha tenido, como símbolos mnémicos de los cuales ellos son reproducidos en la vida psíquica.*[195]

Se observa aquí un desplazamiento: de la agresión exterior a la huella psíquica, inconsciente y sobreinvestida. El yo se defiende de esa representación inconciliable con la represión (*Verdrängung*) que, a medida que fracasa, vuelve más virulento el foco mórbido. El efecto de este fracaso de la represión es la conversión, esto es, el paso de una condición psíquica a una somática. Esto obliga a considerar el problema de la elección de órgano. Por ejemplo, explica Freud, si una joven accede a que le acaricien en secreto la mano para a continuación presentar síntomas histéricos, podría atribuirse tal efecto a una hipersensibilidad anómala. Pero la conclusión es muy otra si el análisis demuestra "que aquel contacto trajo a la memoria otro, semejante, ocurrido a muy temprana edad y que era un fragmento de un todo menos inocente, de modo que en verdad los reproches son válidos para aquella ocasión antigua".[196] Freud colige que la misma lógica rige para explicar el misterio de las zonas histerógenas:

---

[193]  *Ibíd.*, p.151.
[194]  *Ibíd.*, pp.153, 198 y 208.
[195]  *Ibíd.*, pp.192-193.
[196]  *Ibíd.*, pp.215-216.

*Si ustedes tocan uno de esos lugares singularizados, hacen algo
que no se proponían: despiertan un recuerdo capaz de desencadenar un
ataque convulsivo, y como ustedes nada saben de ese eslabón psíquico
intermedio, referirán el ataque, como efecto, directamente al contacto de
ustedes como causa.*[197]

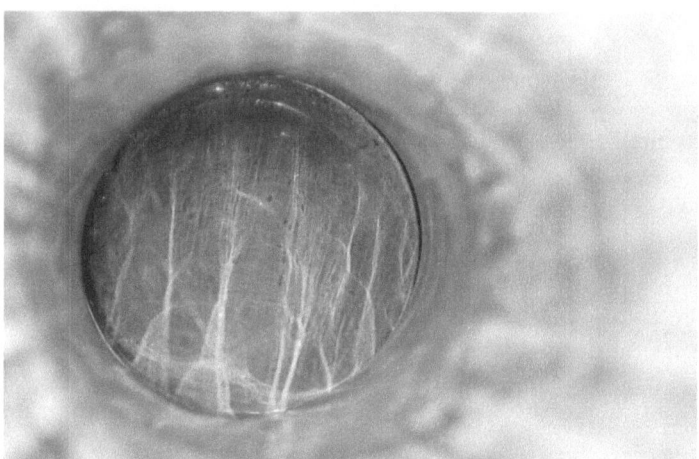

La escucha del analista simboliza la representación que fue imaginaria,
luego real (somática) y al final, simbólica. A la par que el afecto inconsciente,
acontece también la sobreinvestidura de una imagen (entendida como
representación, como huella psíquica): un ruido, un olor, un órgano, un color.

Freud abrigaba dudas sobre la veracidad de los relatos de sus pacientes
histéricas, de la misma manera que dudaba del papel preponderante de la
herencia nerviosa en la etiología de la histeria.[198] Júzguese el siguiente pasaje:

*¿Cómo quedar convencido de la realidad de esas confesiones de
análisis que pretenden ser recuerdos conservados desde la primera
infancia (…)? Yo mismo me acusaría de condenable credulidad si no
dispusiera de pruebas más concluyentes.*[199]

Es pertinente evocar el papel que desde un punto de vista epistémico jugó
la duda en la reflexión aquí reseñada. Como se sabe, la duda *es* epistemológica
"en el sentido de que no versa sobre un objeto, aún hipotético, sino sobre

---

[197]  *Ibídem*
[198]  Cf. *Ibíd.*, pp.143 y 154.
[199]  *Ibíd.*, p.152.

la organización de nuestro conocimiento a propósito de un problema particular".[200] Frente a aquella crisis, Freud se vio orillado (como querría Bachelard) a *dialectizar todas las variables de su experiencia* pensando contra sí mismo y restituyendo al interior de sus certezas, por así decir, una especie de indeterminación permanente.

Pero el carácter aproximativo de toda verdad implica vacilaciones diversas que exigen ser resueltas, por lo que a mediados de 1896 Freud tomó una decisión:

> *Sin vacilar sacrifiqué mi incipiente reputación como médico y el aumento de mi clientela de pacientes neuróticos en aras de mi empeño por investigar consecuentemente la causación sexual de sus neurosis; obtuve así una serie de experiencias que me refirmaron (…) en mi convicción.*[201]

Expuso entonces su teoría de la seducción precoz como fundamento de las afecciones histéricas ante la Sociedad de Psiquiatría y Neurología de Viena (*Verein für Psychiatrie und Neurologie*),[202] que presidía Von Krafft-Ebing.[203] Léase el balance que Freud hace luego de pronunciar esta conferencia:

---

[200] Denis, Anne-Marie, "El psicoanálisis de la razón de Gaston Bachelard", en: Canguilhem, Georges, Hippolyte, Jean *et al.*, *Introducción a Bachelard* [1973], Buenos Aires, Calden, 1973, p.86.

[201] *Contribución a la historia del movimiento psicoanalítico* (1914), en: Freud, Sigmund, *Obras Completas, op.cit.*, vol. XIV, p.20.

[202] Ellenberger asegura que esta conferencia tuvo lugar el 2 de mayo de 1896 (V. Ellenberger, Henri F., *El descubrimiento del inconsciente* [1970], Madrid, Gredos, 1976, p.512). Strachey, en cambio, afirma que la fecha inequívoca es el 21 de abril, pues en una carta a Fliess (16 de abril) Freud comenta que "el martes siguiente" pronunciaría una conferencia ante la *Psychiatrischer Verein*. No especifica el tema pero en otra carta del 26 de abril de 1896 comenta que lo tratado versaba sobre la etiología de la histeria. V. *La etiología de la* histeria (1896), en: Freud, Sigmund, *Obras Completas, op.cit.*, vol. III, p.188. Cf. asimismo: Carta del 26 de abril de 1896, en: Freud, Sigmund, *Cartas a Wilhelm Fliess (1887-1904), op.cit.*, p.194. Al contrastar ambas opiniones, se hace evidente que es a Strachey a quien le asiste la razón.

[203] R. von Krafft-Ebing (1840-1903) fue profesor de psiquiatría en Estrasburgo en 1872-73, en Graz (donde también dirigió el hospital provincial para enfermos mentales) desde 1873 hasta 1889, y en Viena desde 1889 hasta 1902. Se

*Fue recibida por los asnos con frialdad, y obtuvo de Krafft-Ebing*
*este raro juicio: Suena como un cuento científico. ¡Y esto después que se les*
*había mostrado la solución de un problema milenario, un* caput Nili.[204]
*Se pueden ir todos a paseo, expresado eufemísticamente.*[205]

Que los borricos fueron fríos en la recepción de su propuesta teórica,
"se confirma por la observación de que el protocolo oficial de la reunión,
publicado en *Wiener klinischen Wochenschrift*[206] menciona sólo el hecho y el
título de su conferencia, en contradicción con la práctica usual de anunciar
una próxima publicación o de reproducir una síntesis del contenido", informa
Etcheverri.[207] (De hecho, la única reseña asequible apareció en *Neurologischen
Zentralblatt.*)[208] Freud hizo entonces un balance general de su situación:

*El silencio que siguió a mi conferencia, el vacío que se hizo en torno*
*de mi persona, las insinuaciones que me fueron llegando, me hicieron*
*comprender poco a poco que unas tesis acerca del papel de la sexualidad*
*en la etiología de las neurosis no podían tener la misma acogida que*
*otras.*[209]

El rechazo a su teoría generó en Freud un despliegue fantasmático por
demás interesante:

*Entendí que en lo sucesivo pertenecería al número de los que "han*
*turbado el sueño del mundo", según la expresión de Hebbel,*[210] *y no me*
*estaba permitido esperar objetividad ni benevolencia.*[211]

---

distinguió, asimismo, por sus trabajos en criminología, neurología y *psychopathia
sexualis.*
[204] "De una fuente del Nilo", esto es, el desencriptamiento de un misterio ancestral.
[205] Carta del 26 de abril de 1896, en: Freud, Sigmund, *Cartas a Wilhelm Fliess
(1887-1904), op.cit.,* p.194.
[206] Año 9, p.420 y siguientes.
[207] V. carta del 26 de abril de 1896, en: Freud, Sigmund, *Cartas a Wilhelm Fliess
(1887-1904), op.cit.,* p.194, n.1.
[208] Año 15, p. 709 y siguientes.
[209] *Contribución a la historia del movimiento psicoanalítico* (1914), en: Freud,
Sigmund, *Obras Completas, op.cit.,* vol. XIV, p.21.
[210] Palabras dirigidas por Kandaules a Gyges en: Hebbel, Friedrich, *Gyges und sein
Ring* (acto V, escena 1).
[211] *Contribución a la historia del movimiento psicoanalítico* (1914), en: Freud,
Sigmund, *Obras Completas, op.cit.,* vol. XIV, p.21.

Así, Freud pronunció su conferencia esperando obtener interés y reconocimiento pero, ante el silencio, se asume como un perturbador del sueño del mundo, lo que se traduciría en una victoria amarga:

> *Me resolví a creer que había tenido la dicha de descubrir unos nexos particularmente importantes y me dispuse a aceptar el destino que suele ir asociado con un hallazgo así.*[212]

Freud no imagina sino un destino funesto, una cadena de agravios inexorable:

> *La ciencia no repararía en mí mientras yo viviese (...) después, otro, infaliblemente, tropezaría con esas mismas cosas para las cuales ahora no habían madurado los tiempos, haría que los demás las reconociesen y me honraría como a un precursor forzosamente malogrado.*[213]

Es decir, llevaría una vida precaria en castigo por lo revelado, afrontaría una muerte en el olvido, lograría una reivindicación —tardía e insuficiente— sólo como el precursor de otro que se habría llevado la tajada de león (como lo expresaría al ser despojado del mérito de ser reconocido como el descubridor de las propiedades anestésicas de la cocaína): ¡Pero no se olvide que en esta ocasión se trataba de una teoría equivocada!, lo que no le impidió responder al agravio. Cinco semanas después de haber pronunciado la conferencia le escribe a Fliess:

> *En desafío a mis colegas he redactado con detalle para Paschkis la conferencia sobre etiología de la histeria.*[214]

Jeffrey Moussaieff Masson (editor de la correspondencia completa Freud/ Fliess) aporta datos útiles para sopesar cómo el resentimiento perduró, a pesar de todo:

> *Todavía años después recordaba Freud con amargura la reacción hostil de sus colegas de Viena en esa ocasión (...) Según una*

---

[212] *Ibídem*

[213] *Ibídem*

[214] Carta del 30 de mayo de 1896, en: Freud, Sigmund, *Cartas a Wilhelm Fliess (1887-1904), op.cit.*, p.201. Paschkis era a la sazón director del *Wiener klinische Rundschau*.

*comunicación personal de Anna Freud, su padre (…) nunca más concurrió a una reunión de la Asociación de Psiquiatría y Neurología.*[215]

En realidad, esta conferencia de tan amplias consecuencias detallaba lo que Freud ya había enunciado en la primera parte de sus "Nuevas puntualizaciones sobre las neuropsicosis de defensa" (1896). No obstante, la expectativa defraudada ("yo trataba mis descubrimientos como contribuciones ordinarias a la ciencia, y lo mismo esperaba que hicieran los otros", dice Freud)[216] aunada al silencio de los oyentes y al comentario del presidente (*suena como un cuento científico*) obligó a Freud a velar armas.

*Podía haber hecho suya la frase de Diógenes el cínico: "¿Qué me ha enseñado la filosofía?: Estar preparado para cualquier eventualidad". Se trataba de eso, sí, (…) del sentimiento de lo aleatorio, de la agudeza del guerrero: ¿quién va?, ¿amigo?, ¿enemigo?, ¿qué dice que quiere?*[217]

El mismo Freud escribe algo prácticamente idéntico en el transcurso de una cura, pero aludiendo a la labor psicoanalítica en general:

*Quien, como yo, convoca los más malignos demonios que moran, apenas contenidos, en un pecho humano, y los combate, tiene que estar preparado para la eventualidad de no salir indemne de esta lucha.*[218]

Convencido de sus preceptos, Freud llevó tan lejos su certidumbre que en algún momento creyó haber colegido también la etiología de la psicosis:

*Condición de la psicosis (…) parece ser que ocurra un abuso sexual antes del primer término intelectual (…) (1 1/4 - 1 1/2). Eventualmente, que el abuso haya sido tan temprano que tras las vivencias posteriores se sitúen todavía éstas, a las que se pueda recurrir intermitentemente.*[219]

---

[215] V. carta del 26 de abril de 1896, *Ibíd.*, p.194, n.1.

[216] *Contribución a la historia del movimiento psicoanalítico* (1914), en: Freud, Sigmund, *Obras Completas, op.cit.*, vol. XIV, p.21.

[217] Droit, Roger-Pol, *Entrevistas a Michel Foucault* [1975], Barcelona, Paidós, 2006, p.11.

[218] *Fragmentos de análisis de un caso de histeria* (1905[1901]), en: Freud, Sigmund, *Obras Completas, op.cit.*, vol. VII, p.96.

[219] Carta del 11 de enero de 1897. *Ibíd.*, p.234.

---

A mediados de 1897, Freud estaba ya en posesión de un diagnóstico diferencial de tres entidades clínicas: la histeria, la neurosis obsesiva y la paranoia. Conserva, empero, la hipótesis de seducción:

> *Las tres neurosis, histeria, neurosis obsesiva y paranoia, presentan los mismos elementos (además de la misma etiología), a saber: fragmentos de recuerdo, impulsos (derivados de los recuerdos) y poetizaciones protectoras.*[220]

A partir de ese momento se concentrará en elucidar la naturaleza de las fantasías, en cuya causa concurren la *desfiguración* y la *amalgama* (según puntualizará Freud en el manuscrito M). Un recuerdo, explica, es falsificado y desmembrado (he aquí la desfiguración) sin que se considere el factor tiempo.

> *Un fragmento de la escena vista es reunido entonces en la fantasía con uno de la escena oída, en tanto el fragmento que quedó libre entra en otra coligazón. Con ello, se hace inhallable un nexo originario.*[221]

Al registro de la escucha, Freud agregaba el relativo a la vista. La imposibilidad de encontrar un recuerdo fiel a los hechos sustentará posteriormente (hacia 1899) su aserto sobre los *recuerdos encubridores*. En el

---

[220] Carta del 2 de mayo de 1897. *Ibíd.*, p.254. La lectura completa de esta misiva hace necesarias puntualizaciones varias: cuando Freud habla de *reproducción de escenas* distingue entre los recuerdos propiamente dichos y las *poetizaciones protectoras*, esto es, fantasías forjadas en el crisol de lo —alguna vez— oído. Freud agregará en el manuscrito L (anexo a la carta del 2 de mayo de 1897) que las fantasías son "parapetos psíquicos" que "combinan lo vivenciado y lo oído (…) son a lo oído como los sueños a lo visto". *Ibíd.*, p.256. Es este un antecedente importante de lo que hoy en psicoanálisis se designa con la palabra *fantasma*. Acota Freud enseguida, sin embargo, que dichas fantasías *son auténticas en todo su material*, lo cual sería rigurosamente cierto si Freud no estuviera considerando el carácter fidedigno de la verdad histórica o factual. Este discernimiento tendrá lugar hasta la carta 139 (21 de septiembre de 1897). Cf. *Ibíd.*, pp.284. Por otra parte, alude a *impulsos que derivan de las escenas primordiales* (entendidas éstas como homólogas a la seducción por parte del padre). Los *impulsos* serían designados posteriormente como *pulsiones*.

[221] Manuscrito M, anexo a la carta del 25 de mayo de 1897, en: Freud, Sigmund, *Cartas a Wilhelm Fliess (1887-1904), op.cit.*, p.264.

---

manuscrito N, postularía que una parte de los recuerdos "es traspapelada y sustituida por fantasías".[222]

Averiguada la importancia de la etiología sexual en la conformación de las neurosis (tesis de la que Breuer se deslindó), Freud abrazó este supuesto que aparecía como inamovible hasta que su experiencia clínica lo obligó a hacer una penosa rectificación. Lo que él llamó en su *Proyecto de Psicología* la *proton pseudos* histérica lo había llevado a una conclusión incorrecta. Había que averiguar entre las premisas de su razonamiento, cuál era falsa. Esto motivó una carta a Fliess, hoy célebre por sus implicaciones epistémicas:

> *Y ahora quiero confiarte sin dilación el gran secreto que se me puso en claro lentamente los últimos meses. No creo más en mi* neurótica (…)

---

[222] Manuscrito N, anexo a la carta del 31 de mayo de 1897, *Ibíd.*, p.268. Que en este manuscrito sea también donde Freud avanza una intuición relativa al Complejo de Edipo es en extremo relevante, como se verá en los comentarios relativos a la carta donde renuncia a su hipótesis de seducción como factor etiológico de la histeria.

*En esta conmoción de todos los valores sólo lo psicológico ha permanecido incólume.*[223]

Freud escribe "no creo más en mi *neurótica*" echando mano de un latinajo (no consignado en las obras que aquí sirven como referencia) para aludir a la teoría de la histeria en vigor hasta entonces, y no a un paciente en particular. *No creo más en mis conjeturas sobre la etiología de la histeria,* dice en realidad. Y a continuación, expresa de manera sucinta lo que constituye el punto de arranque del psicoanálisis propiamente dicho:

*...en lo inconsciente no existe un signo de realidad de suerte que no se puede distinguir la verdad de la ficción poblada* [investida] *con afecto.*[224]

Esta cita puede manipularse para retener el sintagma *verdad de la ficción,*[225] pues –a propósito de la verdad– Freud había enunciado su modo de acometerla en una misiva de 1884:

*Es siguiendo el camino del señor Kannitveistan como he llegado a la verdad.*[226]

Freud alude a aquel personaje que Johann Meter Hebel (1760-1826) creara para los pequeños relatos que se reproducían en el anverso de las hojas de calendario: en uno de ellos, un alemán que se encuentra en Holanda y desconoce el idioma del lugar va preguntando a quién pertenece tal castillo o tal comarca, a lo que siempre le responden *Kannitveistan* ("no le entiendo"). El alemán cree que se trata del apellido del dueño y señor de todas esas propiedades. Así, el abandono de la primera teoría sobre la histeria (donde el padre real equivale al *Kannitveistan* que ejecuta la supuesta seducción) puede datarse con esta carta del 21 de septiembre de 1897 que marca un viraje fundamental en la obra freudiana. Desde entonces, el psicoanálisis se ocupa, no sólo de la realidad factual o histórica para esclarecer la etiología de un síntoma sino también y sobre todo del deseo –inconsciente por

---

[223]  Carta del 21 de septiembre de 1897), en: Freud, Sigmund, *Cartas a Wilhelm Fliess (1887-1904), op.cit.,* pp.284 y 286.

[224]  *Ibíd.,* p.284.

[225]  ¿No es lo que ya estaba implícito en el señalamiento de Krafft-Ebing (*suena a cuento científico*)?

[226]  Carta a Martha Bernays del 28 de enero de 1884, en: Caparrós, Nicolás (editor), *Correspondencia de Sigmund Freud* (tomo I), *op.cit.,* p.330.

definición– cuyo estatuto de realidad psíquica (*psychische Realität*) es tan legítimo y eficaz desde el punto de vista patógeno como la realidad material. Desde una perspectiva epistemológica, el momento antecitado marca un momento de transición en el pensamiento freudiano que debe calibrarse a profundidad. Como con toda precisión ha señalado Bachelard:

> *La crítica racional de la experiencia es solidaria con la organización teórica de la experiencia.*[227]

Y en esta rectificación teórica Freud efectivamente reordenó todos los postulados teóricos hasta entonces discernidos. En su práctica clínica, a la experiencia común (esto es, la descripción coincidente en los relatos de las pacientes histéricas de una seducción ejercida por sendos padres) Freud tuvo que oponer una ficción científica: tales relatos, lejos de testimoniar una realidad factual, sólo *simbolizaban* (apalabraban) una fantasía de carácter inconsciente común a una estructura psíquica. La perspectiva que en la historia del psicoanálisis hoy nos da este error rectificado, signa para Bachelard la característica esencial de un pensamiento científico:[228]

> *Toda experiencia objetiva correcta debe siempre determinar la corrección de un error subjetivo. Pero los errores no se destruyen con facilidad. Están coordinados.*[229]

De modo que combatir los errores tenaces, solidarios y coordinados es obligación de todo espíritu científico. Correlativamente, las correcciones oportunas también favorecen el encadenamiento virtuoso de las reflexiones:

> *Si una experiencia rectifica una observación inmediata, lo hace apoyándose sobre experiencias coordinadas que se esclarecen entre sí.*[230]

Freud era consciente de lo anterior y advertía que un acierto del investigador implica el riesgo de mermar la agudeza de su observación, mientras un yerro invariablemente aguijoneará su creatividad:

---

[227] Bachelard, Gaston, *La formación del espíritu científico* [1960], México, Siglo XXI, 1985, p.13.

[228] Cf. *Ibíd.*, p.13.

[229] Bachelard, Gaston, *La filosofía del no* [1940], Buenos Aires, Amorrortu, 2003, p.11.

[230] Bachelard, Gaston, "Crítica preliminar del concepto de frontera epistemológica", en: *Estudios* [1972], Buenos Aires, Amorrortu, 2004, p.95.

*Un fracaso (…) estimula en uno la inventiva. Crea un libre flujo de asociaciones, hace surgir una idea tras otra, mientras que una vez que ha asomado el éxito, aparecen con él cierta estrechez y cierta torpeza mental, que obliga a retroceder siempre a lo ya establecido e impide toda nueva combinación.*[231]

Un valioso balance de lo anterior puede leerse en una carta dirigida a Jung. Agradeciéndole por haber defendido la teoría psicoanalítica en un congreso celebrado en Ámsterdam, Freud alude a los años de soledad teórica que el forjamiento de la metapsicología le significó, cuando a los tumbos rectificaba una y otra vez los errores que la formulación de toda hipótesis conlleva:

*Desearía hallarme junto a usted, alegrarme por no estar ya solo y referirle (…) mis largos años de honrosa, pero dolorosa soledad y (…) la tranquila seguridad que se adueñó finalmente de mí y me aconsejó esperar hasta que una voz (…) respondiese a la mía. Dicha voz fue la suya.*[232]

Así, la rectificación de la primera teoría sobre la histeria (que derivó en la prueba concluyente de que es la realidad psíquica y no la factual la que prima en los hechos psíquicos), sería la nuez de la carta a Fliess ya citada: "No creo más en mi *neurótica*". Freud transitó de la duda sobre la veracidad de los relatos de sus pacientes (vale decir, de la probable ficción de esa "verdad") a la verdad enunciada en la ficción misma. En absoluto le habría sorprendido a Bachelard para quien "no debe pues asombrar que el primer conocimiento objetivo sea un primer error".[233] Para arribar a una verdad psíquica incontrovertible sobre la etiología de la histeria, Freud adoptó un método crítico que exigió "una actitud expectante, casi tan prudente frente a lo conocido como a lo desconocido, siempre en guardia contra los conocimientos familiares, y sin mucho respeto por las verdades de escuela".[234] Como efecto de una "cascada de rectificaciones",[235] pronto se le revelaría

---

[231] Carta a Martha Bernays del 23 de octubre de 1883, en: Caparrós, Nicolás (editor), *Correspondencia de Sigmund Freud* (tomo I), *op.cit.*, p.309.

[232] Carta a Jung del 2 de septiembre de 1907, *Ibíd.*, p.590.

[233] Bachelard, Gaston, *La formación del espíritu científico* [1960], *op.cit.*, p.65.

[234] *Ibíd.*, p.14.

[235] V. Denis, Anne-Marie, "El psicoanálisis de la razón de Gaston Bachelard", en: Canguilhem, Georges, Hippolyte, Jean *et al.*, *Introducción a Bachelard* [1973], *op.cit.*, p.92.

el modo de hacer de su error de concepción primero un punto de partida fecundo para la nueva concepción etiológica de la histeria.

En efecto, el tránsito de la primera teoría freudiana sobre la etiología de la histeria a la concepción de una realidad psíquica, probó fehacientemente la tesis de Bachelard que reza:

> Las intuiciones primeras son siempre intuiciones a rectificar. Si un método de investigación científica pierde su fecundidad, es porque el punto de partida ha sido demasiado intuitivo, demasiado esquemático, y la base de la organización demasiado estrecha.[236]

Si se adopta el punto de vista kantiano sobre el conocimiento y la experiencia, puede arribarse a una conclusión similar:

> ...en el orden temporal, ningún conocimiento precede a la experiencia y todo conocimiento comienza con ella (...) Pero aunque todo nuestro conocimiento empiece con la experiencia, no por eso procede todo él de la experiencia.[237]

Decía Francis Bacon (quien "habría poseído el cerebro más poderoso que haya habido jamás sobre la tierra", a decir de Freud)[238] que "la verdad surge más fácilmente del error que de la confusión".[239] Pues bien, la teoría que erróneamente atribuía a la seducción por un adulto la causa de la histeria fue evocada por Freud en muchas ocasiones como el antecedente inmediato de su investigación sobre la sexualidad infantil. No obstante (como sucede a lo largo de la historia de la ciencia) ese error inicial desembocó en una conjetura correcta:

> Los síntomas neuróticos no se anudaban de manera directa a vivencias efectivamente reales, sino a fantasías de deseo (...) para la

---

[236] Bachelard, Gaston, "Crítica preliminar del concepto de frontera epistemológica", en: *Estudios* [1972], *op.cit.*, p.98.

[237] Kant, Emmanuel, *Crítica de la razón pura* [1781], (traducción de Pedro Ribas), *op.cit.*, p.28.

[238] Carta a Martha Bernays del 22 de junio de 1883, en: Caparrós, Nicolás (editor), *Correspondencia de Sigmund Freud* (tomo I), *op.cit.*, p.275.

[239] *The Works of Francis Bacon*, ed. J. Spedding, R.L.Ellis y D.D. Heath, Nueva York, 1869, p.210; citado en: Kuhn, Thomas S., *La estructura de las revoluciones científicas* [1962], México, Fondo de Cultura Económica, 1985, p.45.

*neurosis valía más la realidad psíquica que la material. (…) Aclarado*
*el error, quedaba expedito el camino para el estudio de la vida sexual*
*infantil.*[240]

## La sexualidad infantil

Conforme su investigación con pacientes histéricas avanzaba, en Freud se
afianzó la idea de que el ocasionamiento de la enfermedad había acontecido
en la niñez temprana y que era de naturaleza sexual. Esta conclusión causó
un revuelo de dimensiones mayores pues socavaba la creencia común relativa
a la inocencia infantil, una de las más enraizadas preconcepciones del género
humano, dice Freud:

> *Se consideraba (…) que la lucha contra el demonio "sensualidad" se*
> *entablaba sólo con el* Sturm und Drang *de la pubertad. Los quehaceres*
> *sexuales (…) en niños eran considerados signos de degeneración,*
> *corrupción prematura o curiosos caprichos de la naturaleza.*[241]

Freud pagó un muy alto precio con esta hipótesis pero mantuvo su
postura basado en los datos que arrojaba la práctica clínica: la función sexual
arranca desde el comienzo de la vida y ya en la infancia se exterioriza en
importantes fenómenos".[242] En efecto:

> *Pocas de las averiguaciones del psicoanálisis han suscitado una*
> *desautorización tan universal, un estallido de indignación tan grande*
> *(…) Y no obstante, ningún otro descubrimiento analítico es susceptible*
> *de una prueba tan fácil y completa.*[243]

En efecto, Freud coligió que la función sexual operaba en un sujeto desde
el principio mismo de su vida:

> [Se cree] *que los niños carecen de instinto sexual, no apareciendo*
> *éste en ellos hasta la pubertad, con la madurez de los órganos sexuales*

---

[240] *Presentación autobiográfica* (1925[1924]), en: Freud, Sigmund, *Obras Completas,*
*op.cit.*, vol. XX, p.33.

[241] *Ibíd.*, p.32.

[242] *Ibídem*

[243] *Ibídem*

(...) *la verdad es que el recién nacido trae ya consigo al mundo su sexualidad.*[244]

En la obra capital que titulara *Tres ensayos de teoría sexual* (1905),[245] Freud observó que en la sexualidad infantil confluían múltiples componentes pulsionales inicialmente de carácter autoerótico y posteriormente organizados según tres orientaciones: oral, sádico-anal y una tercera caracterizada por una primacía de lo genital donde la sexualidad aparecía ya ligada a la reproducción:

> *El niño* [está] *capacitado para la vida erótica —excepción hecha de la reproducción— mucho antes de la pubertad* [que confiere] *a los genitales la primacía sobre todas las zonas y fuentes erógenas, obligando así al erotismo a ponerse al servicio de la función reproductora.*[246]

En una carta notable por hacer confluir las concepciones psicoanalíticas y la pedagogía, Freud enuncia —a petición expresa— su opinión sobre la conveniencia de abordar los temas sexuales con los niños cuando éstos lo demanden:

> *Puede afirmarse que al ocultarle* [al niño] *sistemáticamente lo sexual sólo se consigue privarle de la capacidad de dominar intelectualmente aquellas funciones para las cuales posee ya una preparación psíquica y una disposición somática.*[247]

Freud reservó el término *libido* para designar la energía de las pulsiones sexuales que no siempre recorre las tres fases antecitadas acusando regresiones o fijaciones que determinarán una entidad clínica específica (perversión, neurosis, etc.). Concomitante a la organización libidinal es lo que Freud llamó *elección de objeto*. Al autoerotismo le sigue la relación con el primer

---

[244]  Carta al Dr. M. Fürst de 1907 (no se precisa día ni mes), en: Caparrós, Nicolás (editor), *Correspondencia de Sigmund Freud* (tomo II), *op.cit.*, p.540.

[245]  En: Freud, Sigmund, *Obras Completas*, *op.cit.*, vol. VII, pp.109-222. "No hay duda de que los *Tres ensayos de teoría sexual* son junto a *La interpretación de los sueños*, las más trascendentes y originales contribuciones de Freud al conocimiento de lo humano", afirma con toda razón James Strachey en su prólogo a la magna obra fechada en 1905.

[246]  Carta al Dr. M. Fürst de 1907 (no se precisa día ni mes), en: Caparrós, Nicolás (editor), *Correspondencia de Sigmund Freud* (tomo II), *op.cit.*, p.541.

[247]  *Ibíd.*, pp.539, 541-543.

objeto de amor (común a ambos sexos): la madre. Posteriormente tiene lugar el Complejo de Edipo al que le sigue un periodo de latencia que se extiende hasta la pubertad, fase en la que las investiduras de objeto se reaniman (reavivándose el conflicto entre las mociones edípicas y las inhibiciones propias del período de latencia). Se establece entonces lo que Freud denominó el *primado fálico.*

En vísperas de entrevistarse con Fliess en el verano de 1897 (encuentro que será fundamental en la historia del psicoanálisis por marcar el inicio del autoanálisis de Freud), se lee en una misiva:

> *Creo estar en un capullo, Dios sabe la clase de animal que ha de salir de él.*[248]

Y si "en el reino del espíritu es necesario haber construido para poder fundar",[249] *la clase de animal* que de ahí saldría es reconocido hoy como el fundador del psicoanálisis. Debe remarcarse entonces que para Freud en la etiología de las histeria concurría una experiencia de naturaleza sexual, pero eso no implicaba que el agente seductor fuera en la mayoría de los casos el padre (como referían las pacientes con pasmosa frecuencia). Siendo cierto lo primero, lo segundo también lo sería si y sólo si tal relato se inscribiera en el marco de la realidad psíquica y no de la factual. Este extravío teórico obligaría a reformular la teoría sobre las afecciones histéricas y derivaría en lo que hoy se considera la piedra basal del psicoanálisis, tres obras magnas que soportan el edificio psicoanalítico todo: *La interpretación de los sueños* (1899[1900]), *Psicopatología de la vida cotidiana* (1901), y *El chiste y su relación con lo inconsciente* (1905).

Se expondrán a continuación los ejes fundamentales de estas obras para calibrar su exacta incidencia en la conformación de la entidad metapsicológica.

---

[248] Carta del 22 de junio de 1897, en: Freud, Sigmund, *Cartas a Wilhelm Fliess (1887-1904), op.cit.,* p.273.

[249] Bachelard, Gaston, *El compromiso racionalista* [1972], México, Siglo XXI, 1985, p.32.

# Los textos fundamentales del psicoanálisis

## La *Traumdeutung*

*Un insight como este no nos cabe en suerte sino una sola vez en la vida.*[250]

Así ponderaba Freud la importancia de la *Traumdeutung* tres décadas después de haberlo publicado. Por la correspondencia con Fliess sabemos hoy que, a pesar de estar ya concluida en 1899, *La interpretación de los sueños* (1900[1899]) fue publicada en 1900 porque Freud concibió la irrupción de su obra como un acontecimiento inaugural del nuevo siglo (para lo que, dicho sea de paso, tendría que haber esperado –en estricto–, un año más). En efecto, teniendo en sus manos el libro de prueba ya impreso en octubre de 1899, Freud decidió posfecharlo con el año 1900, como se sabría después:

*Fue en el invierno de 1899 cuando ante mí tuve al fin mi libro* La interpretación de los sueños, *posdatado para que apareciese como del nuevo siglo.*[251]

Una carta confirma lo anterior. Después de agradecer a Fliess las palabras con las que confirmó la recepción del libro, Freud comenta:

*Considero sus destinos con... tensión resignada. (...) Habíamos acondicionado el envío como si se tratara de una carta certificada. Quizá por eso te haya llegado tarde, por otro lado sin duda llegará demasiado temprano. Porque hasta hoy no ha sido distribuido aún.*[252]

La *Traumdeutung* llegó a Fliess a destiempo pero también a Freud: *demasiado temprano* para inscribirlo en el nuevo siglo. El hecho de que sólo

---

[250] Prólogo para una reedición de *La interpretación de los sueños* (1899[1900]), fechado el 15 de marzo de 1931; en: Freud, Sigmund, *Obras Completas, op.cit.,* vol. IV, p.27.

[251] *Mi contacto con Josef Popper-Lynkeus* (1932), en: Freud, Sigmund, *Obras Completas, op.cit.,* vol. XXII, p.203.

[252] Carta del 27 de octubre de 1899, en: Freud, Sigmund, *Cartas a Wilhelm Fliess (1887-1904), op.cit.,* p.417.

dos ejemplares hubieran visto la luz habla por sí mismo de la altísima estima que Fliess tenía en la consideración de Freud.

"El libro apareció por fin ayer", se lee en la carta inmediatamente posterior.[253] Hoy puede reconstruirse con relativa exactitud el proceso compositivo de *La interpretación de los sueños* (1899[1900]): en uno de sus balances de la historia del movimiento psicoanalítico, Freud afirma que la *Traumdeutung* "estuvo lista en todo lo esencial a comienzos de 1896, pero sólo fue redactada en el verano de 1899".[254] Y en las observaciones introductorias al ensayo sobre *Algunas consecuencias psíquicas de la diferencia anatómica entre los sexos* (1925), escribe:

> *Antes de publicar* La interpretación de los sueños *y* Fragmento de análisis de un caso de histeria *(1905 [1901]) (...) esperé, si no los nueve años que recomienda Horacio, entre cuatro y cinco años.*[255]

Lo cierto es que el primer interés de Freud por el análisis de los sueños quedó consignado en una nota al pie del estudio clínico de Emma von N.[256] A mediados de ese año crucial (1895), Freud redactó el primer tramo de su *Proyecto de psicología* (1950[1895]), que forma parte de la correspondencia con Fliess, uno de sus escritos más tempranos y densos. Las secciones 19, 20 y 21 de este *Proyecto* abordan de manera franca postulados teóricos sobre lo onírico que después fueron retomados en la *Traumdeutung*:[257] el cumplimiento de deseo presente en gran parte de los sueños, la condición alucinatoria de lo onírico, el carácter regrediente en los fenómenos alucinatorios y oníricos, la parálisis motriz inherente al dormir, el desplazamiento y la condensación como mecanismos intrínsecos al sueño, la elaboración secundaria que caracterizan lo onírico, etc. James Strachey destaca en su nota introductoria a la *Traumdeutung* que el capítulo VII de esta obra –donde Freud expone una de sus apuestas metapsicológicas más audaces: el funcionamiento del aparato psíquico–, y los escritos metapsicológicos de 1915, no pueden entenderse sin el antecedente que el *Proyecto* representa. Sin embargo, fue hasta mediados de

---

[253] Carta del 5 de noviembre de 1899, *Ibíd.*, p.222.

[254] *Contribución a la historia del movimiento psicoanalítico* (1914), en: Freud, Sigmund, *Obras Completas, op.cit.*, vol. XIV, p.21.

[255] En: Freud, Sigmund, *Obras Completas, op.cit.*, vol. XIX, p.267.

[256] *Estudios sobre la histeria* (1893-1895), en: Freud, Sigmund, *Obras Completas, op.cit.*, vol. II, pp.89-90.

[257] V. *Proyecto de psicología* (1950[1895]), en: Freud, Sigmund, *Obras Completas, op.cit.*, vol. I, pp.381-389.

1897 que Freud mencionó a Fliess –cuya aprobación sería determinante– la intención de escribir un libro que versara sobre los sueños:

> ...*me apura iniciar la elaboración del sueño, donde me siento tan seguro y a lo cual además estoy autorizado por tu juicio.*[258]

Todo parece indicar que a principios de 1898 estaba listo ya un primer borrador del libro. Y a finales del mismo año Freud confirma a Fliess:

> *El sueño descansa, inmutable; me falta el motivo para darle forma final de publicación.*[259]

El proyecto sería retomado en mayo del siguiente año, como lo testimonia la siguiente carta:

> *Quiero empezar el sueño, imaginarlo como posible, pero todavía no sé cómo.*[260]

James Strachey anota:

> *Según escribe el propio Freud –"por ninguna razón en especial"– el libro volvió a ponerse en movimiento, a fines de mayo de 1899.*[261]

Quien esto escribe no ha podido localizar esta cita de Freud, pero quizá la razón que lo motivó a retomar la redacción de su libro fue el haber enviado a imprenta el escrito sobre los recuerdos encubridores (hecho del que informa a Fliess *en la misma carta*). Recuérdese que los personajes que Freud hace aparecer en el relato de *su* recuerdo encubridor aparecen repetidamente en la *Traumdeutung*. Freud concibió esta obra como una suerte de viaje al averno a juzgar por el epígrafe: *Flectere si nequeo superos, Acheronta movebo.*[262] Para

---

[258] Carta del 16 de mayo de 1897, en: Freud, Sigmund, *Cartas a Wilhelm Fliess (1887-1904), op.cit.,* p.259.

[259] Carta del 23 de octubre de 1898, *Ibíd.,* p.363.

[260] Carta del 25 de mayo de 1899, *Ibíd.,* p.385.

[261] *La interpretación de los* sueños (1899[1900]), Nota introductoria de James Strachey, en: Freud, Sigmund, *Obras Completas, op.cit.,* vol. IV, p.12.

[262] Según la traducción que se prefiera: "Si no puedo doblegar los cielos, sacudiré los infiernos" o "Si no puedo inclinar a los Poderes Superiores, moveré las Regiones Infernales" o "Si a los supernos no pude doblar, moveré al Aqueronte" [Virgilio, *Eneida* VII, 312]. Son éstas las palabras que pronunciara Juno cuando

acceder al deseo la vía es lo inconsciente. Más aún –sentenciaba Freud–, sólo quien compartiera los postulados sobre el desciframiento de lo onírico podría ser considerado en adelante partidario del psicoanálisis. Se trata, dice Freud, de un *shibbólet*:[263]

> *La doctrina de los sueños ha permanecido como lo más distintivo y propio de la joven ciencia (…) las aseveraciones que se vio precisada a formular le han conferido el papel de un* shibbólet *cuya aplicación decidió quién pudo convertirse en partidario del psicoanálisis y quién, definitivamente, no consiguió aprehenderlo.*[264]

Y evoca cómo fue que en sus momentos de mayor tribulación teórica, fue la rigurosa interpretación onírica la que lo resituó en el camino momentáneamente extraviado:

> *Toda vez que empezaba a dudar acerca de la corrección de mis vacilantes conocimientos, haber conseguido trasponer un sueño confuso y*

---

Eneas se convirtió en rey de Lacio negándose Júpiter a impedirlo. Juno entonces hizo salir a la furia Alecto de los infiernos quien con una turba de mujeres furibundas avasalló a los troyanos. En una misiva dirigida a Werner Achelis del 30 de enero de 1927, Freud le explica el significado del epígrafe que inaugura el libro: "Traduce la expresión *acheronta movebo* por 'hacer temblar las ciudadelas de la tierra', cuando, en realidad, significa 'agitar el mundo subterráneo'". Freud aclara a continuación que tomó la cita de Lasalle "…para recalcar la parte más importante de la dinámica del sueño. El deseo rechazado por los departamentos mentales superiores (el anhelo soñador reprimido) agita el mundo subterráneo mental (es decir, el inconsciente) para hacerse notar"; en: Caparrós, Nicolás (editor), *Correspondencia de Sigmund Freud* (tomo V), *op.cit.*, pp.110-111.

[263] Palabra hebrea que aparece en: Jueces, 12:5-6. Los galaaditas distinguían a sus enemigos, los efraimitas, porque éstos no podían pronunciar *shibbólet*; decían *sibbólet*. Esta metáfora fue utilizada por Freud en distintas ocasiones y con diversos fines. Así, *shibbólet* del psicoanálisis fueron, sucesivamente, el complejo de Edipo (Cf. *Tres ensayos de teoría sexual*), el sueño (Cf. las *Nuevas conferencias de introducción al psicoanálisis* y la *Contribución a la historia del movimiento psicoanalítico*), lo mismo que la diferencia entre lo consciente y lo inconsciente (Cf. *El yo y el ello*).

[264] *Nuevas conferencias de introducción al psicoanálisis* (1933[1932]), en: Freud, Sigmund, *Obras Completas*, *op.cit.*, vol. XXII, p.7

*sin sentido en un proceso anímico correcto y comprensible acaecido en el soñante renovaba mí confianza de hallarme sobre la pista correcta.*[265]

De modo que sólo familiarizándose con la articulación metapsicológica relativa a lo onírico, el psicoanálisis se tornó *legible*.[266] Como es sabido, la originalidad de Freud en el abordaje de los sueños residió en el papel preponderante conferido a las asociaciones del soñante. El sueño emergió entonces dotado de una significación que sólo podía inferirse de tal cadena asociativa. Freud elevó los sueños a un rango prototípico de la actividad inconsciente:

*La interpretación del sueño es la vía regia hacia el conocimiento de lo inconsciente dentro de la vida anímica.*[267]

Contra la concepción científica a la sazón vigente, Freud sostenía que los sueños –lejos de ser la ganga psíquica de lo cotidiano– podían ser descifrados con fines científicos (como vía de acceso a lo inconsciente, como clave para elucidar fenómenos psicopatológicos, etc.). Los sueños, desde su punto de vista, constituían una forma particular de pensamiento cuya naturaleza es de orden sintomático. Lo primero que colige en su investigación es que los sueños son "cumplimiento de deseo", esto es, la causa eficiente para

---

[265]  *Ibídem*

[266]  La reflexión sobre los fenómenos oníricos tuvo amplios desarrollos después de publicada la obra inaugural. Destacan tres momentos que deben señalarse: una vez introducida al campo del psicoanálisis la noción del narcisismo, Freud escribió un *Complemento metapsicológico a la teoría de los sueños* (1915) cuya influencia es notoria en la introducción al psicoanálisis que redactaría dos años más tarde. Después de la eclosión que *Más allá del principio del placer* produjera en 1920, redactó sus *Observaciones sobre la teoría y la práctica de la interpretación de los sueños* (1923[1922]) el mismo año que diera a conocer su segunda tópica. Por último, en las *Nuevas conferencias* que dictara en 1933, figura una con el título de "Revisión de la doctrina de los sueños". No debe pasarse por alto, sin embargo (y contra la opinión corriente) que Freud confesó en una de sus cartas: "Soy, en realidad, muy ignorante respecto de mis antecesores en '*La interpretación de los sueños*', y si alguna vez nos encontramos en el más allá, me recibirán seguramente mal, como a un plagiario"; carta a Pfister del 12 de julio de 1909, en: Caparrós, Nicolás (editor), *Correspondencia de Sigmund Freud* (tomo III), *op.cit.*, p.58.

[267]  *La interpretación de los sueños* (1900[1899]), capítulo 7: "Sobre la psicología de los procesos oníricos". E: "El proceso primario y secundario", en: Freud, Sigmund, *Obras Completas, op.cit.*, vol. V, p.597.

la formación onírica es el deseo mismo (intuición que había sido esbozada en una carta a Fliess de marzo de 1895).[268] Sucede que diversas instancias de censura hacen irreconocible el deseo que el sueño traduce, por lo que una labor de desciframiento se hace necesaria. Al contenido manifiesto de un sueño (enunciado por el soñante como un relato), subyace siempre un contenido latente (complejo de representaciones y significaciones a las que el desciframiento de lo latente conduce). Una vez desencriptado, el sueño no es más una serie de imágenes inconexas o absurdas, sino el pronunciamiento (desfigurado por la censura) de un deseo. Freud enfatizaba:

> [Se trata de] *investigar las relaciones entre el contenido manifiesto y los pensamientos latentes del sueño, y pesquisar los procesos por los cuales estos últimos se convirtieron en aquél.*[269]

Para Freud los pensamientos del sueño y el contenido de éste traducen dos figuraciones de ese contenido pero en dos códigos distintos:

> *El contenido del sueño se nos aparece como una transferencia de los pensamientos del sueño a otro modo de expresión, cuyos signos y leyes de articulación debemos aprender a discernir por vía de comparación entre el original y su traducción.*[270]

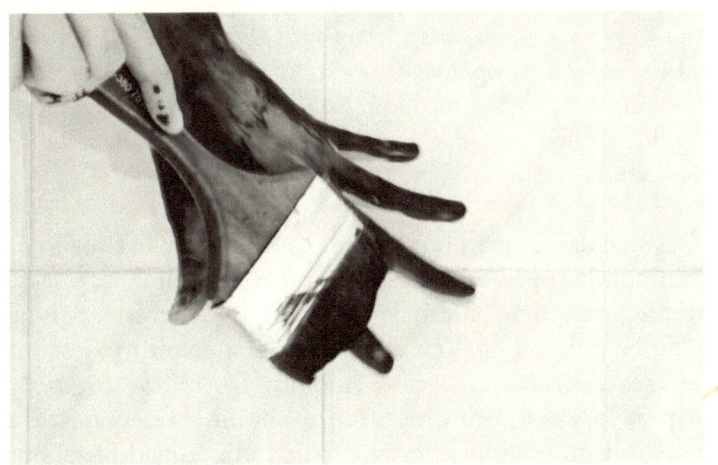

---

[268]  Cf. carta del 4 de marzo de 1895, en: Freud, Sigmund, *Cartas a Wilhelm Fliess (1887-1904), op.cit.*, p.116.

[269]  *La interpretación de los* sueños (1899[1900]). Capítulo 6. El trabajo del sueño. Introducción, en: Freud, Sigmund, *Obras Completas, op.cit.*, vol. IV, p.285.

[270]  *Ibídem*

Freud demostraría que los mecanismos por los que un contenido latente es disimulado al punto de ser irreconocible en el contenido manifiesto son múltiples pero pueden reducirse a cuatro:

a) La condensación, donde el pensamiento que interseca varias cadenas asociativas se erige en el representante de éstas.

b) El desplazamiento, donde la investidura o carga libidinal puede desprenderse de una representación para adherirse a otra.

c) La figurabilidad, que involucra las formas de visualización plástica que sueño elige para *imaginarizar* un discurso.

d) La elaboración secundaria, esto es, la estructura narrativa que construimos al apalabrar un sueño.

Y, en una muy peculiar metáfora, Freud explica que el contenido del sueño se alimenta de los restos diurnos del día precedente al sueño. Haciendo una analogía con una asociación comercial, Freud asigna papeles de socio industrial y de socio capitalista a los elementos concurrentes que posibilitan una formación onírica:

> *Es muy posible que un pensamiento onírico desempeñe para el sueño el papel del empresario; pero (…) necesita de un capitalista que le costee el gasto, y este capitalista, que aporta el gasto psíquico para el sueño, es en todos los casos (…) un deseo que procede del inconsciente.*[271]

*Wunsch* es la palabra que Freud emplea para designar aquello que alguien anhela ver cumplido, realizado. Descifrar un sueño implica, pues, acceder al registro del deseo, motivo del trabajo del sueño (y del chiste, por cierto). Pero como el "el deseo que se figura en el sueño tiene que ser un deseo infantil",[272] puede colegirse que, como moción psíquica (*psychische Regung*), el deseo se dirige al pasado y no al futuro: traduce un anhelo de carácter nostálgico (dirigido a restituir un estado anterior de supuesta unidad plena que… nunca tuvo lugar). No obstante, el deseo es, sin duda "el *primum movens* de la vida

---

[271] *La interpretación de los* sueños (1899[1900]). Capítulo 7. Sobre la psicología de los procesos oníricos, C. Acerca del cumplimiento de deseo, en: Freud, Sigmund, *Obras Completas, op.cit.*, vol. V, p.553.

[272] *Ibíd.*, p.546.

psíquica inconsciente".[273] Cuando de sueños penosos se trata (contrarios en apariencia al supuesto cumplimiento de un deseo), es el superyó la instancia psíquica que produce el displacer:

> *También los sueños punitorios son cumplimientos de deseo, pero no de las mociones pulsionales, sino de la instancia criticadora, censuradora y punitoria de la vida anímica.*[274]

Se realiza entonces el deseo… *de* la instancia punitiva misma. Así, la pesadilla traduce figurativamente un instante de identificación del soñante con su espectro superyoico.

La tesis de que el sueño busca realizar un deseo sería elevada a rango de ley cuando el 24 de julio de 1895 Freud interpretara su hoy célebre "sueño de la inyección a Irma" que le revelaría las claves esenciales para la interpretación de los productos oníricos. Se reproducirá a continuación un fragmento de este sueño intercalando los comentarios que Freud mismo hiciera al interpretarlo:

SUEÑO DEL 23 /24 DE JULIO DE 1895

> *Un gran vestíbulo muchos invitados, a quienes nosotros recibimos. Entre ellos Irma, a quien enseguida llevo aparte como para responder a su carta, y para reprocharle que todavía no acepte la "solución". Le digo: "Si todavía tienes dolores, es realmente por tu exclusiva culpa".*[275]

Freud explica que culpa a Irma de sus dolores para evadir él mismo la responsabilidad por un diagnóstico errado: si existiese la posibilidad de haber descuidado algo orgánico, la ponderación del caso desde la vertiente histérica era evidentemente equivocada.

---

[273]  Assoun, Paul-Laurent, *Fundamentos del psicoanálisis* [1997], Buenos Aires, Prometeo, 2005, p.188.

[274]  *Nuevas conferencias de introducción al psicoanálisis* (1933[1932]); 29ª Conferencia: "Revisión de la doctrina de los sueños", en: Freud, Sigmund, *Obras Completas*, *op.cit.*, vol. XXII, p.26,

[275]  *La interpretación de los sueños* (1900[1899]), capítulo 1: "La bibliografía científica sobre los problemas del sueño". C: "Estímulos y fuentes del sueño", en: Freud, Sigmund, *Obras Completas*, *op.cit.*, vol. IV, p.128.

*-Ella responde: "Si supieses los dolores que tengo ahora en el cuello, el estómago y el vientre; me siento oprimida". -Yo me aterro y la miro. Ella se ve pálida y abotagada; pienso que después de todo he descuidado sin duda algo orgánico.*[276]

¿Sería culpa del soñante (Freud) no haber curado las dolencias arriba descritas si sólo se ocupaba de patologías de orden psíquico? No obstante, Freud busca justificarse ante esa conminación superyoica, de tal suerte que mitigar la culpa por ciertas fallas en su desempeño profesional es el deseo que comanda este tramo de la producción onírica.

*La llevo hasta la ventana y reviso el interior de su garganta. Se muestra un poco renuente, como las mujeres que llevan dentadura postiza. Pienso entre mí que en modo alguno tiene necesidad de ello. Después la boca se abre bien, y hallo a la derecha una gran mancha blanca...*[277]

El que Freud revise la garganta de Irma junto a una ventana es una imagen que se alimenta de la evocación relativa a otra mujer que Freud hubiera preferido como paciente. Irma (analizante de Freud y homónima de otra paciente fallecida por intoxicación) tiene difteritis (lo mismo que la hija mayor de Freud); de ahí la mancha blanca.

*...y en otras partes veo extrañas formaciones rugosas, que manifiestamente están modeladas como los cornetes nasales, extensas escaras blanco-grisáceas. Aprisa llamo al doctor M., quien repite el examen y lo confirma...*[278]

En lo que se refiere a las escaras, Freud deduce que evidencian una preocupación por el estado que guardaba su propia salud. Y si en el sueño se remarca una gran prisa por obtener del Dr. M. un diagnóstico, Freud lo liga a la intoxicación severa que alguna vez provocó en una de sus pacientes haciéndose necesaria la intervención de un médico mayor y más experimentado. Es claro que el sueño traduce un reproche específico: no haber sido en algunas circunstancias el diestro médico que hubiera debido ser.

---

[276] *Ibídem*

[277] *Ibídem*

[278] *Ibídem*

*La interpretación de los sueños* pasó prácticamente desapercibida para el medio científico. Fliess mismo, el lector cuya crítica importaba más a Freud, fue muy duro como lector de galeras. Abatido por los desfavorables comentarios sobre los fragmentos enviados, Freud se pliega a la opinión de su *alter*:

> *...las retorcidas frases de mi escrito sobre el sueño (...) han lesionado gravemente un ideal que hay en mí. Tampoco creo equivocarme apenas al concebir esos defectos formales como indicio de una falta de dominio en la materia.*[279]

*Considero sus destinos con... tensión resignada*, había escrito Freud a Fliess presagiando mal destino para su obra sobre lo onírico. Pero las críticas de su amigo y —sobre todo— la fría acogida dispensada a la *Traumdeutung* (apenas 351 ejemplares vendidos en seis años) no obstarían para que Freud la considerara siempre su obra más importante.

Así, el fragmento de otra de las cartas escritas para Fliess resultaría a la postre profético:

> *¿Crees en verdad que alguna vez se podrá leer en esta casa una placa de mármol que diga: "Aquí se le reveló al Dr. Sigm. Freud el enigma de los sueños el 24 de julio de 1895?". Por ahora hay pocas perspectivas de ello.*[280]

Es un rasgo común en los textos fundamentales del psicoanálisis que Freud se tome a sí mismo como objeto de reflexión clínica. Pero es quizá en su texto sobre los sueños donde más manifiesta es la necesidad de apuntalar sus postulados teóricos con ejemplos autobiográficos. En uno de los prólogos a la *Traumdeutung*, Freud aclara que esa obra tenía una incidencia en el orden subjetivo que sólo al concluir el libro pudo comprender:

---

[279]  Carta a Wilhelm Fliess del 21 de septiembre de 1899 en: Caparrós, Nicolás (editor), *Correspondencia de Sigmund Freud* (tomo II), *op.cit.*, pp.400-401.

[280]  Carta a Wilhelm Fliess del 12 de junio de 1900, *Ibíd.*, p.451. No obstante, esta placa sería finalmente colocada el 6 de mayo de 1977 en ocasión del aniversario 121 del natalicio de Freud.

> *Advertí que era parte de mi autoanálisis, que era mi reacción frente a la muerte de mi padre, vale decir, frente al acontecimiento más significativo y la pérdida más terrible en la vida de un hombre.*[281]

Jacob Freud falleció en 1896. De ese deceso Freud había informado puntualmente a Fliess:

> *Ayer sepultamos al viejo que falleció el 23.10 por la noche (…) Todo esto coincidió con mi periodo crítico, todavía estoy sentido por ello (…) la pincelación de la cocaína, por lo demás, quedó completamente de lado.*[282]

Una semana después escribiría:

> *La muerte del viejo me ha conmocionado mucho (…) Ya había gozado harto de la vida cuando murió pero en lo interior, con esta ocasión, sin duda ha despertado todo lo más temprano. Tengo ahora un sentimiento de hondo desarraigo.*[283]

Atendiendo al registro propiamente epistemológico, cuando Freud intentó discernir la especificidad de los fenómenos oníricos, advirtió una dificultad estructural para acceder a la explicación última de ése o de cualquier otro proceso psíquico; como se sabe ahora, todo sueño contiene un "ombligo" (*Nabel*) que marca el punto de imposibilidad para una explicación última y definitiva:

> *Explicar significa reconducir a lo conocido, y por ahora no existe ningún conocimiento psicológico al que pudiéramos subordinar lo que cabe discernir en calidad de principio explicativo.*[284]

---

[281] *La interpretación de los* sueños (1899[1900]), "Prólogos", en: Freud, Sigmund, *Obras Completas, op.cit.*, vol. IV, p.20.

[282] Carta del 26 de octubre de 1896, en: Freud, Sigmund, *Cartas a Wilhelm Fliess (1887-1904), op.cit.*, p.213. La importancia de que Freud renunciara al uso de la cocaína a raíz de la muerte de su padre será destacada en el apartado relativo al período en que Freud investigó los usos terapéuticos de este alcaloide.

[283] Carta del 2 de noviembre de 1896, *Ibíd.*, pp.213-214. Max Schur, el médico de cabecera de Freud, leyó en esta misiva el inicio del autoanálisis de Freud.

[284] *La interpretación de los sueños* (1900[1899]), en: Freud, Sigmund, *Obras Completas, op.cit.*, vol. V, p.506.

Y advertía sobre los peligros que comporta toda sobreinterpretación, pues un desvarío metonímico en nada equivale a una interpretación adecuada: de los supuestos que buscan dilucidar las fuerzas que rigen lo anímico, Freud recomendaba "tener el cuidado de no devanarlos mucho más allá de su primera articulación lógica, pues de lo contrario su valor se perdería en lo indeterminable".[285] Para Freud, las matrices explicativas disponibles no alcanzaban para elucidar el sustrato psíquico del acontecer onírico. Había que conjeturar instituyendo *nuevos supuestos*. Es invocada entonces la bruja metapsicológica a la manera de un *corpus* especulativo que buscaría esclarecer —contrastando fenómenos inconscientes diversos— coordenadas lógicas generales:

> *Aun cuando no cometiésemos error alguno en el razonamiento y tomásemos en cuenta todas las posibilidades que se siguen lógicamente, la probable imperfección en el planteo de los elementos amenaza hacernos equivocar por completo los cálculos.*[286]

Para Freud, el procedimiento de analizar cualquier producción de lo inconsciente de manera aislada es equivocado. Deben correlacionarse las diversas manifestaciones anímicas para así obtener una especie de regularidad fenoménica ("constancia necesaria" la llama Freud):

> *Los supuestos psicológicos que extraemos del análisis de los procesos oníricos deberán aguardar en una estación de empalme (…) hasta que puedan acoplarse a los resultados de otras investigaciones que se empeñan en atacar el núcleo del mismo problema desde otros puntos de abordaje.*[287]

Valga un ejemplo para ilustrar lo anterior: como este fenómeno psíquico tiene la particularidad de acontecer tanto en personas sanas como enfermas ("el sueño no es un fenómeno patológico; no tiene por premisa ninguna perturbación del equilibrio psíquico; no deja como secuela debilitamiento alguno de la capacidad de rendimiento"),[288] puede analizarse brevemente en qué medida el sueño puede fungir como *estación de empalme* entre diversas condiciones psíquicas, pues Freud concibió en algún momento de su reflexión la posibilidad de inferir de la hermenéutica onírica todo lo colegido (y por

---

[285]   *Ibídem*

[286]   *Ibídem*

[287]   *Ibídem*

[288]   *Ibíd.*, p.596.

colegir) en el campo de las afecciones obsesivas e histéricas: "desde el sueño, me propongo alcanzar el entronque con la psicología de las neurosis".[289]

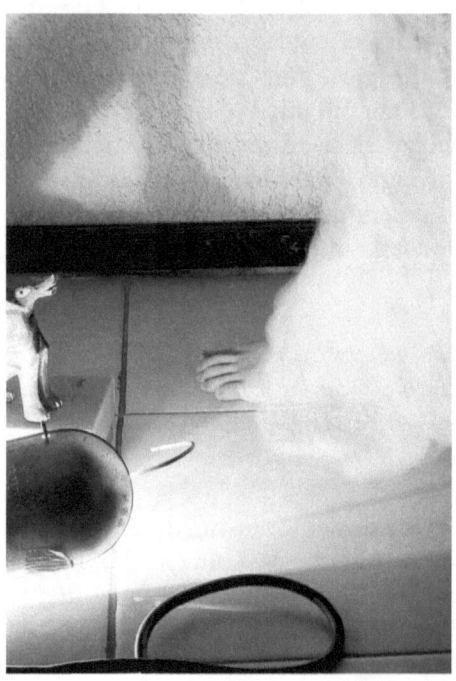

El que un mismo proceso –el fenómeno onírico– se presentara por igual en sujetos con muy distintas condiciones anímicas, llevó a Freud a una conclusión de orden cuantitativo por demás interesante:

> *La investigación psicoanalítica no establece entre la vida anímica normal y la neurótica diferencias de principio, sino sólo cuantitativas, el análisis de los sueños, donde tanto en los sanos cuanto en los enfermos operan de igual modo los complejos reprimidos.*[290]

Desde esta perspectiva, el sueño diluye la línea que divide lo patológico de lo normal; ambas categorías, en todo caso, sólo designarían fenómenos donde la diferencia medular es, en estricto, de carácter económico: "la enfermedad difiere del estado de salud, lo patológico de lo normal, como una cualidad difiere de otra, ya sea por presencia o ausencia de un principio definido, ya sea por reelaboración de la totalidad orgánica", afirma

---

[289]  *Ibíd.*, p.578.
[290]  *Ibíd.*, p.378.

Canguilhem en una reflexión donde sólo habría que sustituir la palabra "orgánica" por "psíquica" para ajustarla a la perspectiva freudiana sobre lo onírico pues "el sueño es un fenómeno que aparece en las personas sanas –tal vez en todas, quizá todas las noches–, y la enfermedad de órgano no se cuenta, manifiestamente, entre sus condiciones indispensables".[291]

En su *Essai sur quelques problèmes concernant le normal et le pathologique* (1943), Canguilhem evoca la tesis decimonónica según la cual toda enfermedad no hace sino traducir una variación cuantitativa en los parámetros orgánicos considerados normales. Partiendo de la premisa entonces incuestionada de que todo organismo pugna por mantenerse vivo y acrecentar sus potencialidades biológicas, la enfermedad aparecía como una sensible alteración de índole económica. En efecto, la concepción imperante en el siglo XIX era:

> *Los fenómenos patológicos sólo son en los organismos vivos variaciones cuantitativas, según el más y el menos, de los respectivos fenómenos fisiológicos. Semánticamente, lo patológico es designado a partir de lo normal no tanto como a o dis sino como hiper o hipo.*[292]

En su *Enciclopedia de las cosas filosóficas* [1817], Hegel postuló que la cantidad (ya aumentando, ya disminuyendo) se transmuta en cualidad:

> *El cambio del cuanto es también un cambio de la cualidad.*[293]

Esta postura probablemente deriva de la que desde el siglo XVIII postulara el médico escocés John Brown (1735-1788):

---

[291]  *La interpretación de los sueños* (1900[1899]), capítulo 1: "La bibliografía científica sobre los problemas del sueño". C: "Estímulos y fuentes del sueño", en: Freud, Sigmund, *Obras Completas, op.cit.*, vol. IV, p.60.

[292]  Canguilhem, George, *Lo normal y lo patológico* [1966], *op.cit.*, p.20.

[293]  Hegel, G.W.F., "La ciencia de la lógica" (primera sección, "La doctrina del ser"; apartado C, "La medida", 108), en: *La lógica de la Enciclopedia* (traducción de Alfredo Llanos), Buenos Aires, Leviatán, 2006, p.137. La traducción de Augusta y Rodolfo Mondolfo reza: "se introduce un punto de (…) variación de lo cuantitativo en el que la cualidad cambia y el cuanto se muestra como especificante". V. Hegel, G.W.F., *Ciencia de la Lógica* [1812-1816], Buenos Aires, Solar/Hachette, 1976, p.321.

*He mostrado que la salud y la enfermedad sólo son un mismo estado
y dependen de la misma causa, a saber de la incitación que sólo varía en
los diferentes casos por su grado.*[294]

Debe destacarse que Brown no poseía una instrucción médica sólida; todo lo que postuló era basado en la intuición pues era lego en cuestiones de anatomía. No obstante, tuvo el mérito de proponer a la razón científica la categoría de *incitabilidad*. Según Brown, la *incitación* que los seres vivos acusan encuentra su fuente en estímulos internos o externos que, cuando no obran en cantidad suficiente, producen *debilidad directa* (causa de las enfermedades *asténicas*); por el contrario, si los estímulos actúan en demasía, producen *debilidad indirecta* por agotamiento de la *incitabilidad* (derivando en enfermedades *esténicas*). La terapéutica, decía Brown, debía disminuir la incitación en las enfermedades esténicas, y aumentarla en las asténicas. Mas, habida cuenta de que las enfermedades sobrevienen por debilidad (directa o indirecta), el tratamiento debía ser, en cualquier caso, estimulante.[295]

Posteriormente, Broussais (1772-1838) ratificaría:

*Los fenómenos de la enfermedad coinciden esencialmente con los de
la salud, de los que siempre difieren sólo por la intensidad.*[296]

Las concepciones de Brown y Broussais alcanzarían su dignidad epistemológica con los desarrollos de Claude Bernard (1813-1878):[297]

---

[294]  Brown, J., Élements de médecine [1780], trad. francesa por Fouquier, París, Demonville-Gabon, 1805 (citado en: Canguilhem, George, *Lo normal y lo patológico* [1966], *op.cit.*, p.34).

[295]  V. *Enciclopedia Universal Ilustrada Europeo-Americana*, Madrid, Espasa Calpe, 1988, vol. IX, p.1012.

[296]  Citado en: Canguilhem, George, *Lo normal y lo patológico* [1966], *op.cit.*, p.27.

[297]  Galeno honrado en tres ocasiones por la Academia de Ciencias y a quien el gobierno francés costeara en su momento espléndidos funerales no concedidos hasta entonces a hombre de ciencia alguno V. *Enciclopedia Universal Ilustrada Europeo-Americana*, *op.cit.*, vol. VIII, p.334. Freud aludió en su obra una sola vez al insigne científico, recomendando adherirse a la norma que éste estableciera para el experimentador en el laboratorio de fisiología: *Travailler comme une bête.* V. *La interpretación de los sueños* (1900[1899]), capítulo 7: "Sobre la psicología de los procesos oníricos". A: "El olvido de los sueños", en: Freud, Sigmund, *Obras Completas*, *op.cit.*, vol. V, p.517.

> *La salud y la enfermedad no son dos modos que difieren*
> *esencialmente, (...) No hay que considerarlas como principios distintos,*
> *entidades que se disputan al organismo vivo y que lo convierten en*
> *el teatro de sus luchas. (...) En la realidad, sólo existen diferencias de*
> *grado.*[298]

La salud, por así decir, tiene un rasgo de especificación más allá del cual cierto margen de tolerancia es rebasado. A ese exceso, lo llamamos enfermedad, escenario alterno de la salud misma:

> *La exageración, la desproporción, las desarmonías de los fenómenos*
> *normales constituyen el estado enfermizo. No existe ningún caso en el*
> *cual la enfermedad haya hecho que aparezcan condiciones nuevas, un*
> *cambio completo de escena, productos nuevos y especiales.*[299]

Entre lo patológico y lo normal media entonces una disimetría cuantitativa, por lo que los estados de salud *contienen* una eventual merma que les es intrínseca:

> *Toda enfermedad tiene una función normal respectiva, de la cual*
> *sólo es una expresión perturbada, exagerada, aminorada o anulada.*[300]

Se parte entonces de la norma para colegir la anomalía. De ahí puede deducirse que si no se ha encontrado el remedio para ciertas condiciones mórbidas, es quizá porque tampoco se ha definido el estado normal correspondiente (marco y referencia de una patología específica):

> *Si actualmente no podemos explicar todos los fenómenos de*
> *las enfermedades, es porque la fisiología todavía no se encuentra*
> *suficientemente adelantada y porque todavía existe una multitud de*
> *funciones normales que nos son desconocidas.*[301]

Desde las tres perspectivas antecitadas, la patología sería –simple y llanamente– una especie de "normalidad degradada", por lo que un

---

[298] Bernard, Claude, *Leçons sur la chaleur animale,* [1876], París, J.B. Bailliére, 1876 (citado en: Canguilhem, George, *Lo normal y lo patológico* [1966], *op.cit.,* p.169).

[299] *Ibídem*

[300] *Ibídem*

[301] Bernard, Claude, *Leçons sur le diabete et la glycogenese animale* [1877], París, J.B. Bailliére, 1877 (citado *Ibíd.,* p.43).

estado mórbido equivaldría a una anomalía de la salud, a un estado de subnormalidad con valor negativo (puesto que para Canguilhem la norma asigna a un hecho un valor determinado; una norma biológica, por ejemplo, consiste en inscribir un valor determinado a la vida). En contraste, la normalidad sería una suerte de patología en capilla, pues cualquier variación o modificación de mensurabilidad en los índices previamente convenidos revelarían simplemente una condición (hasta entonces) larvada.

De ahí que Canguilhem concluya y se pregunte:

> *Que la vida es idéntica a sí misma en la salud y en la enfermedad, que no aprende nada en y por la enfermedad. Aristóteles decía que la ciencia de los contrarios es una. ¿Es necesario concluir de ello que los contrarios no son contrarios?*[302]

## Sintomática de la vida cotidiana

El modelo de análisis que comanda la *Traumdeutung* fue aplicado por Freud a aquellas acciones fallidas cotidianas que eran consideradas como accidentes sin importancia o equivocaciones anodinas. Pequeños olvidos, *lapsus linguae*, trastabilleos verbales, *lapsus calami* fueron analizados por Freud como formaciones de lo inconsciente. El sentido es evocado en acciones aparentemente absurdas que, sometidas a examen, revelan la contraposición anímica entre un deseo que busca expresarse y una moción de censura promovida por el yo.

En la correspondencia con Fliess puede reconstruirse el proceso que culminó en la redacción de *Psicopatología de la vida cotidiana* (1901), uno de los tres pilares que sostienen la fortificación psicoanalítica. Es a mediados de 1898 que Freud comparte a Fliess la reflexión que una operación fallida le había suscitado:

> *Una pequeñez, conjeturada desde hace tiempo, he aprehendido por fin. Tú conoces el caso en que un nombre se nos escapa y se cuela en cambio un fragmento de otro por el que uno juraría aunque en todos los casos revele ser falso.*[303]

---

[302] Canguilhem, George, *Lo normal y lo patológico* [1966], *op.cit.*, pp.59-60.

[303] Carta del 26 de agosto de 1898, en: Freud, Sigmund, *Cartas a Wilhelm Fliess (1887-1904)*, *op.cit.*, pp.354-355.

Unas semanas después Freud analiza brevemente el caso aludido que ampliaría en el primer capítulo de su libro sobre la psicopatología cotidiana: el llamado caso *Signorelli*,[304] donde se relata cómo había olvidado el nombre de un pintor que precisaba mentar en el curso de una conversación. Escuetamente, explica que dicho olvido estaba ligado a asuntos relativos a muerte y sexualidad y deduce que la desmemoria no hace sino delatar un mecanismo psíquico: la represión. "¿Pero a quién podré hacerle creíble esto?", pregunta Freud.[305] El incidente había tenido lugar durante un viaje a la costa del Adriático que dio pie a un artículo titulado *Sobre el mecanismo de la desmemoria* (1898) publicado en diciembre del mismo año.[306] La importancia del texto en cuestión radica en que es el primer análisis publicado por Freud de una operación fallida. Con diferencias sustanciales, esta anécdota es la referida al inicio de la obra capital sobre el tema, *Psicopatología de la vida cotidiana* (1901), cuya concepción fue informada a Fliess: "reúno material para la psicología de la vida cotidiana". Ahí mismo pide el aval para utilizar como epígrafe de la obra una cita del *Fausto*, de Goethe:

> *Para la psicología cotidiana querría pedirte el bello* motto *"Ahora está el mundo de esa maldición tan lleno etc."*.[307]

Por dos cartas más sabemos de los tropiezos en la elaboración de la obra ("la Vida cotidiana descansa y pronto será continuada"),[308] de su término y publicación:

> *En algunos días quedará lista también la psicología de la vida cotidiana, y entonces los dos ensayos serán corregidos, remitidos, etc. Todo ha sido escrito en medio de cierto embotamiento, cuyas huellas no se podrán ocultar.*[309]

---

[304] V. la carta del 22 de septiembre de 1898, *Ibíd.*, pp.357-358.

[305] Carta del 22 de septiembre de 1898, *Ibíd.*, p.358.

[306] Publicado originalmente en: Monatsschrift für Psychiatrie und Neurologie [1898] y finalmente traducido por Etcheverri como: *Sobre el mecanismo psíquico de la desmemoria* (1898), en: Freud, Sigmund, *Obras Completas, op.cit.,* vol. III, pp.277-89.

[307] Carta del 14 de octubre de 1900, en: Freud, Sigmund, *Cartas a Wilhelm Fliess (1887-1904), op.cit.,* p.468.

[308] Carta del 30 de enero de 1901, *Ibíd.*, p.477.

[309] Carta del 15 de febrero de 1901, *Ibíd.*, p.479.

Que Freud utilizara la palabra "psicopatología" para hablar de hechos cotidianos es por demás significativo: la lógica de lo inconsciente, demostraba, rige nuestros actos en todo momento y tiempo. En la categórica sentencia de Freud:

> *En el inconsciente, a nada puede ponerse fin, nada es pasado ni está olvidado.*[310]

De ahí que el olvido (*Vergessen*) sea el eje transversal de todo este ensayo: el olvido de nombres propios, palabras extranjeras y de nombres o frases (cap. 1-3), los recuerdos de infancia y los recuerdos encubridores —esas formas disfrazadas del olvido— (cap. IV) y, de ahí, el riguroso análisis de todos aquellos verbos que contengan el prefijo *Ver-* (que en lengua germana denotan un fracaso o una disfunción):[311] los *lapsus* (*Versprechen*) (cap. V), los errores de lectura (*Verlesen*) o de escritura (*Verschreiben*) (cap. VI), el olvido de impresiones y designios (cap. VII), las torpezas (*Vergreifen*) (cap. VIII), las acciones casuales y sintomáticas (cap. IX), los errores (cap. X) y las operaciones fallidas combinadas (cap. XI) el determinismo, la creencia en el azar y la superstición (cap. XII).

En una fina observación, Assoun hace notar que para Freud el sujeto de lo inconsciente "es de tal índole que olvida *con conocimiento de causa*".[312] En efecto, muchos olvidos encuentran causa en la represión (*Verdrängung*); pero la represión es también una de las formas más radicales del recuerdo. Es decir, desde el punto de vista clínico, olvidar y recordar conforman un fenómeno compuesto por elementos indisociables: sintomáticamente, se "olvida" lo que se recuerda demasiado bien; por lo que el olvido, en estricto, nunca tiene lugar (en lo inconsciente *nada está olvidado*, dice Freud). De modo que hablar de olvido sólo designa la condición de un recuerdo que ha visto denegado su acceso a la conciencia.

---

[310] *La interpretación de los sueños* (1900[1899]), capítulo 7: "Sobre la psicología de los procesos oníricos". D: "El despertar por el sueño. La función del sueño. El sueño de angustia", en: Freud, Sigmund, *Obras Completas, op.cit.,* vol. V, p.569.

[311] V. Assoun, Paul-Laurent, *Fundamentos del psicoanálisis* [1997], *op.cit.,* p.150.

[312] *Ibíd.,* p.151.

*Aufheben* es un vocablo que traduce con precisión esta doble vertiente psíquica, por cuanto designa aquello que se anula y se conserva *al mismo tiempo*. De tal manera que "el olvido no es con exactitud lo contrario del recuerdo".[313] Es, en todo caso:

> *...el destino de un relato imposible del recuerdo (...) el sujeto se sume en el olvido, [por] no haber podido introducir el recuerdo en un texto. Así, confirma una relación dolorosa con su texto (...) la perturbación de la memoria (anamnésica) es un* desfallecimiento narrativo.[314]

Un ejemplo claro de lo anterior se observa en los llamados recuerdos encubridores: para sortear lo inasimilable de un recuerdo, el sujeto produce un recuerdo "hechizo" (en ocasiones increíblemente nítido) que encubre lo reprimido. Si el olvido realmente hubiera tenido lugar no habría necesidad ni de reprimir ni de encubrir. Paradójicamente entonces, lo que se sofoca

---

[313]  *Ibíd.*, p.156.
[314]  *Ibídem*

(deviniendo inconsciente) adquiere en ese momento una inalterable condición mnémica. Sustraída del tiempo ("lo inconsciente es totalmente atemporal", dice Freud),[315] la vivencia *que querría olvidarse* asegura –por reprimida– su eternidad.

A nivel inconsciente (puede afirmarse):

> *El olvido se destaca sobre el fondo de un* inolvidable. (…) *olvidar es la manera más sintomática, es decir, la más auténtica* (…) *que tiene un sujeto de poner en práctica lo que tiene de inolvidable.* (…) *se olvida de la manera más sintomática lo que tiene relación con lo inolvidable.*[316]

No en balde Freud evoca a la ciudad eterna, Roma, para ilustrar cómo se conservan las huellas mnémicas en lo psíquico:

> *En la vida anímica no puede sepultarse nada de lo que una vez se formó* (…) *todo se conserva de algún modo y puede ser traído a la luz de nuevo en circunstancias apropiadas.*[317]

La estratificación en ruinas muestra la coexistencia de fases históricas diversas a la manera en que el aparato psíquico conserva superpuestas –e íntegras, en este caso– todas las vivencias de épocas anteriores: "la conservación del pasado en la vida anímica es más bien la regla que no una rara excepción".[318]

## El chiste

En *El chiste y su relación con lo inconsciente* (1905) –tercer pilar del edificio psicoanalítico–, Freud hace referencia a una "ocasión subjetiva" que lo conminó a considerar la particular problemática del chiste.[319] Por la

---

[315] *Psicopatología de la vida cotidiana* (1901), capítulo 12, "Determinismo, creencia en el azar y superstición. Puntos de vista", F; en: Freud, Sigmund, *Obras Completas*, *op.cit.*, vol. VI, p.266, n.64.

[316] Assoun, Paul-Laurent, *Fundamentos del psicoanálisis* [1997], *op.cit.*, p.160.

[317] *El malestar en la cultura* (1930[1929]), parte I; en: Freud, Sigmund, *Obras Completas*, *op.cit.*, vol. XXI, pp.69-70.

[318] *Ibíd.*, p.72.

[319] V. *El chiste y su relación con lo inconsciente* (1905), apartado C, "Parte teórica". VI: "El vínculo del chiste con el sueño y lo inconsciente", en: Freud, Sigmund, *Obras Completas*, *op.cit.*, vol. VIII, p.165.

---

correspondencia con Fliess, sabemos que dicha ocasión fue la crítica que éste dispensara a la *Traumdeutung*. En su respuesta, Freud se pliega y ofrece rectificaciones entre las que destaca una referencia a lo cómico, tema que un lustro después sería materia de un libro entero:

> *Todos los soñantes son de igual modo incurablemente ingeniosos, y lo son por necesidad, porque se encuentran en el aprieto de tener cerrado el camino recto (...) El aparente ingenio de todos los procesos inconscientes se entrama de manera íntima con la teoría de lo chistoso y de lo cómico.*[320]

En el sexto capítulo de su libro sobre el chiste Freud explica que en los sueños los chistes son malos porque no puede ser de otro modo, esto es, por haber sido sometidos a los mecanismos –comunes al sueño– de condensación y desplazamiento.[321] El interés sobre este particular era, sin embargo, muy anterior pues más de dos años antes ya había informado a Fliess que estaba reuniendo chistes para desentrañar su sentido:

> *Tengo que confesar que este último tiempo he iniciado una recopilación de historias judías de profundo sentido.*[322]

La lectura cuidadosa de un libro sobre el humor escrito por Theodor Lipps detonó el interés de Freud por analizar el chiste como formación de lo inconsciente. Por Ernest Jones se sabe que en mesas contiguas Freud trabajó simultáneamente la redacción de los *Tres ensayos de teoría sexual* (1905) y *El chiste y su relación con lo inconsciente* (1905). Según el talante, avanzaba en uno u otro. A diferencia de la *Psicopatología de la vida cotidiana* (1901) y de la *Traumdeutung* (ampliados y corregidos incesantemente en las sucesivas ediciones) el libro relativo al chiste sufrió pocas modificaciones. Y contra la opinión generalizada (repetida al inicio de este apartado) de que los tres libros antemencionados constituyen los cimientos del edificio psicoanalítico, Freud

---

[320] Carta del 11 de septiembre de 1899, en: Freud, Sigmund, *Cartas a Wilhelm Fliess (1887-1904), op.cit.,* pp.406-407.

[321] Freud abunda sobre este punto en la 15ª de sus *Conferencias de introducción al psicoanálisis* (1916-1917 [1915-16]): "Incertezas y críticas", en: Freud, Sigmund, *Obras Completas, op.cit.,* vol. XV, p.216.

[322] Carta del 22 de junio de 1897, en: Freud, Sigmund, *Cartas a Wilhelm Fliess (1887-1904), op.cit.,* p.272.

pensaba: *El chiste y su relación con lo inconsciente* (1905) "me distrajo un poco de mi camino";[323] esto es, lo rebajaba a nivel de una desviación momentánea:

> *Mi libro* El chiste y su relación con lo inconsciente *(1905) es directamente una digresión respecto de* La interpretación de los sueños.[324]

Pero, sorprendentemente, hacia 1927 retomaría el tema en un breve escrito con el que participó en el Décimo Congreso Internacional de Psicoanálisis, celebrado en Innsbruck. En ese escrito se establece que, a diferencia del chiste (que –o bien sólo sirve a la ganancia de placer, o pone esta última al servicio de la agresión–), el humor es "una defensa frente a la posibilidad de sufrir" que se caracteriza por "el rechazo de la exigencia de la realidad y la imposición del principio de placer" gracias al –tradicionalmente severo, mas no en esta ocasión– superyó.[325] En todo caso, en el chiste Freud encuentra un asunto en extremo serio por cuanto a través de él habla el sujeto de lo inconsciente. Lo analizó como una patología y se propuso desentrañar a qué tipología sintomática pertenecería. ¿Qué es en realidad lo que en un chiste nos mueve a risa?, se pregunta Freud. ¿Por qué un determinado relato (un texto, en estricto) moviliza una función psíquica cuyo medio de descarga es festivo? Hay entonces una "palabra chiste" (*Witzwort*) y un "trabajo del chiste" (*Witzarbeit*) homólogo al trabajo del sueño analizado en la *Traumdeutung*. Freud concluye que el *Witz* delata un mecanismo de orden económico: un chiste representa una ganancia de placer (*Lustgewinn*) porque evita un gasto psíquico. Es ésta la transgresión implícita en un chiste: frente a la represión (de carácter psíquico o político), ante la censura, el *Witz* opone una resistencia festiva.

Hay un estrecho vínculo entre la angustia de muerte y el humor pues, para Freud, éste "sería la contribución a lo cómico por la mediación del superyó".[326] Así, el humor es una especie de formación reactiva frente a la melancolía, cuyo cuadro clínico nos acerca como ningún otro a la experiencia

---

[323] *Conferencias de introducción al psicoanálisis* (1916-1917 [1915-16]), 15ª conferencia: "Incertezas y críticas", en: Freud, Sigmund, *Obras Completas, op.cit.,* vol. XV, p.215.

[324] *Presentación autobiográfica* (1925[1924]), en: Freud, Sigmund, *Obras Completas, op.cit.,* vol. XX, p.61.

[325] *El humor* (1927), en: Freud, Sigmund, *Obras Completas, op.cit.,* vol. XXI, p.159.

[326] *Ibíd.*, p.161.

de la propia aniquilación.[327] Es por eso que el placer es más moderado en el humor que en el chiste ("el placer humorístico nunca alcanza la intensidad del que se obtiene en lo cómico o en el chiste, nunca se desfoga en risa franca"). De modo que el humorista, por ejemplo, minimiza su dolor fingiéndolo insignificante, irrisorio. Sin embargo, el trasfondo de su humorada es claramente trágica, pues "el humor no tiene sólo algo de liberador, como el chiste y lo cómico, sino también algo de grandioso y patético, rasgos estos que no se encuentran en las otras dos clases de ganancia de placer".[328] ¿Será el humor una modalidad sublimada de la pulsión de muerte?[329]

Igual que el sueño, el chiste vehicula un deseo que pide ser dicho. Pero mientras el sueño es "un producto anímico enteramente asocial", el chiste "es la más social de todas las operaciones anímicas que tienen por meta una ganancia de placer".[330]

## Un saber inédito

Transcurrido apenas un lustro del siglo pasado (*El chiste y su relación con lo inconsciente* vio la luz en 1905), los 3 pilares teóricos del *constructo* psicoanalítico recién aludidos perfilaron de manera clara a qué espectro de saber refería el término *psicoanálisis*. Por psicoanálisis se entendía ya en aquel entonces un método de investigación que pretendía hacer inteligible lo inconsciente. La anatomía psíquica –entidad claramente diferenciada de la anatomía somática– quedaba bifurcada sin ambigüedad alguna entre un psiquismo consciente (caro a los filósofos), y otro inconsciente.

Esta división se da hoy por sentada pero hace apenas un siglo era muy otra la acogida que se le dispensaba a lo que entonces era una conjetura. Hacia el final de su vida Freud aún argumentaba que si se considera que la conciencia agota la noción de lo psíquico, la psicología agota su campo de acción a los procesos cognitivos, las percepciones, los actos de voluntad y los sentimientos. No obstante, aún los partidarios de esta concepción

---

[327] Un ejemplo extraordinario, por patético, de lo aquí reseñado, puede encontrarse en el famoso poema de Juan de Dios Pesa titulado "Reír llorando" (Álbum de oro del declamador, México, editorial Olimpo, 1960, pp.327-328).

[328] *El humor* (1927), en: Freud, Sigmund, *Obras Completas, op.cit.*, vol. XXI, p.158.

[329] Cf. Assoun, Paul-Laurent, *Fundamentos del psicoanálisis* [1997], *op.cit.*, p.177.

[330] *El chiste y su relación con lo inconsciente* (1905), apartado C, "Parte teórica". VI: "El vínculo del chiste con el sueño y lo inconsciente", en: Freud, Sigmund, *Obras Completas, op.cit.*, vol. VIII, p.171.

pueden reconocer sin dificultad que en todo proceso consciente se evidencia una cierta discontinuidad que obliga a suponer el desarrollo de otros procesos concomitantes a la conciencia, "a los que parece preciso atribuir una perfección mayor que a las series psíquicas, pues algunos de ellos tienen procesos conscientes paralelos y otros no".[331] Para los filósofos, dice Freud, homologar lo psíquico y lo inconsciente constituye un disparate, un contrasentido. Sin embargo, el psicoanálisis sostiene sin ambages lo que para la filosofía es un *oxímoron*: lo psíquico inconsciente. Aún más: los procesos concomitantes a la conciencia (es decir, los procesos inconscientes) *son lo psíquico genuino*.[332] Este desmarque con la filosofía conciencialista investía de cientificidad a la psicología misma, y tendría que haber sido suficiente para que al psicoanálisis dejara de escamoteársele un lugar en el concierto de los saberes:[333]

> *La concepción según la cual lo psíquico es en sí inconsciente permite configurar la psicología como una ciencia natural entre las otras.*[334]

Para cuando las líneas antecitadas fueron escritas, este debate ya era de antigua data: en sus escritos metapsicológicos Freud postulaba de modo inequívoco lo siguiente:

> *Se nos impugna el derecho a suponer algo anímico inconsciente y a trabajar científicamente con ese supuesto. En contra, podemos aducir que el supuesto de lo inconsciente es* necesario *y es* legítimo, *y que poseemos* numerosas *pruebas en favor de la existencia de lo inconsciente.*[335]

Para Freud, es obvio que en cualquier acto psíquico (entendido como sinónimo de consciente) aparecen fenómenos insuficientemente explicados (ocurrencias, chistes, olvidos) de origen desconocido. Eso prueba que la

---

[331] *Esquema del psicoanálisis* (1938), parte I, "La psique y sus operaciones", IV "Cualidades psíquicas", en: Freud, Sigmund, *Obras Completas* [1886-1939], *op.cit.*, vol. XXIII, p.155.

[332] *Ibídem*

[333] Recuérdese que para el Freud de esta época, el psicoanálisis definía un más allá de la psicología (una *metapsicología*).

[334] *Esquema del psicoanálisis* (1938), parte I, "La psique y sus operaciones", IV "Cualidades psíquicas", en: Freud, Sigmund, *Obras Completas* [1886-1939], *op.cit.*, vol. XXIII, p.156.

[335] *Lo inconsciente* (1915), en: Freud, Sigmund, *Obras Completas*, *op.cit.*, vol. XIV, p.163.

conciencia no está informada de todo lo que acontece en el aparato psíquico. Suponer lo inconsciente aporta los nexos que vuelven discernible un acto anímico y posibilita además incidir en los procesos conscientes colmando las lagunas que nos impedían lograr ciertos propósitos.

> *No es más que una* presunción insostenible *exigir que todo cuanto sucede en el interior de lo anímico tenga que hacerse notorio también para la conciencia.*[336]

Así, suponer lo inconsciente psíquico fue en su momento *necesario* –por razones estrictamente heurísticas– y *legítimo* –por cuanto las *pruebas* aducidas admitían el más severo examen. De modo que la *presunción insostenible* sería la de *no suponer* lo psíquico inconsciente.

Freud explicita que al suponer lo inconsciente podía construirse un *procedimiento* (*Verfahren*), un modo de abordaje clínico específico de lo inconsciente psíquico, una técnica que permitía "influir con éxito sobre el decurso de los procesos conscientes para conseguir ciertos fines".[337] En estricto, decir que el término *psicoanálisis* traduce hoy día un método de investigación y también un procedimiento técnico específico pareciera implicar una división engañosa puesto que el instrumentar una técnica forma parte del método de investigación mismo. Sin embargo, es imprescindible distinguir la escucha del analista (único medio de exploración que le está

---

[336] *Ibídem*
[337] *Ibídem*

permitido) de los modos de intervención que de esa escucha se derivan (interpretación, silencio, vacilación calculada de la neutralidad, no respuesta a la demanda, atención flotante, escansión, establecimiento de los honorarios, frecuencia y duración de las sesiones, etc.). Dicho de otra manera: a la par de un diagnóstico etiológico (anamnesis de la afección) se hace también un diagnóstico diferencial (nosológico); de ambas valoraciones deviene la aplicación de un conjunto de preceptos técnicos adecuados para una determinada entidad estructural (neurosis, psicosis o perversión) sólo pertinente para ese sujeto que al analista se dirige. Se amalgama entonces el registro particular del *caso por caso* al espectro general del diagnóstico nosológico.

Por lo demás, instrumentar una técnica implica una cierta concepción terapéutica (*therapeutike*), entendida como el estudio propio de los medios para conseguir la cura. El tratamiento (*therapeía*) se moviliza entonces, no a partir de datos de orden orgánico sino discursivo, y es sobre la trama significante en la que se formula una queja –un sufrimiento– que el analista incide. A diferencia del médico (quien después de entrevistar al paciente para diagramar las balizas sintomáticas de la enfermedad, procede a una auscultación instrumental y a una verificación bioquímica), el psicoanalista opera únicamente sobre aquello que el paciente ha dicho. Así, el campo de la investigación clínica en psicoanálisis se despliega en el decir; o, más claro aún, en *lo ya dicho*.

Es preciso enfatizar que en psicoanálisis un diagnóstico tiene siempre una condición suspendida en espera de ratificaciones futuras. Mas, siendo imposible la absoluta certeza en una evaluación diagnóstica, hay que apostar por una de las variantes nosológicas para poder dirigir la cura. En esto radica otra diferencia axial entre las prácticas médica y psicoanalítica: en la primera, las correspondencias ente causas y efectos derivan de leyes biológicas rígidas, mientras en psicoanálisis la causalidad psíquica no tiene efectos predeterminados. El carácter estable que articula determinados antecedentes a consecuentes específicos en el registro de la ciencia no opera en lo psíquico, donde –por "variaciones de régimen" específicas– ciertas causas derivan en efectos sintomáticos difícilmente inferibles cuando no del todo imprevistos. Fue así que, basado en los presupuestos que su práctica clínica le confirmaba día con día, Freud implementó técnicas sucesivas para decantar una metodología que haría las veces de brazo clínico de la metapsicología. Se instituyó, así, un *edificio doctrinal del psicoanálisis* (que vertebra la metapsicología) y una *técnica del procedimiento analítico* (o método de tratamiento),[338] pues lo psíquico inconsciente precisaba de un abordaje del que emanara un conocimiento capaz de describir los fenómenos observados (*escuchados*, en rigor), para así articular coherentemente las teorías explicativas concomitantes.

Es digno de destacarse que la expresión "edificio doctrinal del psicoanálisis" aparece en una época tan tardía como 1923, cuando repasando el desarrollo de su método Freud explica que "la investigación psicoanalítica no podía emerger como un sistema filosófico con un edificio doctrinal completo y acabado, sino que debía abrirse el camino hacia la intelección de las complicaciones del alma paso a paso, mediante la descomposición analítica de los fenómenos tanto normales como anormales".[339] Y en diálogo con un juez ficticio, Freud insiste en este paulatina y laboriosa construcción de la teoría analítica:

> La hemos desarrollado muy poco a poco, luchando largo tiempo para conseguir cada pieza, y la modificamos de continuo en estrecho contacto con la observación, hasta que por último cobró una forma en que parece servirnos para nuestros fines.[340]

Y aclara que el psicoanálisis, por ser una ciencia aún joven, mutará con seguridad sus formas de argumentación pues "se ocupa del asunto quizá más difícil que pueda plantearse a la investigación humana".[341] De manera alguna podría reprochársele al psicoanálisis, dice Freud, el ser una teoría aún precaria:

> Usted sabe que la ciencia no es ninguna revelación; carece, aunque sus comienzos ya estén muy atrás, de los caracteres de precisión, inmutabilidad e infalibilidad, tan ansiados por el pensamiento humano.[342]

Hacia 1927 Freud afirmaba que "en el psicoanálisis existió desde el comienzo mismo una unión entre curar e investigar; el conocimiento aportaba el éxito, y no era posible tratar sin enterarse de algo nuevo, ni se

---

[338] V. *Presentación autobiográfica* (1925[1924]), en: Freud, Sigmund, *Obras Completas*, op.cit., vol. XX, p.38.

[339] *El yo y el ello* (1923), en: Freud, Sigmund, *Obras Completas*, op.cit., vol. XIX, p.37.

[340] *¿Pueden los legos ejercer el análisis? Diálogos con un juez imparcial* (1926), en: Freud, Sigmund, *Obras Completas*, op.cit., vol. XX, p.179.

[341] *Ibídem*

[342] *Ibídem*

ganaba un esclarecimiento sin vivenciar su benéfico efecto. Nuestro procedimiento analítico es el único en que se conserva esta preciosa conjunción".[343]

Es claro que el psicoanálisis devino "método de investigación" además de "método de tratamiento". No es, dice Freud, "hijo de la especulación sino el resultado de la experiencia; y por esa razón, como todo nuevo producto de la ciencia, está inconcluso".[344] Es fundamental destacar esta doble naturaleza de la intervención psicoanalítica: todo analista incide terapéuticamente al tiempo que avanza en la intelección del método que implementa.

---

[343]  *Ibíd.*, p.240.
[344]  *Sobre psicoanálisis* (1913[1911]), en: Freud, Sigmund, *Obras Completas, op.cit.*, vol. XII, p.211.

# Capítulo II

## Forjando conceptos

Este capítulo hará un corte transversal en la obra freudiana mostrando el momento en que irrumpen determinados conceptos, para después seguir el curso de su constitución, afianzamiento y sucesiva transformación en el marco general de la elaboración metapsicológica más temprana.

En el apartado que este breve comentario inicia, se hará una crítica racional de las categorías y los conceptos freudianos pues es sometiendo a juicio, evaluación y discriminación los fundamentos metapsicológicos como puede y debe valorarse el modo en que el psicoanálisis llegó a ser objeto de estudio de la razón misma. Se examinará, pues, la entidad teórica que a Freud le fue preciso concebir para la construcción racional del objeto metapsicológico.

Las herramientas conceptuales necesarias para la consecución de los fines antedichos, no se olvide, serán tomadas de la tradición epistemológica francesa que en Bachelard ostenta una de sus insignias más notables.

### La epistemología histórica de Bachelard

Para Bachelard, la ponderada reflexión sobre la ciencia esclarece lo que la razón es, debido a que el pensamiento instituye problemas específicos para su abordaje, pues "no se trata tanto de estudiar el determinismo de los fenómenos como más bien de determinar los fenómenos".[345] De tal suerte que "comprendemos lo real en la misma medida en que la necesidad lo organiza (…) nuestro pensamiento va hacia lo real, no parte de éste".[346] Este aserto constituye de hecho el último de tres axiomas que Canguilhem propuso para ponderar la coherencia de la epistemología histórica. Lo llama (a partir de una expresión de Bachelard mismo) el *planteo del objeto como perspectiva de las ideas*.[347] Recuérdese lo siguiente:

> Bachelard opone a la fenomenología, que descubre los fenómenos, la fenomenotecnia, que los instaura.[348]

Las nociones, los conceptos, tienen una historia: la de su incidencia en el decurso del conocimiento científico que exige ser explicitada. Dicho de otro modo: la categorización científica descansa en motivos filosóficos (insuficientemente elucidados, claro está). Así es como *la ciencia crea filosofía*.[349]

> La razón nunca termina de ser desrazonable para tratar de ser cada vez más racional. Si la razón sólo fuera razonable, terminaría un día por satisfacerse con sus logros, por decir sí a su activo. Pero es siempre no y no.[350]

Así, el estudio de la (presunta) historia de la ciencia permite comprender mejor la ciencia misma puesto que el espectro científico no discurre sin rupturas, sin reposicionamientos de la razón. Por esta discontinuidad, es menos pertinente hablar de la "historia de la ciencia" que de *historias* parceladas sobre aquello que acontece en diversas regiones del quehacer

---

[345] Lacroix, Jean, "Gaston Bachelard. El hombre y la obra", en: Canguilhem, Georges, Hippolyte, Jean *et al.*, *Introducción a Bachelard* [1973], *op.cit.*, p.15.

[346] Bachelard, Gaston, *La valeur inductive de la relativité*, pp.240-241 (citado por Canguilhem, Georges, "Sobre una epistemología concordatoria", *Ibíd.*, p.23).

[347] Expresión contenida en: Bachelard, Gaston, *Essai sur la connaissance approchée* [1927], Vrin, París, 1927, p.246 (citado *Ibíd.*, p.24).

[348] Hippolyte, Jean, "Gaston Bachelard o el romanticismo de la inteligencia", *Ibíd.*, p.39.

[349] "La ciencia ordena la filosofía misma". Bachelard, Gaston, *La filosofía del no* [1940], *op.cit.*, p.21.

[350] Canguilhem, Georges, "Sobre una epistemología concordatoria", en: Canguilhem, Georges, Hippolyte, Jean *et al.*, *Introducción a Bachelard* [1973], *op.cit.*, p.26.

científico. Correlativamente, la filosofía tendría que abocarse al estudio de entidades de racionalidad bien diferenciadas. De tal modo que una filosofía de las ciencias tendría que dar cuenta de los cambios científicos a partir de cuatro atalayas epistemológicas: las relativas a las rupturas, los obstáculos, los cortes y los hechos epistemológicos. Para Bachelard, una *ruptura epistemológica* tiene lugar cuando el conocimiento científico se desmarca de la creencia y del sentido común conformando un espectro racional que puede llegar a contradecir los asertos ordinarios. El proceder científico revelaría, así, especificidades y correspondencias que a la luz de la experiencia corriente permanecerían ocultas.

Y si hablar de ruptura presupone una disociación, todos aquellos procedimientos o conceptos que la dificulten son para Bachelard *obstáculos epistemológicos*.[351] Tales escollos son relictos de formas anteriores de pensamiento que resisten ante la emergencia de un saber nuevo (y que serán más difíciles de sortear cuando se trate de teorías tan sistematizadas como obsoletas). Determinados logros científicos que otrora representaron verdaderas rupturas epistemológicas, devienen obstáculos cuando irrumpe un saber que contradice sus principios fundamentales. Y es que cada avance en el campo de la ciencia instituye una suerte de inercia perceptiva que canoniza determinadas verdades que en última instancia son, desde el punto de vista epistemológico, necesariamente transitorias. Bachelard propone establecer una conciencia reflexiva siempre vigilante que interrogue sin tregua toda suposición que se dé por hecho. Formula entonces un sintagma por demás equívoco: *psicoanálisis de la razón* (o *psicoanálisis del conocimiento objetivo*), para enfatizar la necesidad de exhumar aquellas estructuras inconscientes que operan en contra del libre flujo del pensamiento.[352]

El *corte epistemológico* define una intervención reflexiva que aísla una determinada fase del entendimiento para revelar —en un área circunscrita de sedimentación, por decirlo de algún modo— el grado de confluencia de conceptos histórico-científicos que provienen de distintas fases de desarrollo. Los elementos que el corte diferencia, establecen un marco epistemológico donde pueden leerse mejor las rupturas y los obstáculos epistemológicos que

---

[351] Para Canguilhem, la obra de Bachelard se esmeró en "describir las sutilezas dialécticas de la razón como réplica a la abundancia abundante de los obstáculos epistemológicos". *Ibíd.*, p.28.

[352] "A veces llamó la atención que se denominara psicoanálisis a un proyecto filosófico aparentemente tan conforme a la actitud constante del racionalismo". Canguilhem, Georges, "Sobre una epistemología concordatoria", *Ibíd.*, p.27.

ahí han tenido o tienen lugar. Así, se precisa un haz de filosofías para el cabal entendimiento de cada cosa. Para Bachelard, de los filósofos debe esperarse que resignen la aspiración a una *filosofía integral* en aras de una *filosofía diferencial*; "que rompan con la ambición de encontrar un solo punto de vista, y un punto de vista fijo".[353]

> *La razón no es de ningún modo la facultad de simplificar, de reducir a la unidad, sino la de complicar y afinar (...) la búsqueda del detalle y el grupo de determinaciones resultante nos garantizan la objetividad del conocimiento aproximado* [o aproximacionalismo].[354]

¿Cuál es la consecuencia radical de una aseveración como la anterior? Que las sucesivas aproximaciones determinan un conocimiento que no por fragmentario y discontinuo sería menos riguroso, pues "quien dice minucia dice complejidad de relaciones":[355]

> *Al adoptar un método de análisis diferencial, por oposición a los enfoque globales y sintéticos de la filosofía intuitiva, la filosofía de las ciencias pasa a ser (...) una filosofía dispersa en la que "cada hipótesis, cada problema, cada experiencia, cada ecuación reclama su filosofía".*[356]

Llevada esta aseveración al extremo, puede afirmarse que antes que *una* filosofía, la filosofía de las ciencias es una *polifilosofía*.[357] Dicho de otra manera: Bachelard cree impostergable la conformación de una *epistemología fraccionada* que permita una escala diferencial de inteligibilidad al acometer una experiencia dada.

---

[353] V. Bachelard, Gastón, *La philosophie du non* [1940], P.U.F., París, 1940, pp.14 y 12.

[354] Denis, Anne Marie, "El psicoanálisis de la razón de Gaston Bachelard", en: Canguilhem, Georges, Hippolyte, Jean *et al.*, *Introducción a Bachelard* [1973], *op.cit.*, pp.89 y 92.

[355] *Ibíd.*, p.92.

[356] Ambacher, Michel, "La filosofía de las ciencias de Gaston Bachelard", *Ibíd.*, p.56. V. Asimismo Bachelard, Gastón, *La philosophie du non* [1940], *op. cit.*, p.14. Las palabras entrecomilladas citan a Bachelard mismo.

[357] Bachelard, Gaston, *L'activité rationaliste de la physique contemporaine* [1951], P.U.F., París, 1951, p.23 (referido en: Ambacher, Michel, "La filosofía de las ciencias de Gaston Bachelard", en: Canguilhem, Georges, Hippolyte, Jean *et al.*, *Introducción a Bachelard* [1973], *op.cit.*, p.59.

Un *acto epistemológico* cataliza el desarrollo científico cuando una sacudida excepcional desmantela momentáneamente la resistencia inherente a los obstáculos epistemológicos y propicia la emergencia de una nueva formación de verdad. Por ejemplo, si hasta el siglo antepasado las técnicas de iluminación partían del principio de que para iluminar era preciso quemar algo, en el siglo XX –con el advenimiento de la lámpara eléctrica– el principio mutó: para iluminar debe evitarse quemar algo. He ahí la emergencia de una nueva verdad. Algo similar sucedió durante el tiempo en que se buscaba en vano crear la máquina de coser (ejemplo que Bachelard toma de Reulaux):

> *Se persistía en pretender reproducir la costura a mano; pero a partir del momento en que se decidió introducir un nuevo modo de costura, más adecuado a las exigencias de la mecánica, se rompió el encanto y la máquina de coser no tardó en pasar al campo de la práctica.*[358]

En Bachelard la noción de verdad está íntimamente ligada a la de *error*, pues no se olvide que toda ruptura epistemológica supone también una preservación de las formas de pensamiento anteriores: en efecto, las antiguas concepciones se corrigen y reformulan en un espectro conceptual más amplio por lo que los errores perviven rectificados en teorías subsecuentes. La física clásica, por ejemplo, lejos de ser cancelada por la nueva física, acusa una reevaluación de sus conceptos en un nuevo contexto epistémico. La ruptura epistemológica y la *filosofía del no* suponen un rechazo dialéctico: los conceptos pretéritos *trascienden* su condición anterior una vez que son reinterpretados. En otras palabras:

> *El beneficio del conocimiento reside únicamente en aquello que la rectificación de un concepto "suprime".*[359] [Valga un ejemplo:] *El átomo es exactamente la suma de las críticas a las que se somete su imagen primera.*[360]

Se trata aquí de uno de los tres axiomas que Canguilhem formula en su análisis de la epistemología de Bachelard: el referido al *primado teórico del error*:

---

[358] Bachelard, Gaston, *Essai sur la connaissance approchée* [1927], Vrin, París, 1927, p.164 (citado por Ambacher, Michel, "La filosofía de las ciencias de Gaston Bachelard"; *Ibíd.*, p.50).

[359] Bachelard, Gastón, *La philosophie du non* [1940], *op.cit.*, p.139 (citado por Canguilhem, Georges, "Sobre una epistemología concordatoria", (*Ibíd.*, p.25).

[360] *Ibídem.*

*La verdad sólo tiene pleno sentido al cabo de una polémica. No podría haber aquí una verdad primera. Sólo hay errores primeros.*[361]

Si en el principio fue el error, nada sucede sin ese sustrato primero que hace las veces de fundamento. Más enfáticamente aún:

*Una verdad sobre un fondo de error, tal es la forma del pensamiento científico.*[362]

Canguilhem propone la primacía del error como el primer axioma en la epistemología de Bachelard para señalar que se trata menos de una evidencia transparente que no precisa ser comprobada, que de una sentencia escrupulosamente meditada:

*Es una trivialidad decir que la ciencia expulsa al error (...) No obstante, fue muy frecuente [ver] al error como un accidente lamentable,*

---

[361] Bachelard, Gaston, "Idéalisme discursif", en *Recherches philosophiques*, 1934-35, p.22 (*Ibíd.*, p.23).

[362] Bachelard, Gastón, *Le rationalisme appliqué* [1949], P.U.F., París, 1949, p.38 (*Ibíd.*, p.24).

*una torpeza que un poco menos de precipitación nos habría evitado, y a
la ignorancia como una privación del saber correspondiente.*[363]

Para Canguilhem, nadie ha enfatizado lo suficiente lo que para Bachelard
era una certidumbre incontestable:

> *...que el espíritu es ante todo por sí mismo puro poder de error,
> que el error tiene una función positiva en la génesis del saber.*[364] [Y es
> que] *contrariamente a lo que pudieron creer los racionalistas de los siglos
> XVIII y XIX, el error no es una debilidad sino una fuerza.*[365]

Es en este punto que tiene lugar una diferencia sustantiva con Descartes:
para Bachelard, es incontestable que de la interrogación crítica y sistemática
de la *doxa* surge el conocimiento, pero no comparte la idea de que por una
intuición directa del espíritu pueda arribarse a una verdad compuesta de
evidencias originarias e irreductibles. Muy por el contrario, Bachelard
sostiene que la intuición hace las veces de obstáculo epistemológico por
obviar un complejo de relaciones que nunca podrían ser evidentes como
cualquier aproximación estrictamente científica podría demostrarlo. Se trata
de aquilatar "el carácter ilusorio de nuestras intuiciones primeras",[366] pues
si para un filósofo "lo real no es jamás lo que podría creerse sino siempre lo
que debiera haberse pensado",[367] la verdad no puede ser sino "el límite de
las ilusiones perdidas".[368] En todo caso, se trata de mostrar "la actividad del
pensamiento científico en la *intuición trabajada*".[369]

---

[363] *Ibídem.*

[364] *Ibídem*

[365] *Ibíd.*, p.27. Canguilhem mismo abría uno de sus textos capitales con la
siguiente reflexión: "Equivocarse es humano, perseverar en el error es diabólico"
(Canguilhem, Georges, *Ideología y racionalidad en la historia de las ciencias de la
vida* [1977], *op.cit.*, p.9).

[366] Bachelard, Gastón, *Les intuitions atomistiques*, p.139 (citado por Canguilhem,
Georges, "Sobre una epistemología concordatoria", en: Canguilhem, Georges,
Hippolyte, Jean *et al.*, *Introducción a Bachelard* [1973], *op.cit.*, p.25).

[367] Bachelard, Gastón, *La formation de l'esprit scientifique* [1960]. Contribution à une
psychanalyse de la connaissance objective, Vrin, París, 1960, p.13 (*Ibídem*).

[368] Bachelard, Gaston, "Idéalisme discursif", en *Recherches philosophiques*, 1934-35,
p.22 (*Ibíd.*, p.25).

[369] Bachelard, Gaston, *La filosofía del no* [1940], *op. cit.*, p.16.

Para Descartes, ninguna verdad puede ser conocida si no es, en principio, inmediatamente evidente (esto es, clara y distinta). En contraste, para Bachelard lo inmediatamente evidente obstruye el camino a la verdad. Tan opuestas son las posturas, que eliminando el *no* de la postura cartesiana se arriba a la posición de Bachelard: ninguna verdad puede ser conocida *si es*, en principio, inmediatamente evidente. Lo que hay que problematizar metódicamente son las evidencias mismas, pues las intuiciones sólo pueden ser hipótesis (extremadamente precarias) de trabajo; conjeturas que precisan ser revisadas para acceder a cierto rango epistemológico. Es pertinente, entonces, evocar lo que Canguilhem define como un segundo axioma que puede extraerse de la epistemología histórica propugnada por Bachelard:

*Las intuiciones son muy útiles: sirven para ser destruidas.*[370]

Se trata en este punto de la *depreciación especulativa de la intuición* en la medida en que el saber científico lo es por cuanto marca una distancia con las aproximaciones intuitivas:

*El espíritu científico contemporáneo no podía estar en continuidad con el simple buen sentido (…) El progreso científico manifiesta siempre una ruptura, permanentes rupturas, entre conocimiento común y conocimiento científico, cuando se aborda una ciencia evolucionada.*[371]

No otro es el fin del nuevo espíritu científico: la vocación por la micrología que busca significar lo hasta ahora innominado:

*Preocupado ante todo del detalle, de la precisión, de la minucia, de la "reducción de la penumbra de indeterminación que rodea a las descripciones finas", en una palabra: de lo posible inexplorado.*[372]

No obstante, formular lo hasta ahora inexplorado en ocasiones sólo aclara un problema pero no lo agota. La categorización puede fungir como un velo donde el conocimiento oculta la esencia de lo que sigue siendo problemático.

---

[370] Bachelard, Gastón, *La philosophie du non* [1940], *op. cit.*, p.139 (*Ibíd.*, p.24).

[371] Ambacher, Michel, "La filosofía de las ciencias de Gaston Bachelard", en: Canguilhem, Georges, Hippolyte, Jean *et al.*, *Introducción a Bachelard* [1973], *op.cit.*, p.51.

[372] Bachelard, Gaston, *Essai sur la connaissance approchée* [1927], Vrin, París, 1927, p.254. Citado por Denis, Anne Marie, "El psicoanálisis de la razón de Gaston Bachelard", *Ibíd.*, p.81.

En psicoanálisis, la verdad y el saber muerden al objeto de conocimiento desde muy diversos costados.

> [En la ciencia] *no basta ser claro, hay que ser completo y estar atento al detalle revelador, al accidente de la sustancia, a la excepción a la ley; hay que saber rechazar momentáneamente esta realidad simplificada por nuestros conceptos.*[373]

Así, los objetos de la ciencia no son construidos sino en el rechazo de la percepción común: "en todas las circunstancias, lo *inmediato* debe dejar lugar a lo *construido*",[374] de tal suerte que "todo dato debe ser reencontrado como un resultado".[375] Y puesto que el sujeto interfiere en la objetividad de sus percepciones (de ahí la necesidad de un psicoanálisis de la razón), la claridad de la intuición cartesiana es imposible. Más aún: dado que dos razonamientos pueden validar el mismo error, Bachelard afirma que en tal situación no tiene lugar un *cogito* sino un *cogitamus*, lo que no evita el riesgo de un falso consenso. (He aquí otra diferencia de fondo con las posturas cartesianas, pues "Descartes afirma que en las verdades un poco difíciles de descubrir, la opinión de la multitud carece de valor".)[376] Bachelard no duda, pues, en afirmar que su epistemología es no cartesiana,[377] aseveración que conduce, inevitablemente, a lo que él mismo designó como la *filosofía del no*:

> *Queremos definir la filosofía del conocimiento científico como una filosofía abierta, como la conciencia de un espíritu que se funda trabajando sobre lo desconocido, buscando en lo real aquello que contradice conocimientos anteriores.*[378]

Contradecir implica necesariamente ir a contrapelo de lo que se juzga conocido. Presupone también una afirmación en la medida en que cuestiona

---

[373] Cf. *Ibíd.*, p.82.

[374] Bachelard, Gastón, *La philosophie du non* [1940], *op.cit.*, p.144 (citado por Canguilhem, Georges, "Sobre una epistemología concordatoria", *Ibíd.*, p.24).

[375] Bachelard, Gastón, *Le matérialisme rationnel*, p.57 (citado por Canguilhem, Georges, "Sobre una epistemología concordatoria", *Ibídem*).

[376] Ambacher, Michel, "La filosofía de las ciencias de Gaston Bachelard", en: Canguilhem, Georges, Hippolyte, Jean *et al.*, *Introducción a Bachelard* [1973], *op.cit.*, p.53.

[377] Cf. Bachelard, Gastón, *Le nouvel esprit scientifique* [1934], Alcan, París, 1934, p.135 (*Ibíd.* p.29).

[378] Bachelard, Gaston, *La filosofía del no* [1940], *op.cit.*, p.12.

lo anteriormente aceptado. Por tanto, si el saber que en su momento fue validado no alcanza ya a sostener la legitimidad de sus premisas, se abre la (necesaria) posibilidad de dar paso a preceptos nuevos:

> [Es preciso] *tomar conciencia del hecho de que la experiencia nueva dice* no *a la experiencia anterior (…) pero este "no" nunca es definitivo para un espíritu que sabe dialectizar sus principios, constituir en sí mismo nuevas especies de evidencias, enriquecer su cuerpo de explicación.*[379]

Así, toda negación lleva implícita una afirmación, pues la geometría no euclidiana *rectifica* la geometría euclidiana de la misma manera que hablar de una epistemología no cartesiana sólo matiza los modos de aplicación de la duda metódica.

> *La* filosofía del no *(…) no es una actitud de negación, sino una actitud de conciliación.*[380]

## Una batería conceptual nueva

Una vez que Freud confirmó la insuficiencia teórica y metodológica de su formación científica para acometer fenómenos clínicos específicos, procedió a la formulación de hipótesis especulativas que, por fuerza, precisaban de un complejo categorial nuevo. Y como "el proceso de aprendizaje de una teoría depende del estudio de sus aplicaciones",[381] Freud buscó estrechar la franja entre los fenómenos clínicos observados y su puesta en letra. Bien se ve cómo una realidad fáctica sin precedente exigió un aparato conceptual inédito.

Para determinar con precisión los hechos clínicos significativos, se debía instrumentar el acoplamiento de lo fenoménico a una teoría bien articulada (son evidentes en la historia de la ciencia "el esfuerzo y el ingenio inmensos que han sido necesarios para hacer que la naturaleza y la teoría lleguen a un acuerdo cada vez más estrecho").[382] Dicho de otra manera: había que entramar una sólida retícula conceptual, teórica, instrumental y metodológica, de modo que los datos clínicos emanados de la experiencia psicoanalítica cristalizaran en la formalización de un cuerpo teórico que fungiera a modo

---

[379] *Ibídem*
[380] *Ibíd.*, p.16.
[381] Kuhn, Thomas S., *La estructura de las revoluciones científicas* [1962], *op.cit.*, p.85.
[382] *Ibíd.*, p.56.

de contrapunto. Así, para el abordaje de un objeto particular –los procesos psíquicos inconscientes– Freud se vio obligado a forjar una disciplina puntual: la metapsicología.

## La construcción de la Metapsicología

Como acontece en toda empresa genuinamente epistemológica, Freud enfrentó tres cuestiones fundamentales: la problemática inherente a su objeto de investigación, la instrumentación de una metodología precisa y el forjamiento de una batería conceptual que perfilara rigurosamente la especificidad de lo metapsicológico.[383] Y dado que –en psicoanálisis– las construcciones teóricas son efecto de los descubrimientos fácticos, la metapsicología debía instituir un espacio de enunciación discursiva que aglutinara las herramientas conceptuales y metodológicas necesarias para formalizar un posible abordaje clínico de lo subjetivo. Como objeto del discurso, el surgimiento del psicoanálisis tuvo lugar en el espacio que la normatividad (científica, en general; médica, en particular) le *asignó* al considerarlo una *práctica* que emergía más allá de las fronteras que circunscribían los saberes considerados legítimos. Pero, como bien ponderaba Bachelard:

> ¿...tiene un sentido absoluto el concepto de límite del conocimiento científico? ¿Es siquiera posible trazar las fronteras del pensamiento científico? (...) Científicamente, la frontera del conocimiento no parece marcar sino una detención momentánea del pensamiento.[384]

Freud habría respondido a las tres preguntas anteriores por la negativa, avalando el razonamiento concluyente. Sin embargo, y contraopinando su anhelo, el psicoanálisis –considerado *una* práctica entre otras– nunca accedió al concierto de las ciencias.[385]

---

[383] Salvadas las distancias, la trilogía aquí propuesta coincide con aquello que para Kuhn define una ciencia: "estas tres clases de problemas –la determinación del hecho significativo, el acoplamiento de los hechos con la teoría y la articulación de la teoría– agotan, creo yo, la literatura de la ciencia". V. *Ibíd.*, p.66.

[384] Bachelard, Gaston, "Crítica preliminar del concepto de frontera epistemológica", en: *Estudios* [1972], *op.cit.*, pp.89 y 97.

[385] No está de más mencionar que mucho tiempo después Lacan articularía las nociones de campo y experiencia al concepto de práctica, afirmando que una práctica circunscribe un campo de experiencia. "He aquí tres conceptos (...)

---

A reconstruir este itinerario en la gestación del objeto metapsicológico se dedica el siguiente apartado.

## De la localización anatómica a la tópica metapsicológica

Para la construcción de la metapsicología, el tema de abordaje fue la tópica. Freud arribó a la concepción de una *anatomía psíquica* tras un muy largo rodeo que va de la medicina en general (carrera que cursó entre 1873 y 1881), a la neurología en particular (ejercería en el departamento de neurología del Hospital General de Viena de 1882 a 1885, año en el que sería nombrado *Privatdozent* en Neuropatología). Este itinerario merece ser detallado por la incidencia que el espectro institucional tendría en la valoración que más tarde se haría del discurso freudiano:[386]

Freud se formó en el Instituto de Fisiología de Viena (donde permaneció entre 1876 y 1882), bajo la dirección de Ernst Wilhelm von Brücke, el insigne fisiólogo alemán de la escuela positivista, antivitalista, organicista y mecanicista heredera de Hermann von Helmholtz y Emil Du Bois-Reymond. Brücke había sido pupilo de Johannes von Müller el admirado zoólogo y fisiólogo germano que "marcó el cambio de la filosofía de la naturaleza a la nueva tendencia mecanicista-organicista inspirada en el positivismo".[387] Este detalle es relevante porque fue en el ámbito del laboratorio donde Freud acometió el análisis experimental de sus primeros objetos y donde sometió sus tempranas conjeturas a métodos de verificación específicos.[388] Ahí conoció también a Sigmund Exner, Fleischl von Marxow y –personaje clave en los inicios del psicoanálisis– Josef Breuer.

---

práctica, campo y experiencia. ¿Basta con eso para definir una ciencia? Lacan, epistemólogo, responde que no, que no alcanza para definir una ciencia" (Miller, Jacques-Alain, *El banquete de los analistas* [1989-1990], Buenos Aires, Paidós, 2000, pp.127-128).

[386] En efecto, fue en los años que a continuación serán referidos que Freud construyó el espacio enunciativo que avalaría sus pronunciamientos teóricos y clínicos posteriores. Su grado de competencia científica, la legitimidad de su discurso, el estatuto político de su condición (como responsable de la salud pública), se forjaron en sus inicios como asistente de laboratorio.

[387] Ellenberger, Henri F., *El descubrimiento del inconsciente* [1970], *op.cit.*, p.490.

[388] Foucault enumera con toda precisión "los ámbitos institucionales de los que el médico saca su discurso, y donde éste encuentra su origen legítimo y su punto de aplicación": el hospital, la práctica privada, la biblioteca o el campo documental, el hospital, y el laboratorio. Este último, es "un lugar autónomo, durante

---

La primera encomienda para Freud fue la observación y descripción de la estructura histológica de las células nerviosas. Se trataba, en estricto, de una investigación anatómico-fisiológica que buscaba explicar el funcionamiento del sistema nervioso en general. En esta línea, Freud estudió bajo la égida de Brücke las raíces nerviosas y los ganglios espinales del amoceto (*ammocoetes*), larva de la lamprea de río (*petromyzon planeri*). Concluyó que entre los animales inferiores y superiores prima una continuidad morfológica de la célula nerviosa, pues la observación del cangrejo de río le permitió establecer que "la estructura fibrilar de los cilindroejes de las fibras nerviosas" es universal.[389]

Ya graduado como médico (1881), Freud logró un avance notable de tipo técnico: buscando perfeccionar el modo de preparar los tejidos nerviosos para su observación microscópica, tuvo la ocurrencia de utilizar el cloruro de oro para optimizar la observación de los tejidos nerviosos así teñidos. En una carta a su prometida Martha Bernays, Freud se refiere a este procedimiento –llamado *Goldlösung*– como "el más nuevo de los métodos" que permitiría endurecer determinadas zonas cerebrales para su mejor observación microscópica. En otra misiva a la misma destinataria, se lee en detalle en qué consistía dicho procedimiento.[390] Posteriormente, experimentaría otro método histológico de tinción, esta vez con plata: "se me ocurrió un nuevo y maravilloso método que promete durar más que el anterior", le cuenta emocionado a Martha.[391] Brücke le auguraría a Freud: "sólo con sus métodos usted se va a hacer famoso".[392] En su correspondencia privada, Freud ponderaba así los posibles alcances del nuevo método:

---

mucho tiempo distinto del hospital, y donde se establecen ciertas verdades de orden general sobre el cuerpo humano, la vida, la enfermedad, las lesiones, que suministra ciertos elementos del diagnóstico, ciertos signos de la evolución, ciertos criterios de la curación, y que permite experimentaciones terapéuticas". V. Foucault, Michel, *La arqueología del saber* [1969], México, Siglo XXI, 1995, pp.84 y 85.

[389] V., Assoun Paul-Laurent, *Introducción a la epistemología freudiana* [1981], México, Siglo XXI, 1991, p.104.

[390] V. las cartas a Martha Bernays del 23 de agosto y 15 de octubre de 1883, en: Caparrós, Nicolás (editor), *Correspondencia de Sigmund Freud* (tomo I), *op.cit.*, pp.283 y 304 respectivamente.

[391] Carta a Martha Bernays del 23 de octubre de 1883, *Ibíd.*, p.305.

[392] V. carta a Martha Bernays del 24 de octubre de 1883, *Ibíd.*, p.307.

*¿Servirá este método también como prueba de la existencia de las finas fibras nerviosas de los tejidos, de la piel, de las glándulas, etc.? Si así fuera, sería como desgarrar un poco la cortina de ignorancia que envuelve al mundo.*[393]

Freud abandonó el laboratorio de Brücke en junio de 1882 y comenzó a ejercer la medicina. En aquel tiempo la práctica de su profesión discurría según 3 posibilidades: la primera consistía en trabajar en el campo de la clínica como asistente de algún profesor por espacio de cinco años, lo que autorizaba a iniciar la consulta privada; la segunda suponía dos o tres años de voluntariado para lograr una especialización; la tercera (más ardua y complicada) era concursar para ser docente teórico o clínico de medicina por unos cinco años y eventualmente llegar a ser *Privatdozent* durante otros cinco o diez años, para al fin merecer el título de Profesor extraordinario (lo que se traducía en un gran prestigio social, reservado a unos cuantos).[394] Freud solicitó el puesto de *Privatdozent* en Neuropatología el 21 de enero de 1885, lo que le fue dado (gracias a los buenos auspicios de Brücke y de Meynert).[395]

Hacia 1887, en la primera carta que enviara a Fliess, consignó que por entonces lo ocupaba un trabajo sobre "la anatomía del cerebro".[396] Y en la carta inmediatamente posterior, aludió al mismo trabajo como una especie de "anatomía cerebral especulativa".[397] Como tal, este trabajo nunca vería la luz pero estas misivas testimonian lo que interesaba al Freud de esos años.

## Dos anatomías

Un año después (1888) cuando Freud quiso explicar desde la neurología un fenómeno psíquico concreto –la histeria–, observó que el aparato neuronal no daba cuenta de los fenómenos observados:

---

[393]  Carta a Martha Bernays del 24 de octubre de 1883, *Ibíd.*, p.307. No es irrelevante mencionar que el insigne anatomista español Ramón y Cajal aplicaría y perfeccionaría el llamado método de Golgi (nitrato de plata) en la tinción del aparato nervioso, lo que le valdría el premio Nobel en 1906.

[394]  Cf. Ellenberger, Henri F., *El descubrimiento del inconsciente* [1970], *op.cit.*, p.492.

[395]  Posteriormente, Freud accedería al título de profesor ordinario en enero de 1920, a los 63 años de edad.

[396]  Carta del 24 de noviembre de 1887, en: Freud, Sigmund, *Cartas a Wilhelm Fliess (1887-1904)*, *op.cit.*, p.4.

[397]  Carta del 28 de diciembre de 1887, *Ibíd.*, p.5.

> *La histeria es una neurosis en el sentido más estricto del término;*
> *vale decir que no se han hallado para esta enfermedad alteraciones*
> [anatómicas] *perceptibles del sistema nervioso.*[398]

Las manifestaciones mórbidas, sin embargo, encontraban su soporte en el organismo. Así, saber que una parálisis no tenía causa orgánica dejaba sin resolver que la parálisis subsistía. Freud se planteó entonces la posibilidad de una *anatomía psíquica* donde también puede haber lesiones que el cuerpo *refleja.* Conclusión:

> [Una característica] *de las afecciones histéricas es que de ningún*
> *modo ofrecen un reflejo de la constelación anatómica del sistema nervioso*
> *(…) Acerca de la doctrina sobre la estructura del sistema nervioso, la*
> *histeria ignora tanto como nosotros mismos antes que la conociéramos.*[399]

Aunque se trate de una licencia poética, evidentemente no era la histeria la que ignoraba la estructura del sistema nervioso; era la neurología la que no podía (y no puede) explicar el mecanismo psíquico eficaz en una afección que se manifestaba en el organismo pero tenía origen en un registro ajeno al de la localización anatómica:

> *Las parálisis histéricas no tornan para nada en consideración el*
> *edificio anatómico del sistema nervioso.*[400]

Había pues un punto de basta límite para el saber anatómico en boga cuando de acometer las parálisis histéricas se trataba. El solo hecho de enunciar esa limitación implicaba denunciar "un método defectuoso de resolución (…) para el espíritu científico, porque *trazar claramente un frontera es ya superarla* [pues] el pensamiento científico es por esencia un pensamiento en vías de asimilación, un pensamiento que ensaya trascendencias, que supone la realidad antes de conocerla y que no la conoce sino como realización de su suposición".[401]

La etiología de la histeria, dedujo Freud, es de orden psíquico (he aquí el *ensayo de una trascendencia,* como quiere Bachelard). Y si las mociones

---

[398]   *Histeria* (1888), en: Freud, Sigmund, *Obras Completas, op.cit.,* vol. I, p.45.

[399]   *Ibíd.,* p.53.

[400]   *Ibíd.,* p.50.

[401]   Bachelard, Gaston, "Crítica preliminar del concepto de frontera epistemológica", en: *Estudios* [1972], *op.cit.,* pp.91-92.

anímicas que se entraman en una sintomatología histérica se trasponen al organismo contraviniendo toda ley neurofisiológica, el suponer una anatomía psíquica implicaba *trazar una frontera, superándola en la operatividad misma de la suposición*:

> *Yo afirmo (…) que la lesión de las parálisis histéricas debe ser por completo independiente de la anatomía del sistema nervioso, puesto que la histeria se comporta en sus parálisis y otras manifestaciones como si la anatomía no existiera, o como si no tuviera noticia alguna de ella.*[402]

De este modo, se prueba "el valor de una ley empírica haciendo de ella la base de un razonamiento. Se legitima un razonamiento haciendo de él la base de una experiencia".[403] Freud había formulado ya una ley empírica, piedra basal de un razonamiento específico: existe una *anatomía psíquica*; tal razonamiento apuntalaba una experiencia concreta: *la histeria se comporta como si la anatomía no existiera*, llevando al extremo que "la realización de un programa racional de experiencias determina una realidad experimental sin irracionalidad".[404] Es claro que Freud afrontaba un problema de delimitación epistemológica cuando su análisis del fenómeno histérico topaba con datos que contradecían la expectativa comandada por su saber anatomo-patológico:[405] se comprobaba así que una verdadera experimentación "sale siempre del ámbito de la observación primera, hasta el punto que se puede decir que la experimentación, más que confirmar la

---

[402] *Algunas consideraciones con miras a un estudio comparativo de las parálisis motrices orgánicas e histéricas* (1893), en: Freud, Sigmund, *Obras Completas, op.cit.*, vol. I, p.206.

[403] Bachelard, Gaston, *La filosofía del no* [1940], *op.cit.*, p.9.

[404] *Ibíd.*, p.10. Recuérdese que "Bachelard opone a la fenomenología, que descubre los fenómenos, la fenomenotecnia, que los instaura" (V. Hippolyte, Jean, "Gaston Bachelard o el romanticismo de la inteligencia", en: Canguilhem, Georges, Hippolyte, Jean *et al.*, *Introducción a Bachelard* [1973], *op.cit.*, p.39).

[405] "De hecho, la objetividad de la verificación en una lectura de índices designa como objetivo el pensamiento que está siendo verificado" (Bachelard, Gaston, *La filosofía del no* [1940], *op.cit.,*, p.13). Si Freud hubiera seguido los carriles de su saber, habría concluido (como todos sus adversarios) que la histérica *fingía* sus parálisis.

observación, busca contradecirla",[406] pues claramente "la ciencia no es el pleonasmo de la experiencia".[407] En palabras de Jean Lacroix:

> *La ciencia no es representación sino acto. El espíritu no llega a la verdad contemplando sino construyendo. Con rectificaciones continuas, con críticas perpetuas, con polémicas, en síntesis, con agresividad, la razón descubre y hace verdad.*[408]

Freud intuía lo que Bachelard formalizaría tiempo después: es insuficiente mostrar que ciertos problemas permanecen irresueltos (el saber relativo al sistema nervioso, por ejemplo), debido a las limitaciones del conocimiento científico.

> *Sería necesario poder circunscribir enteramente el campo del conocimiento, trazar un límite continuo infranqueable, marcar una frontera que tocara de veras el dominio limitado.*[409]

Para Freud, la especificidad metapsicológica es la que debía ser circunscrita con todo rigor. El *dominio limitado* que por entonces detentaba la filosofía conciencialista exigía que los confines del nuevo conocimiento fueran inequívocos.

> *En cuanto se trascienden las fronteras de la observación inmediata, se descubre la profundidad metafísica del mundo objetivo".*[410]

---

[406] Bachelard, Gaston, "Crítica preliminar del concepto de frontera epistemológica", en: *Estudios* [1972], *op.cit.*, p.93.

[407] Bachelard, Gastón, *Le rationalisme appliqué*, p.38 (citado por Canguilhem, Georges, "Sobre una epistemología concordataria", en: Canguilhem, Georges, Hippolyte, Jean *et al.*, *Introducción a Bachelard* [1973], *op.cit.*, p.23).

[408] Lacroix, Jean, "Gaston Bachelard. El hombre y la obra", *Ibíd.*, p.14.

[409] Bachelard, Gaston, "Crítica preliminar del concepto de frontera epistemológica", en: *Estudios* [1972], *op.cit.*, pp.90-91 y 95.

[410] *Ibídem*

Si esos lindes no son claros, ciertas comarcas permanecen indeterminadas desde el punto de vista epistemológico. Es claro que Freud padeció el interregno que Bachelard tan agudamente criticara:

> La filosofía de las ciencias permanece demasiado a menudo acantonada en las dos extremidades del saber: en el estudio de los principios demasiado generales por parte de los filósofos, y en el estudio de los resultados demasiado particulares por parte de los científicos.[411]

Acostumbrado al rigor médico, Freud quería para la metapsicología una estricta correspondencia entre la casuística y la concomitante batería teórica, pues entonces como ahora se echa de menos "una filosofía de las ciencias que nos muestre en qué condiciones –a la vez subjetivas y objetivas– ciertos principios generales conducen a resultados particulares".[412] Atendiendo

---

[411] Bachelard, Gaston, *La filosofía del no* [1940], *op.cit.*, pp.8 y 9.
[412] *Ibídem*

a esta exigencia epistemológica, reformúlese, pues, la pregunta central: hacia 1895, ¿qué dispositivo, qué omnipresencia ejercía cotidianamente sus efectos sobre el cuerpo social –en general– para que un espectro somático predominantemente femenino –en particular– pusiera en jaque la consabida díada que correlacionaba síntoma con lesión orgánica?

## Una condición atópica

Es preciso hacer un alto para enfatizar que las citas anteriores –que distinguen las anatomías física y psíquica– pertenecen a dos escritos fechados en 1888 y 1893 respectivamente.[413] Lo que permite afirmar categóricamente que durante diez años (1886-1896) Freud se encontró en una situación por demás incómoda: como Jefe del servicio de neurología en el primer Instituto Público de Enfermedades Infantiles de Viena, fundado por el Dr. Max Kassowitz (1842-1913), Freud descubría lo que los escritos antecitados consignan, *al mismo tiempo* que publicaba "varios trabajos de mayor aliento sobre las parálisis encefálicas unilaterales y bilaterales de los niños".[414]

Esto es, Freud *creía* estar trabajando sobre la misma mesa de disección (puesto que nunca renunció a fundamentar neurológicamente las afecciones psicopatológicas en general), cuando lo cierto es que estaba acometiendo dos campos de aplicación sustancialmente distintos: por un lado, avanzaba en la anatomía cerebral propiamente dicha estableciendo "los nexos de la parálisis cerebral con la epilepsia [y con] la poliomielitis infantil", definiendo lo que denominó "paresia coreica", diagnosticando una "esclerosis lobar como resultado de una embolia de la arteria cerebral media", describiendo "los íntimos vínculos entre epilepsia y parálisis cerebral infantil a consecuencia de los cuales muchos casos de aparente epilepsia pueden reclamar el título de 'parálisis cerebral infantil sin parálisis' ", profundizando en "el muy discutido problema de la existencia de una poliencefalitis aguda, que formaría la base anatómica de la hemiplejía cerebral y presentaría una analogía plena con la poliomielitis infantil", etc.;[415] por otro lado, discernía una *anatomía psíquica* por completo ajena a la anatomía cerebral observando que las neurosis no implicaban alteración anatómica alguna, elucidando que el cuerpo es sólo el

---

[413] *Histeria* (1888) y *Algunas consideraciones con miras a un estudio comparativo de las parálisis motrices orgánicas e histéricas* (1893).

[414] *Presentación autobiográfica* (1925[1924]), en: Freud, Sigmund, *Obras Completas, op.cit.,* vol. XX, p.14.

[415] V. *Sumario de los trabajos científicos del docente adscrito Dr. Sigmund Freud 1877-1897,* en: Freud, Sigmund, *Obras Completas, op.cit.,* vol. III, p.235.

---

soporte donde una anomalía psíquica imposible de localizar somáticamente se refleja, postulando que toda parálisis histérica contradice el saber neurofisiológico.

Diez años, pues, Freud sirvió a dos amos, aunque −contra toda lógica− quedó bien con ambos: además de ser reconocido hoy día como el fundador del psicoanálisis, hasta el año 1936 sus trabajos *Sobre hemianopsia en la niñez temprana* (1888), *Sobre la parálisis cerebral unilateral de los niños* (1891) −que había redactado a disgusto por estar concentrado en la histeria y el mecanismo de los sueños− se consideraban los más exhaustivos por los especialistas en parálisis cerebral infantil.[416] Es claro entonces que la neurofisiología y la embrionaria metapsicología[417] intentaban dar cuenta del mismo fenómeno desde atalayas conceptuales distintas y hasta contrapuestas. En su condición de neurólogo y metapsicólogo en ciernes, Freud enfatizó los puntos de discontinuidad implicados diluyendo −muy a su pesar− la posibilidad de formalizar ejes de proximidad entre ambas disciplinas. No se olvide que en veinte años (de 1877 a 1897), Freud publicó el mismo número de artículos neurológicos, histológicos y farmacológicos que −sin embargo− nada explicaban de los cuadros histéricos por él observados. Finalmente −en este recuento de los textos científicos− publicó en 1891 *La concepción de las afasias*, su primer libro que fue un pálido vestigio de aquel proyecto sobre *anatomía cerebral especulativa* mencionado en sus primeras cartas a Fliess.

Sin duda Freud tuvo la formación más rigurosa como médico neurólogo y en su convicción científica abrigó siempre la esperanza de dotar de un fundamento fisiológico a su metapsicología. De hecho, *La concepción de las afasias* (1891) y el *Proyecto de psicología* (1950[1895]) son las obras magnas que buscaron conectar dos campos absolutamente disímiles: la neurología y la psicología. Ese puente deseado por Freud es, hoy día, como el de Avignon. Sin embargo, en aquellos días este deslinde epistemológico no era tan evidente. Para Brücke, la fisiología era una continuación de la física (pero por otros medios, parafraseando a Tocqueville). Y es la energía la que unifica ambos campos puesto que, incluso en ámbitos aislados, permanece constante la suma de fuerzas. Este presupuesto fisicalista al que Freud se adhirió sin reservas encontró en la metapsicología un complejo medio de

---

[416] V. Kriss, Ernst, "Introducción a la primera edición [de la correspondencia Freud / Fliess] de 1950", reproducida íntegra en: Freud, Sigmund, *Cartas a Wilhelm Fliess (1887-1904), op.cit.,* p.533.

[417] El término sería acuñado en 1896, tres años después del ensayo recién citado sobre las parálisis.

prueba: ¿podrían mantenerse los mismos presupuestos en una exposición sobre procesos psíquicos que (he aquí lo fundamental) obviara la anatomía? La identidad epistémica del psicoanálisis descansó, en un primer momento, en esa posibilidad.

Y si con el *Proyecto de psicología* (1950[1895]) Freud quiso explicar fenómenos psíquicos en términos neurológicos partiendo de dos conceptos básicos (neurona y cantidad),[418] no es difícil ver en ese anhelo un esfuerzo análogo al de Ernst Mach (1838-1916) que pugnaba por establecer un lazo de continuidad entre la física y la psicología.[419] En efecto, Ernst Mach tradujo en términos de discurso epistemológico las teorías de los científicos idolatrados por Freud: Helmholtz, Ernst Wilhelm von Brücke, Sigmund Exner, Ernst von Fleischl-Marxow, Ewald Hering.[420] Fracasado el intento de fundir la teoría de las neurosis con la fisiología cerebral es como la metapsicología adviene al lugar del que la neurología dimite. La ficción de un aparato psíquico se hizo necesaria (puesto que la histeria acusa sus efectos *como si* –he aquí lo ficticio– la anatomía no existiera). Así, Freud *(pr)opone* la ficción metapsicológica al saber médico.

Llegado este punto, se imponen las siguientes conclusiones: la anatomía fue el campo privilegiado en el que Freud forjó sus primeros conceptos; su trabajo en el laboratorio de Brücke le permitió postular una hipótesis genealógica del sistema nervioso; en el curso de sus observaciones, Freud depuró técnicas diversas que –en última instancia– constituyen un método de investigación específico.[421] Si estas tres conclusiones se trasponen al campo de

---

[418] Nótese que el *Proyecto* es una suerte de ensayo de lo que un año más tarde sería bautizado como *metapsicología*. Los primeros apoyos teóricos para lo que sería la nueva psicología fueron, entonces, de orden económico.

[419] Varias obras testimonian este empeño de fundamentar el continuismo psicofísico: *La historia y la raíz del principio de la conservación del trabajo* [1872], *La mecánica y su evolución* [1883], *Los principios de la teoría del calor* [1896], y *El análisis de las sensaciones y la relación entre lo físico y lo psíquico* [1886].

[420] Freud trabajó en el Instituto de Fisiología de Viena de 1876 a 1882. Ernst Brücke (1819-1892) era su director; Sigmund Exner (1846-1925) y Ernst Fleischl von Marxow (1846-1891) eran dos de sus asistentes en tiempos de Freud. Ewald Hering (1934-1918), fisiólogo y maestro de Freud, influyó en la concepción de éste sobre lo inconsciente.

[421] Strachey apunta en la "Introducción a los trabajos sobre técnica psicoanalítica" (1911-1915) que se sabe por el trabajo biográfico de Jones que hacia 1908 Freud consideraba la posibilidad de escribir un tratado técnico sobre psicoanálisis.

la metapsicología, se observa que Freud procedió de similar manera: aventuró la hipótesis de una *anatomía psíquica*; postuló una teoría genética del aparato psíquico; e instrumentó una técnica precisa —el método analítico propiamente dicho— apoyado en un andamiaje conceptual que constituye la metapsicología misma. Hay, sin embargo, una diferencia sustancial: en el campo de la anatomía nerviosa, prima la *mirada*; en el terreno de la anatomía psíquica, en la vía de acceso a lo inconsciente, prevalece la *escucha*.

El psicoanálisis operó una trasmutación epistémica de doble cuño: por un lado, privilegió no el *furor sanandi* de la medicina tradicional sino el *furor curandi* (en el sentido que *curare* remite al hacerse cargo de sí); por otro lado, al descubrir que ciertos síntomas emergen y se despliegan en la localidad psíquica (denunciando su carácter significante, simbólico), *el psicoanálisis operó un desplazamiento procedimental que va de la exploración somática al análisis de los discursos*.[422] Se trata entonces —nunca se enfatizará lo suficiente— de un problema relativo al procedimiento. Si por *heurística* se

---

A mediados de 1909 comentó a Ernest Jones que planeaba un manual de preceptos técnicos al que sólo accederían los más cercanos discípulos. En marzo de 1910 presentó una ponencia en el Congreso de Nuremberg sobre el futuro del psicoanálisis y volvió a anunciar la próxima aparición de un texto sobre metodología psicoanalítica. Sería hasta finales de 1911 cuando publicaría algunas obras que abordan el tema central de un proyecto tan anunciado como diferido: *El uso de la interpretación de los* sueños, *Sobre la dinámica de la transferencia*, *Sobre los tipos de contracción de neurosis*, *Sobre la iniciación del tratamiento* (*Nuevos consejos sobre la técnica del psicoanálisis I*), *Recordar, repetir y reelaborar* (*Nuevos consejos sobre la técnica del psicoanálisis II*) y *Puntualizaciones sobre el amor de transferencia* (*Nuevos consejos sobre la técnica del psicoanálisis III*); Cf.: Freud, Sigmund, *Obras Completas, op.cit.,* vol. XII, pp. 79-82. En efecto, en 1908 Freud le confiaba a Abraham: "Tengo que publicar pronto mis reglas técnicas"; y a Jung: "un trabajo iniciado: Método general del psicoanálisis, cuyo título dice ya todo, progresa muy lentamente". En lugar del segundo texto (proyecto abandonado en 1910) Freud desperdigó sus indicaciones técnicas en toda su obra. V. cartas a Abraham y a Jung del 9 de enero y del 8 de noviembre de 1908, en: Caparrós, Nicolás (editor), *Correspondencia de Sigmund Freud* (tomo II), *op.cit.,* pp.614 y 677 respectivamente.

[422] Existe una variante sintomática atinente no a lo simbólico sino a lo real. En estos casos, el síntoma no cede por la vía de la interpretación (que en lo simbólico desemboca en un desanudamiento significante). Aún más, pretender disolver un síntoma alojado en el registro de lo real por la vía significante está clínicamente contraindicado.

entiende el conjunto de reglas metodológicas inherente a un descubrimiento o a una investigación, el procedimiento *es* una categoría heurística por sí misma. Proceder de tal o cual manera está determinado por lo que se busca, de manera que puede hablarse de un *procedimiento heurístico* adecuado cuando lo analizado –de orden inconsciente– se devela por ese modo de abordaje preciso (la escucha) y no por otro (la mirada).

## La distancia con lo médico

Para acometer una sintomatología específica, la mirada y la escucha definen dos procedimientos radicalmente distintos: el médico escucha menos de lo que observa, y lo que el paciente le dice es secundario en relación a lo que los análisis de laboratorio o una exploración corporal revelan. El procedimiento psicoanalítico opera justamente a la inversa: no es la mirada sino la escucha el instrumento de lectura adecuado cuando de una afección atinente a la anatomía psíquica se trata.

Como acertadamente ha señalado Jacques-Alain Miller, todo médico sensible a lo que el psicoanálisis ha descubierto sabe que mientras más escuche, menos tendrá que interrogar al cuerpo de su paciente. Este carácter diacrítico del diagnóstico (pronunciamiento diferencial que define si la vía de acceso a una afección es la anatómica o la psíquica, puesto que fenomenológicamente ambas anatomías aparecen trenzadas), determina la pertinencia de tal o cual procedimiento heurístico. Del procedimiento se deriva una técnica, y ésta opera en función de instrumentos determinados a su vez por el objeto de investigación mismo: en psicoanálisis, la escucha –entendida como un procedimiento heurístico– se auxilia de herramientas técnicas precisas –asociación libre, atención flotante, interpretación, escansión, etc.– que lo inconsciente precisa para ser develado.

Desde el punto de vista epistemológico, una lectura textual –de un cuadro sintomático, por ejemplo– implica un acto instituyente: se trata menos de una interpretación reveladora de una esencia inmanente al texto que de la *asignación* de un sentido específico a aquello que se lee, habilitado por un entorno científico determinado. Por ejemplo, el diagnóstico diferencial de una estructura clínica –la psicosis, por caso– se gestó como una transcripción de lo que el discurso médico dominante entendía por la díada *sentido / sinsentido*. De modo que el recorte del objeto *psicosis*, el campo perceptivo de su nosografía, se gestó de acuerdo a condiciones materiales concretas, objetivadas en un conglomerado de saberes y prácticas cuyo antecedente más visible era la concepción organicista del cuerpo / máquina. En efecto, si la máquina somática no funcionaba como debía (si un sujeto alucinaba, deliraba) se deducía en automático una falla en el registro del *sentido*. La psicosis devino entonces una manifestación clínica del sinsentido. Contra esta posición, el psicoanálisis postula que en la fenoménica de las psicosis sí hay sentido:[423] que una manifestación delirante (para dar un ejemplo clínico concreto) "es un discurso articulado" y que así como todo saber es delirio", asimismo "el delirio es un saber".[424]

Dicho de otra manera, si la construcción de un dispositivo deriva de la lógica de su procedimiento heurístico, la racionalidad médica –traducida a los procedimientos técnicos que la caracterizaban– era absolutamente inadecuada para explorar el campo que ante Freud se abría: lo inconsciente. Sus reticencias frente al saber médico fueron la consecuencia lógica de sus descubrimientos psicoanalíticos:

> *Tras 41 años de actividad médica mi autoconocimiento me dice que no he sido un médico cabal. Me hice médico porque me vi obligado a desviarme de mi propósito originario, y mi triunfo en la vida consiste en haber reencontrado la orientación inicial mediante un largo rodeo.*[425]

El reposicionamiento de Freud frente a lo médico lo llevó asimismo a redefinir el saber que lo psicoanalítico precisaba de sus practicantes:

> *La llamada "formación médica" (…) proporciona al analista muchas cosas indispensables, pero también lo recarga con otras que nunca podrá aplicar, y conlleva el peligro de desviar su interés y su modo de pensar de la aprehensión de los fenómenos psíquicos.*[426]

---

[423] En una fecha tan reciente como 1988 Jacques-Alain Miller denunciaba la costumbre de ponderar la psicosis de acuerdo a una lógica deficitaria, como si los psicóticos acusaran una falta que el resto no padece. "El psicótico es el *aporos* de nuestro tiempo. Pero quizá sea saludable invertir la cuestión y preguntarnos qué nos falta a nosotros para ser psicóticos. Vayamos más lejos en esta salubridad e intentemos demostrar (…) en qué sentido todo mundo es delirante". En: Ansermet, François *et al.*, *La psicosis en el texto* [1989], Buenos Aires, Manantial, 1990, p.117.

[424] V. Miller, Jacques-Alain *et al.*, *El saber delirante* [1995], Buenos Aires, Paidós, 2005, pp.81-98.

[425] *¿Pueden los legos ejercer el análisis? Diálogos con un juez imparcial* (1926), en: Freud, Sigmund, *Obras Completas, op.cit.*, vol. XX, p.237.

[426] *Ibíd.* p.236.

De manera que la carrera médica, lejos de apuntalar una formación psicoanalítica sólida, distrae del objetivo esencial: *la aprehensión de los fenómenos psíquicos*. Freud mismo midió con este rasero sus años mozos:

> *En aquellos años* [1871] *no había sentido una particular preferencia por la posición y la actividad del médico; por lo demás, tampoco la sentí más tarde.*[427]

Esto es, Freud eligió la carrera de medicina asechado por reservas que no cedieron *nunca*. El tiempo excesivamente largo que le tomó titularse como médico, lo confirma:

> *Fui muy negligente en la prosecución de mis estudios médicos, y sólo en 1881, o sea con bastante demora, me doctoré en medicina.*[428]

No se olvide que mucho tiempo antes de esta aseveración (¡cuarenta y dos años atrás!) Freud había expresado a Martha (su todavía prometida en aquel entonces) una honda pesadumbre:

> *Tuve al comienzo la idea de ser… completamente inadecuado para mi difícil profesión.*[429]

Esta vacilante vocación médica, ¿afectó su desempeño profesional? Él no lo creía así pues una "disposición médica genuina", dice Freud, conlleva asimismo un talante empático que no siempre es conveniente:

> *El enfermo no sale muy beneficiado por el hecho de que en su médico el interés terapéutico cobre un tinte afectivo. Lo mejor para él es que el médico trabaje con frialdad y con la máxima corrección.*[430]

En rigor, este deslinde con la medicina había tenido lugar desde la década en la que Freud fue Jefe de neurología en el Instituto del Dr. M. Kassowitz

---

[427] *Presentación autobiográfica* (1925[1924]), en: Freud, Sigmund, *Obras Completas, op.cit.*, vol. XX, p.8.

[428] *Ibíd.*, p.10. En lugar de los cinco habituales, a Freud le llevó ocho años concluir su formación médica.

[429] Carta a Martha Bernays del 5 de agosto de 1882, en: Caparrós, Nicolás (editor), *Correspondencia de Sigmund Freud* (tomo I), *op.cit.*, p.258.

[430] *¿Pueden los legos ejercer el análisis? Diálogos con un juez imparcial* (1926), en: Freud, Sigmund, *Obras Completas, op.cit.*, vol. XX, p.238.

(1886-1896). Desde entonces –según sabemos por Ernst Jones–, Freud ya no consideraba que la neurología fuera una ciencia; y no sólo eso, sino que aspiraba a retomar su trabajo científico. La situación de Freud era por demás compleja: *siendo* un neurólogo y ejerciendo como tal no creía que la neurología fuera una ciencia. Luego entonces, no se consideraba a sí mismo un hombre de ciencia (puesto que *aspiraba a retomar su trabajo científico*). ¿Qué es, entonces, lo que Freud *hacía*?: forjar una disciplina nueva al "cuestionar siempre la regla a través de la excepción múltiple".[431] En efecto, la sustancia obtenida en su quehacer investigativo no correspondía a la medicina en general ni a la neurología en particular. De manera que paulatinamente fue perfilándose un saber que –sin ser ninguna de las dos disciplinas– hacía las veces de gozne entre la psicopatología clínica y la neuropatología. No otra cosa fue la *teoría de las neurosis* con la que Freud fundamentó los principios del psicoanálisis.[432]

## Un campo epistémico nuevo

Desentrañar la mecánica de las neurosis implicaba un campo de reflexión tan ajena a los neuropatólogos (sólo sensibles a la disfunción neurológica) como a los psicopatólogos (acostumbrados a la descripción fenomenológica y no a lo que Freud llamaba una verdadera exposición metapsicológica). Circunscribir un objeto de conocimiento nuevo significaba una aportación clínica esencial desde el punto de vista epistemológico. Las neurosis, tal como Freud las definía, representaban una entidad neuropatológica naciente que exigía ser abordada por una disciplina nueva. Para decirlo con más precisión: puesto que ninguna disciplina antecede a lo que será su objeto de estudio, el psicoanálisis erigió sus fundamentos a medida que las neurosis fueron elucidadas. Así, la técnica freudiana, el método psicoanalítico y los procedimientos para generar nuevos enunciados teóricos fueron respuestas al enigma que la histeria representaba para el saber médico de entonces.

"La historia de los hombres [dice René Char] es la larga sucesión de los sinónimos de un mismo vocablo. Y contradecir es un deber".[433] Es claro que Freud necesitaba de un *otro* cuya escucha pusiera en juego las aporías y contradicciones que afrontaba en relación con su medio clínico pero

---

[431] Zaloszyc, Armand, "Prefacio", en: Canguilhem, Georges, *Escritos sobre la medicina* [1989], *op.cit.*, p.10.

[432] Cf. Assoun, Paul-Laurent, *Introducción a la epistemología freudiana* [1981], *op.cit.*, p.119.

[433] Citado en: Droit, Roger-Pol, *Entrevistas a Michel Foucault* [1975], *op.cit.*, p.44.

también –y sobre todo– en relación a sí mismo. En su correspondencia, Freud ciertamente hace de la contradicción un deber, y una ofrenda a su corresponsal en turno:

> *Ahora, considera esto. Paso la vida contrariado y en la oscuridad hasta que tú llegas; echo denuestos contra mí, enciendo mi oscilante antorcha en la tuya calma, me siento de nuevo bien, y tras tu partida recibo otra vez ojos para ver, y lo que veo es bello y bueno.*[434]

De ahí la importancia de destacar el decisivo papel que Fliess desempeñó como catalizador en la configuración de la identidad freudiana:

> *Lo que se trasluce fundamentalmente de la correspondencia con Wilhelm Fliess es* (…) *una verdadera función epistemológica.* (…) *El diálogo a solas con Fliess es el lugar a puerta cerrada donde se establece el verdadero discurso.*[435]

Como en todo análisis –Lacan fue inequívoco al respecto–,[436] Freud recibió su propio mensaje con la intermediación de Fliess: de esa confidencia diecisiete años ininterrumpida emergió una identidad bifaz: la atinente a su propio análisis y la que a su engendro teórico corresponde: la metapsicología. Este momento de la elaboración freudiana cumple con todos los términos necesarios para el recorte epistemológico de un objeto de estudio: las condiciones de inteligibilidad de esa entidad psicopatológica, nueva y concreta (la neurosis), estaban determinadas por el campo perceptivo que entonces prevalecía. Dicho de otra manera: fue porque el campo perceptivo de las disciplinas médicas adolecía de un punto ciego que Freud columbró una probable entidad clínica que no figuraba en el horizonte de percepción previsto. Aún más: la condición de (in)visibilidad de la neurosis derivaba de lo que la neurología, la anatomía y la fisiología definían como entidad psicopatológica *verificable*: si una paciente histérica sufría parálisis pero los exámenes médicos concluían que no había *anomalía* alguna en los órganos y las funciones necesarias para la locomoción, entonces la paciente mentía,

---

[434] Carta del 3 de enero de 1899, en: Freud, Sigmund, *Cartas a Wilhelm Fliess (1887-1904)*, *op.cit.*, p.371.

[435] Assoun, Paul-Laurent, *Introducción a la epistemología freudiana* [1981], *op.cit.*, pp.120-121.

[436] "… en el lenguaje, nuestro mensaje nos viene del Otro y, para anunciarlo hasta el final: bajo una forma invertida". V. "Obertura a esta recopilación" (1966), en: *Escritos* [1966], *op.cit.*, p.3.

fingía su mal. Freud propuso, por tanto, la noción de una anatomía psíquica en la que tal disfunción efectivamente estaría teniendo lugar. De lo mórbido, sólo la *consecuencia* estaría manifestándose en el cuerpo; la causa, en cambio, habría de ser pesquisada en una localidad psíquica. La consecuencia de esta apuesta clínica es evidente: para la verificabilidad de un daño manifiesto en lo somático pero *inscrito* en un plano alterno, se requería la formulación de un campo perceptivo distinto y de herramientas conceptuales y metodológicas también diferentes que esperaban ser construidas. Se trataba, en suma, de objetivar con el mayor de los rigores posibles un plano fenoménico de orden psíquico.

En el campo concreto de la psicopatología, la *anomalía* histérica iba a contrapelo de lo científicamente esperado, violentando el contexto de saber que enmarcaba la investigación freudiana. Pero se sabe que "la inteligibilidad se gana contra un obstáculo, una resistencia al saber".[437] No se olvide que de Pinel a Comte, pasando por Bichat y Broussais, se había sostenido que "todas las enfermedades admitidas sólo son síntomas y que no podrían existir desórdenes de las funciones vitales sin lesiones de órganos o más bien de tejidos":[438] la enfermedad consiste, decía Broussais "en el exceso o defecto de la excitación de los diversos tejidos por encima y por debajo del grado que constituye el estado normal".[439] Aún más:

> *De acuerdo con los procesos de la minuciosidad del análisis, se ubicará la enfermedad en el nivel del órgano —y este es el caso de Morgagni—, en el nivel del tejido —el caso de Bichat—, en el nivel de la célula —el caso de Virchow.*[440]

Pues bien: en tiempos de Freud, el no poder explicar la persistencia de una anomalía una vez descartado que hubiera lesión somática de cualquier índole significó —desde el punto de vista epistemológico y también científico— la emergencia de una *crisis*. No se olvide que *crisis* es "un concepto de origen médico, referido al cambio que se produce en el curso de una enfermedad, cambio anunciado por ciertos síntomas y con el que va a decidirse

---

[437] Hippolyte, Jean, "Gaston Bachelard o el romanticismo de la inteligencia", en: Canguilhem, Georges, Hippolyte, Jean *et al.*, *Introducción a Bachelard* [1973], *op.cit.*, p.33.

[438] Canguilhem, George, *Lo normal y lo patológico* [1966], *op.cit.*, p.25.

[439] Broussais, Francisco José Víctor, *Traité de phisiologie appliquée à la pathologie* [1822], 2 vol., París, Mlle. Delaunay, 1822-23 (*Ibídem*).

[440] *Ibíd.*,p.172.

efectivamente la vida del paciente". Y si, en efecto, la función de la razón es *provocar crisis*"[441] –pues "únicamente las crisis de la razón pueden instruir la razón"–,[442] ¿qué daño inscrito en el espectro tisular esclarecería nunca la *sintomática* de la histeria conversiva?[443] Aún más, si como quería Leriche para "definir la enfermedad es preciso deshumanizarla",[444] si "en la enfermedad lo menos importante en el fondo es el hombre",[445] si toda patología encuentra su causa última (o primera) a nivel del tejido, podría (como ironiza Canguilhem) existir enfermedad sin enfermo. En abierta oposición a posturas como la de Leriche recién citada, Freud pugnó por humanizar la enfermedad; frente a un cuadro mórbido, *lo más importante* es el sujeto; mejor aún, lo que el sujeto *diga* sobre su enfermedad.

Y si la noción que Canguilhem tiene del *sentimiento normativo* (el reconocimiento que un sujeto hace del estado de sus valores orgánicos, por ejemplo) se trenza con la idea de *falla* como elemento constitutivo de la vida,

---

[441] Bachelard, Gaston, *El compromiso racionalista* [1972], *op.cit.*, p.28.

[442] *Ibíd.*, p.34.

[443] Canguilhem, Georges, *Escritos sobre la medicina* [1989], *op.cit.*, p.102.

[444] "Introduction générale; De la Santé à la Maladie; La douleur dans les maladies; Oú va la médecine ? » *Encyclopedie française*, vol. VI, 1936, pp.22-23 (citado en: Canguilhem, George, *Lo normal y lo patológico* [1966], *op.cit.*, p.64).

[445] *Ibíd.*, pp.23-24.

se percibe de inmediato una clara resonancia con un concepto psicoanalítico basal: el síntoma. Y es que para Freud la cuestión central en este rubro era insertar la anomalía en un proceso discursivo, apalabrar la falla; en suma, *subjetivar* el síntoma.[446]

Jacques-Alain Miller ha acometido con meridiana claridad este tema comenzando por establecer que todo síntoma remite a un funcionamiento que falla. *Disfunción* es el término que tradicionalmente evoca la palabra síntoma. Lo que presupone que algo, el aparato psíquico por caso, no está funcionando como se espera. (Pero, ¿cuál sería el funcionamiento óptimo de un aparato tal?, cabe preguntar.) Sin embargo, el síntoma designa algo más que una disfunción: todo síntoma supone que tal falla en el funcionamiento que se supondría normal produce la emergencia de una verdad. Para Freud, interpretar un síntoma equivalía a descifrar la verdad ahí contenida. Desde la perspectiva psicoanalítica, pues, la verdad surge siempre en las formas sintomáticas, entendiendo aquí síntoma por una alteración en lo real que desemboca en una amplia gama de estrategias subjetivas de defensa (suprimir, denegar, reprimir, renegar, etc.). Todo retorno de lo reprimido implica el retorno de la verdad misma. Una vez que esta verdad es reconocida (así lo creía Freud en los inicios del psicoanálisis), el síntoma cede por ser una y la misma cosa que la verdad ya descifrada. Avanzada la teoría psicoanalítica, Freud tuvo que reconocer que no siempre cedía el síntoma ante la interpretación. Forjó entonces una serie de conceptos para dar cuenta de esta persistencia sintomática. He aquí una falla teórica en la aprehensión misma del síntoma.[447]

---

[446] Debe evitarse el uso indistinto de los términos *anomalía* y *anormal*. Canguilhem hace notar que el *Vocabulario Filosófico* de Lalande distingue agudamente ambas acepciones: "*Anomalía* es un sustantivo al cual actualmente no corresponde ningún adjetivo; a la inversa, *anormal* es un adjetivo sin sustantivo, de tal manera que el uso los ha acoplado convirtiendo a 'anormal' en el adjetivo de 'anomalía' ". V. *Ibíd.*, pp.96-97. Desde este punto de vista, la palabra *anomalía* se inscribe en una lógica nosográfica (descriptiva); en tanto que *anormal* supone una contrastación valorativa. Por alguna misteriosa razón, señala Canguilhem, " 'anormal' se ha convertido en un concepto descriptivo, y 'anomalía' se ha convertido en un concepto normativo" (*Ibídem*).

[447] Cf. Miller, Jacques-Alain *et al.*, "El analista-síntoma", en: *El psicoanalista y sus síntomas* [1997], Buenos Aires, Paidós, 1998, pp.13-40). Miller puntualiza que Lacan llevó las cosas al extremo identificando síntoma y verdad: en el prefacio (titulado *Du sujet en fin en question*) que escribiera para la edición de 1966 de su célebre escrito *Fonction et champ de la parole et du langage en psychanalyse* (1953),

Hoy día, no se considera más que el síntoma sea una disfunción: el síntoma devino un funcionamiento *otro* (tal como Canguilhem define la enfermedad, no en oposición a la salud –que sería la *norma*– sino como *normalidad otra*: "la enfermedad no es una variación en la dimensión de la salud; es una nueva dimensión de la vida")[448]. Así, el síntoma no irrumpe en lo real como falla sino que configura una versión otra de lo real. Es por eso que en ocasiones intentar curarlo es contraindicado: por ejemplo, explica Miller, si una toxicomanía apuntala la economía libidinal de un sujeto, sería un despropósito intentar eliminarla pues el síntoma lo es para aquel que lo reconoce como tal y no para –en este caso– el psicoanalista que la observa.

> *Curar* [recuerda Canguilhem] *a pesar de los déficit, es algo que siempre es acompañado por pérdidas esenciales para el organismo y al mismo tiempo por la reaparición de un orden. A esto corresponde una nueva norma individual.*[449]

Y de un modo más contundente aún:

> *…no existe un hecho normal o patológico en sí. La anomalía o la mutación no son de por sí patológicas. Expresan otras posibles normas de vida.*[450]

El rasgo diacrítico, explica Canguilhem, estriba en que si las nuevas normas de vida demuestran menor fecundidad o estabilidad que las normas anteriores, serán catalogadas como "patológicas". En cambio, si dichas normas advienen equipotentes (en el mismo medio) o superiores (en un medio distinto) serán juzgadas como "normales". Es decir, su *normatividad* determinará su *normalidad*.[451]En absoluta concordancia con Canguilhem, la

---

anota al calce que "el síntoma *es* verdad": "Le symptôme gardait un flou de représenter quelque irruption de verité. En fait *est* verité… ". V. "Du sujet enfin en question", en: Lacan, Jacques, *Écrits* [1966], París, Éditions du Seuil, 1966, p.235.

[448] Canguilhem, George, *Lo normal y lo patológico* [1966], *op.cit.*, p.141. Canguilhem le otorga a este aserto una dignidad filosófica: esta idea "con todo derecho podría justificarse apelando a la teoría bergsoniana del desorden. No hay desorden sino sustitución de un orden esperado o deseado por otro orden que sólo cabe hacer o que sólo cabe sufrir" (*Ibíd.*, p.147).

[449] Canguilhem, George, *Lo normal y lo patológico* [1966], *op.cit.*, p.148.

[450] *Ibíd.*, p.108.

[451] Cf. *Ibídem.*

óptica psicoanalítica postula que un síntoma sólo es tal si quien lo padece lo significa así, como algo digno de queja. Un síntoma no existe si no se le presta cierta verosimilitud, por así decir. Este carácter peculiar del síntoma abre una de sus vías de curación: disolver el síntoma consistiría en dejar de significarlo como falla, como disfunción. Esta variación significante resulta esencial para que el síntoma ceda, pues al designarlo como una *función otra* la anomalía sintomática desaparece. La terapéutica, entonces, sería eficaz en relación a una creencia más que en relación a la anomalía misma. Dicho de otra manera, la disfunción se manifiesta porque el sujeto le confiere al síntoma una creencia signada por lo patológico, por lo anómalo.[452]

En *Inhibición, síntoma y angustia* (1923), Freud ya daba cuenta de esta posibilidad curativa: si el yo incorpora al síntoma haciendo desaparecer su condición de extrañeza, el síntoma es asimilado disolviéndose su carácter mórbido. Es lo que Lacan llamará posteriormente "identificación al síntoma" (que, dicho sea de paso, es una de las posibles vías para la resolución de un proceso analítico).

Sirva lo antedicho para concluir provisionalmente que el descubrimiento freudiano tiene lugar "con la percepción de la anomalía; esto es, con el reconocimiento de que en cierto modo la naturaleza ha violado las expectativas";[453] pues, como se sabe, "la novedad ordinariamente sólo es

---

[452]  Jacques-Alain Miller ha propuesto distinguir el síntoma–verdad (aquel que se manifiesta en el plano de lo simbólico y, por tanto, admite su disolución mediante el desciframiento del mensaje que porta), del síntoma–goce (que se despliega en el plano de lo real y que no cede ante la interpretación). El síntoma–verdad sería, junto con el lapsus, el chiste y el sueño, otra de las formaciones de lo inconsciente. El síntoma–goce, en cambio, sería un medio de la pulsión. (Lacan habló, por ejemplo, de *voluntad de goce* para designar lo propio de la estructura perversa.) Y es que si el síntoma–verdad está en el plano del significante es porque se le atribuye la propiedad de pedir ser dicho (leído, interpretado). En contraste, no es seguro que el síntoma–goce quiera decir algo, pues lo real no pide nada. Una diferencia importante que Miller establece entre el síntoma y el resto de las formaciones de lo inconsciente es relativa al tiempo. Mientras que el chiste, el sueño y el lapsus se manifiestan de modo fulgurante (al punto que Lacan las comparara con la forma en que lo inconsciente se deja ver), el síntoma persiste en el tiempo. (V. Miller, Jacques-Alain *et al.*, *El psicoanalista y sus síntomas* [1997], *op.cit.*, pp.13-40).

[453]  V. Kuhn, Thomas S., *La estructura de las revoluciones científicas* [1962], *op.cit.*, p.93.

---

aparente para el hombre que, conociendo *con precisión* lo que puede esperar, está en condiciones de reconocer que algo anómalo ha tenido lugar".[454] Es claro que el objeto *neurosis* no podía haber advenido del sustrato empírico de la práctica clínica tradicional. Se precisaba fundar un nuevo proceso discursivo que ampliara, por así decir, los rangos de *nominación*: con el concepto *histeria* (de las neurosis, la mejor circunscrita), Freud delimitó los márgenes de una superficie significante en la que pudo inscribirse una vasta gama de fenómenos clínicos hasta entonces dispersos.

## El *Doctor Coca*

Entre 1884 y 1887 Freud inicia una serie de experimentos que lo posicionan entre los fundadores de la psicofarmacología (categoría que sería acuñada hasta 1920 por el farmacólogo americano David Macht). Indagando sobre los posibles efectos terapéuticos de la cocaína, Freud emprende la que será su primera investigación científica fuera de los cauces institucionales. Ninguno de sus admirados maestros supervisó ni patrocinó estos experimentos. Freud avanzó por su cuenta y a punto estuvo de descubrir lo que le hubiera valido una postulación para obtener el Nobel de medicina. En el fondo, lo que animaba su investigación sobre este alcaloide era una concepción toxicológica sobre la etiología de las neurosis,[455] por más que en una carta a Jung se burlara de tal posibilidad:

> [Hay quienes] *hoy día esperan al bacilo o al protozoo de la histeria* [tendrá] *un apéndice rígido en forma de flagelo, mientras que el de la demencia precoz tendría dos, por lo regular, que por otra parte se tiñen de otro modo.*[456]

Recuérdese aquella otra misiva a Abraham (ya citada) donde Freud aborda problemas etnopsicológicos haciendo evidente su convicción de que los fenómenos clave de la metapsicología serían dilucidados alguna vez por las ciencias físico-químicas:

---

[454]  *Ibíd.*, p.111.
[455]  Recuérdese que Jung también buscó afanosamente conformar una teoría tóxica de la esquizofrenia. V. Carta a Jung del 1° de enero de 1907, en: Caparrós, Nicolás (editor), *Correspondencia de Sigmund Freud* (tomo II), *op.cit.*, p.547, n.6.
[456]  *Ibíd.*, p.620.

> *...todas nuestras bebidas embriagantes y alcaloides excitantes no son sino sustitutos de la toxina única, aún no encontrada, de la libido, que suscita la embriaguez del amor.*[457]

Así, 1884 es el año en que la cocaína es introducida a los Estados Unidos y a Europa, y también el año en que Freud se interesa por estudiar los efectos y las propiedades de la sustancia.[458]

En abril de ese año, Freud escribe a Martha Bernays:

> *Estoy leyendo acerca de la cocaína (...) un alemán ha experimentado este remedio en soldados y ha informado que, en efecto, les hacía maravillosamente fuertes y eficientes. [Quiero] experimentar con él en enfermedades cardíacas, así como en la fatiga nerviosas.*[459]

Como bien apunta Nicolás Caparrós, el interés de hombres notables por los efectos de una determinada sustancia era en esos años muy común: Coleridge y Poe eran afectos al opio (sustancia de altísimo consumo farmacológico en EU durante la penúltima década del siglo XIX); Judith Gautier, Emile Zola, Anatole France, E. Grasset y Ch. Cottet consumían el vino "Mariani", hecho a base de coca y comercializado en Francia hacia 1885; De Quincey era adicto al láudano de Sydenham (fórmula popular desde el siglo XVII). No se olvide que la empresa Bayer introdujo en 1898 al mercado alemán la morfina, recetada con harta frecuencia por los médicos contemporáneos de Freud.[460]

---

[457] Carta a Abraham del 7 de junio de 1908, *Ibíd.*, p.654. En cuestiones de etnopsicología, los pioneros en relacionar psicoanálisis y mitología fueron Abraham y Otto Rank. "El primero sigue una metodología rigurosamente 'psicoanalítica', el segundo un enfoque más acorde con su formación filosófica. A ellos seguirán Jung: *Transformaciones y símbolos de la libido* y Freud: *Tótem y Tabú*"; V. Caparrós, Nicolás (editor), *Correspondencia de Sigmund Freud* (tomo III), *op.cit.*, p.74, n.255.

[458] En los resultados de sus investigaciones puede pesquisarse una verdadera presciencia por cuanto la psicofarmacología moderna ha ratificado varios de los supuestos que Freud formulara hace 120 años.

[459] Carta a Martha Bernays del 21 de abril de 1884, en: Caparrós, Nicolás (editor), *Correspondencia de Sigmund Freud* (tomo I), *op.cit.*, p.343.

[460] V. Carta a Martha Bernays del 21 de abril de 1884, *Ibíd.*, p.343, n.88.

El 3 de mayo de 1884 Freud comunica a Martha lo sucedido al ingerir un vigésimo de gramo de cocaína. Nota el efecto anestésico en el estómago que suprime toda sensación de hambre y de mal humor, se le ocurre que el alcaloide podría utilizarse para inhibir el vómito y le vaticina un sitio notable entre los fármacos:

> *Si esto marcha escribiré un ensayo sobre la droga, y espero que ella terminará por ocupar su lugar en la terapéutica, junto a la morfina y en rango superior a ésta (...) es ahora que me siento médico, puesto que he ayudado a un enfermo y tengo la esperanza de ayudar a otros".*[461]

Carta notable ésta, pues la distancia de Freud con lo médico había crecido considerablemente hasta la decisión de investigar las propiedades de la cocaína. *Es ahora que me siento médico*, dice 38 meses después de doctorarse, lo que permite calibrar la esperanza de que el alcaloide fuera la sustancia puente entre las afecciones biológicas (vómitos por ejemplo) y lo farmacológico (la cocaína como inhibidor); más aún, la cocaína podría ser la sustancia que resolviera una afección psíquica (la depresión sin causa orgánica), lo que ratificaría que las causas últimas de una sintomatología de orden médico o de orden metapsicológico podrían encontrar remedio en un fármaco. Si esto fuera así, el nexo entre las anatomías orgánica y psíquica (evidente desde el punto fenoménico pero inaprensible por medios científicos) sería susceptible de ser desentrañado.

Habiendo leído todo cuanto pudo conseguir sobre el tema,[462] decide investigar si la cocaína podía ser utilizada para abandonar la adicción a la morfina de su amigo Ernst von Fleischl-Marxow (conjetura que a la larga tendría consecuencias funestas, como después se verá). Fleischl se había pescado de la cocaína "como un hombre que se está ahogando".[463] Freud mismo fue un frecuente consumidor de cocaína, afición que perduró durante once años (1884-1895), según afirma Robert Byck basado en una declaración

---

[461]   Carta a Martha Bernays del 25 de mayo de 1884. *Ibíd.*, p.346.

[462]   Freud se sirvió del apartado sobre la *Erythroxylon* coca, del *Index Catalogue* de la Oficina General de Cirugía de Washington, D. C., y de la *Detroit Medical Gazette*, además de lo que el farmacólogo Vogl tenía sobre el tema en su biblioteca, informa Siegfried Bernfeld en su artículo "Los escritos de Freud sobre la cocaína (1955), recopilado en: Freud, Sigmund, *Escritos sobre la cocaína* [1884-1898], Barcelona, Anagrama, 1980, pp.313-314.

[463]   Carta a Martha Bernays del 7 de mayo de 1884, en: Caparrós, Nicolás (editor), *Correspondencia de Sigmund Freud* (tomo I), *op.cit.*, p.345.

de la *Traumdeutung*:[464] En efecto, analizando el famoso "sueño de la inyección de Irma" (acontecido la noche del 23 al 24 de julio de 1885), Freud anota:

> *Por entonces me administraba con frecuencia cocaína para reducir unas penosas inflamaciones nasales…*[465]

Pero hay testimonio claro que desde 1884 se administraba dosis específicas para males muy concretos:

> *Estoy tomando regularmente dosis muy pequeñas contra la depresión y la indigestión, con el más brillante de los éxitos. Tengo la esperanza de que servirá para terminar con los vómitos más rebeldes, aún aquellos que provienen de un dolor intenso.*[466]

Puede afirmarse con seguridad que Freud suspendió definitivamente su consumo de cocaína hasta finales de 1886 por una carta a Fliess que Byck no toma en cuenta. La muerte de su padre motivó estas líneas, anteriormente citadas:

> *Ayer sepultamos al viejo que falleció el 23.10 por la noche (…) Todo esto coincidió con mi periodo crítico, todavía estoy sentido por ello (…) la pincelación de la cocaína, por lo demás, quedó completamente de lado.*[467]

Así, fueron doce los años que Freud consumió cocaína investigando en sí mismo los efectos y las posibles aplicaciones curativas de esta sustancia. Nicolás Caparrós, sin embargo, extiende dicho periodo a quince años.[468] Lo cierto, es que Freud echaba mano del alcaloide prácticamente en cualquier circunstancia. A propósito de un viaje, le escribe a Martha:

---

[464] En su "Introducción. Sigmund Freud y la cocaína", en: Freud, Sigmund, *Escritos sobre la cocaína* [1884-1898], *op.cit.*, p.13.

[465] *La interpretación de los sueños* (1900[1899]), en: Freud, Sigmund, *Obras Completas, op.cit.*, vol. IV, p.

[466] Carta a Martha Bernays del 25 de mayo de 1884, en: Caparrós, Nicolás (editor), *Correspondencia de Sigmund Freud* (tomo I), *op.cit.*, p.346.

[467] Carta del 26 de octubre de 1896, en: Freud, Sigmund, *Cartas a Wilhelm Fliess (1887-1904), op.cit.*, p.213.

[468] V. la nota 88 a la carta que Freud dirigiera a Martha Bernays el 7 de mayo de 1884, en: Caparrós, Nicolás (editor), *Correspondencia de Sigmund Freud* (tomo I), *op.cit.*, p.343.

*No llegaré cansado pues haré el viaje bajo la influencia de la coca para dominar mi terrible impaciencia.*[469]

En otra carta, se lee lo habitual que llegó a ser el consumo de la sustancia:

*Eché mano de la cocaína y noté cómo la jaqueca cedía inmediatamente.*[470]

La euforia provocada por la sustancia puede calibrarse en otra misiva en la que advierte a Marta que la besará hasta ponerla colorada y la alimentará hasta volverla gordita, más valiendo que no se resista pues es menos fuerte "una gentil niñita que no come bastante [que] un salvaje hombrón que tiene cocaína en el cuerpo".[471] Y abunda:

*Cuando mi última depresión tomé cocaína otra vez, y una pequeña dosis me elevó a las alturas de una manera admirable. Precisamente me estoy ocupando de reunir la bibliografía para una canción de loa a esta mágica sustancia.*[472]

Dicha loa se objetivaría en el principal trabajo que Freud dedicara al tema: *Über coca* (1884),[473] donde presenta una profusa relación de datos históricos sobre la ancestral utilización de la planta de coca en América del Sur, los efectos en seres humanos y animales y las posibles aplicaciones terapéuticas.

*Über coca* incorporó datos relevantes de los informes científicos publicados anteriormente sobre este alcaloide, aislado en 1855 y estudiado en detalle por A. Niemann hacia 1860,[474] y que no había interesado a los médicos hasta que Freud experimentó en sí mismo los posibles efectos terapéuticos de la sustancia. Freud sabía, por ejemplo, que en dosis excesivas

---

[469]  Carta a Martha Bernays del 29 de junio de 1884, *Ibíd.*, p.352.
[470]  Carta a Martha Bernays del 17 de mayo de 1885, *Ibíd.*, p.381.
[471]  Carta a Martha Bernays del 2 de junio de 1884, *Ibíd.*, p.349.
[472]  *Ibídem*
[473]  Trabajo que fue redactado en junio de 1884 y publicado a finales del mismo mes en el *Zentralblatt für Gesamte Therapie*, 2, 289. V. las cartas a Martha Bernays del 19 y 30 de junio de 1884, *Ibíd.*, pp.349 y 354 respectivamente.
[474]  Niemann, A., *Über eine neue organische Basis in den Coca-blättern* (1860), Gotinga.

la cocaína podía producir una psicosis paranoide, según se lee en una carta a Ferenczi de 1916:

> ...*la intoxicación por cocaína, por sí misma, y también la abstinencia, conducen a la aparición de una enfermedad paranoica que desgraciadamente he visto en uno de mis primeros casos"* [Fleischl].[475]

De modo que, ya fuera como causa de una afección (como la paranoia) o como medio de tratamiento (para las neurosis), la cocaína le representaba un interés múltiple.

Vale la pena una breve digresión para señalar que las propiedades anestésicas de la cocaína fueron intuidas por Freud pero –en un descuido del que culparía a su entonces novia Martha Bernays– fue el doctor Carl Koller quien experimentó dicha propiedad en la córnea con lo que se adjudicó el derecho de primicia en lo que a sus aplicaciones quirúrgico-oftalmológicas se refiere: en octubre de 1884, Freud comunicaba a Martha los primeros lances de este episodio:

> *Un colega ha hallado una sorprendente aplicación de la coca en oftalmología y lo comunicó al Congreso de Heidelberg, donde causó gran sensación. Yo había aconsejado a Königstein, quince días antes de salir de Viena, que ensayara algo semejante.*[476]

Gracias a esta sugerencia, Königstein logró descubrir algo iniciándose una polémica con el colega aludido por Freud. Los colegas en controversia deciden someterse al arbitrio de Freud y le piden determinar quién de los dos tenía derecho a publicar en primera instancia.

> *Yo aconsejé a Königstein que leyera un trabajo en la* Gesellschaft der ärzte *al mismo tiempo que lo haría el otro. En todo caso esto realza el mérito de la coca, y mi trabajo conserva la reputación que le corresponde por haberla recomendado exitosamente a los vieneses.*[477]

---

[475]  Carta a Sandor Ferenczi del 1° de junio de 1916, en: Caparrós, Nicolás (editor), *Correspondencia de Sigmund Freud* (tomo IV), Madrid, Biblioteca Nueva, 1999, p.129.

[476]  Carta a Martha Bernays del 10 de octubre de 1884, en: Caparrós, Nicolás (editor), *Correspondencia de Sigmund Freud* (tomo I), *op.cit.*, p.362.

[477]  *Ibídem*

Es claro que Freud no había acusado aún la sensación de despojo que le acometería poco tiempo después. El mismo episodio es relatado con más detalle en su autobiografía, donde se aclara que los dos colegas involucrados en el asunto son Königstein y Koller: cuenta Freud que se instaló en Viena en el otoño de 1886, inició su práctica médica y contrajo nupcias con quien había sido su prometida por más de cuatro años. Dos años antes había solicitado a la casa Merck cierta cantidad de cocaína (apenas conocida entonces) para estudiar sus propiedades y efectos. Fue entonces que, apremiado por su futura esposa a quien no veía desde hacía veinticuatro meses, decidió apresuradamente viajar a su encuentro. Freud relata así lo acontecido en la víspera:

> *Consigné en mi escrito* [Über coca, julio de 1884] *la predicción de que pronto se descubrirían otras aplicaciones de ese recurso* [y] *sugerí a mi amigo, el médico oculista L. Königstein, que examinase si las propiedades anestésicas de la cocaína no podían aplicarse al ojo enfermo.*[478]

A su regreso, Freud se encontró con que —no Königstein, sino otro colega llamado Carl Koller—, con quien también había compartido sus hallazgos, había experimentado en el ojo animal con el alcaloide; sus resultados los presentaría en el Congreso de Oftalmología de Heidelberg.[479] A la postre, Koller sería considerado el descubridor de las propiedades anestésicas locales de la cocaína, muy útiles en cirugías menores. Con amargura, Freud escribe tres décadas después:

> *Puedo contar aquí, retrospectivamente, de que manera fue culpa de mi novia que yo no alcanzara fama ya en esos años de mi juventud* (...) *pero no guardé rencor a mi novia por la interrupción de entonces.*[480]

---

[478] *Presentación autobiográfica* (1925[1924]), en: Freud, Sigmund, *Obras Completas*, *op.cit.*, vol. XX, p.14.

[479] Este Congreso tuvo lugar el 15 de septiembre de 1884.

[480] *Presentación autobiográfica* (1925[1924]), en: Freud, Sigmund, *Obras Completas*, *op.cit.*, vol. XX, p.14. Huelga decir que todo aquel que esté advertido sobre lo que la denegación implica como fenómeno inconsciente (*no guardé rencor...*) puede leer en este pasaje que Freud seguía resentido 30 años después con su, ya para entonces, esposa.

Es evidente que Freud lamentó perder esta oportunidad de acceder al primer plano en el campo científico.[481] Júzguese si no, por lo escrito en una carta dirigida a Minna Bernays, hermana de su prometida:

> *La cocaína me valió mucho renombre, pero la parte del león se la llevaron los otros.* [482]

Koller también había estado buscando un anestésico local no tóxico para las intervenciones quirúrgicas oculares, impulsado por su maestro von Art. Como Freud, Koller experimentó en sí mismo ciertos efectos del alcaloide: el adormecimiento de la lengua puso a ambos en la pista deseada. Mientras Freud viajaba para visitar a Martha, Koller experimentó con una rana confirmando en septiembre de 1884 –tres meses después de la publicación de *Über coca*– la intuición mencionada. El 17 de octubre del mismo año Koller comunicaba su descubrimiento a la Sociedad Médica de Viena[483] haciendo justicia a Freud al declarar en su primer párrafo:

> *Para nosotros, los médicos de Viena, la cocaína empezó a ser conocida por el completo resumen y el interesante artículo terapéutico de mi colega del Hospital General doctor Sigmund Freud.* [484]

Freud no sería insensible a este gesto. En enero de 1885, escribe a su novia, como al pasar:

> *Koller –el mismo gracias al cual la cocaína se ha hecho tan famosa y quien está llegando a ser cada vez más amigo mío–...* [485]

---

[481]  En una carta a su prometida, Freud describe el encuentro con Königstein y Koller cayendo en cuenta ya de haber sido desplazado del descubrimiento y de los méritos concomitantes. V. la nota de Nicolás Caparrós a la carta enviada a Martha Bernays del 18 de octubre de 1884, en: Caparrós, Nicolás (editor), *Correspondencia de Sigmund Freud* (tomo I), *op.cit.*, p.362.

[482]  Carta a Minna Bernays del 29 de octubre de 1884; *Ibíd.,* p.362.

[483]  Koller, Carl, "Worläufige Mitteilung über locale Anästhesierung am Auge", *Klinische Monatsblätter für Augenheilkunde,* XXII [1884], pp.60-63.

[484]  Citado en el artículo de Siegfried Bernfeld "Los escritos de Freud sobre la cocaína (1955), incluido en: Freud, Sigmund, *Escritos sobre la cocaína* [1884-1898], *op.cit.*, p.323.

[485]  Carta a Martha Bernays del 6 de enero de 1885, en: Caparrós, Nicolás (editor), *Correspondencia de Sigmund Freud* (tomo I), *op.cit.,* p.366. El mismo Nicolás Caparrós consigna, sin aportar mayores datos, que Koller había sido tratado

Superado pues el incidente, Freud redacta el mismo mes de enero de 1885 un ensayo sobre los efectos musculares de la cocaína que tituló "Contribución al conocimiento de los efectos de la coca" (1885),[486] donde hace una demostración dinamométrica de cómo la fuerza motora se incrementaba notoriamente en el período de euforia provocada por el alcaloide. Este artículo reviste especial interés porque Freud da cuenta ahí, no de los efectos subjetivos de la cocaína, sino de efectos objetivos y cuantificables. Con la ayuda de los instrumentos de medición más precisos de entonces (dinamómetro,[487] neuroamebímetro de Exner),[488] Freud pudo establecer las dosis exactas que un determinado estado de excitación requería y los lapsos de reacción: por ejemplo, ingerir 0.4 gramos de cocaína aumenta de 2 a 3 kgs. la fuerza de una mano, y de 3 a 4 kgs. la fuerza de las dos manos. Freud, aclara que la reactivación muscular es menos una consecuencia de la acción directa de la droga que un efecto secundario del bienestar generalizado que el alcaloide produce por su acción directa en el sistema nervioso central. Estos cálculos psicofisiológicos no habían sido obtenidos en seres humanos antes de que Freud experimentara consigo mismo (von Anrep había indagado

---

por Freud de un padecimiento neurótico. Koller, a su vez, había hecho el diagnóstico sobre un glaucoma que afectaba al padre de Freud. Fue necesaria una intervención quirúrgica hecha, al cabo, por el superior de Koller, el Dr. Königstein (V. cartas a Martha Bernays del 4 y 6 de abril de 1885; *Ibíd.*, p.376.

[486] Freud, Sigmund, "Beitrag zur Kenntnis der Cocawirkung", *Wiener medizinische Wochenschrift*, XXXV [1885], pp.129-133.

[487] "Aparato metálico flexible, que al ser cerrado mueve un indicador a lo largo de una escala graduada en la que se puede leer en libras o kilogramos la fuerza necesaria para devolverlo a su posición inicial", explica Freud en: *Escritos sobre la cocaína* [1884-1898], *op.cit.*, p.158. Freud adquiriría un dinamómetro durante su estancia en París (19/oct./1885 al 25/feb./1886), "para estudiar mis propios estados de nervios" (V. la carta dirigida a Martha Bernays el 27 de enero de 1886, en: Caparrós, Nicolás (editor), *Correspondencia de Sigmund Freud* (tomo I), *op.cit.*, p.434.

[488] En centésimas de segundo, este aparato mide el tiempo de reacción mental —esto es, el "tiempo que transcurre entre la recepción de una impresión sensorial y la puesta en marcha de una reacción motriz previamente estipulada como respuesta a la impresión— (...) a través del número de oscilaciones que una pluma puede trazar sobre una plancha impregnada de hollín", aclara Freud en: *Escritos sobre la cocaína* [1884-1898], *op.cit.*, p.159.

los efectos farmacológicos en animales en 1880), siguiendo el ejemplo de J.J. Moreau en sus experimentos con el hashish (1845).[489]

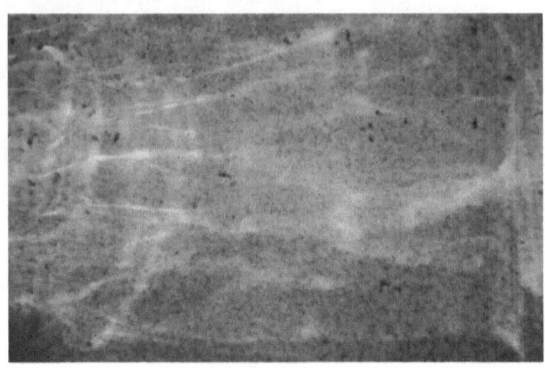

En febrero de 1885 redacta dos trabajos: "Un tratamiento para la neuralgia del trigémino mediante inyecciones de cocaína" y *"Addenda a Über coca"*, texto que amplió las consideraciones vertidas en su ensayo *Sobre la cocaína* del año anterior. En este ensayo, Freud consigna una tesis errónea sobre la cocaína que a la postre le significaría una tragedia personal: en efecto, en este complemento Freud asegura que "incluso en inyecciones subcutáneas –tales como las que yo he utilizado con éxito en casos de ciática–[490] son completamente inofensivas. La dosis tóxica para los seres humanos es muy elevada, y parece no existir una dosis letal".[491] La realidad lo desmentiría, por lo que en la *Traumdeutung* acabaría reconociendo escuetamente:

*Un caro amigo (…) apresuró su fin por el abuso de este recurso.*[492]

---

[489] Muchos investigadores repetirían este método de investigación: Gordon Alles descubrió los efectos de la anfetamina después de consumir muchos compuestos también creados por él; Albert Hoffman descubriría los efectos del ácido lisérgico dietilamida (LSD) ingiriéndolo él mismo (1943), etc.

[490] V. la nota de Nicolás Caparrós a la carta a Martha Bernays del 1° de enero de 1885, en: Caparrós, Nicolás (editor), *Correspondencia de Sigmund Freud* (tomo I), *op.cit.,* p.365.

[491] Freud, Sigmund, *Escritos sobre la cocaína* [1884-1898], *op.cit.,* p.154.

[492] *La interpretación de los sueños* (1899[1900]), capítulo II: "El método de la interpretación de los sueños. Análisis de un sueño paradigmático. 2ª parte", en: Freud, Sigmund, *Obras Completas, op.cit.,* vol. IV, p.

Ese *caro amigo* era Ernst Fleischl von Marxow (1846-1891), quien había consumido cocaína por sugerencia del mismo Freud buscando aliviar la adicción que aquél tenía a la morfina.[493]

Vendría después una conferencia pronunciada el 5 de marzo de 1885 frente a la Sociedad de Psiquiatría con el título "Sobre los efectos generales de la cocaína" (1885).[494] Freud invita ahí a los psiquiatras a investigar sobre los beneficios que la cocaína podría tener en adictos a la morfina, en casos de debilidad nerviosa y de depresión sin causa orgánica. Aclarando que privilegiará en su alocución los efectos de la cocaína suministrada interiormente (y no de forma externa, como en las intervenciones oftalmológicas), Freud informa que al autosuministrarse entre 0.05 y 0.10 gramos, en 20 minutos y durante cinco horas ha alcanzado un nivel de euforia con un máximo de vigor intelectual y corporal, sin necesidad de descanso, alimento ni sueño.

Freud señala que los psiquiatras utilizan sustancias para moderar la hiperexcitabilidad de los centros nerviosos pero poco saben sobre sustancias que reactiven sistemas nerviosos deprimidos. La cocaína podía ser la sustancia indicada. Refiere también dos casos clínicos: el de un escritor que, tras varias semanas de estar imposibilitado para trabajar, pudo hacerlo durante 14 horas seguidas después de ingerir 0.1 gramos de hidrocloruro de cocaína; y el de una paciente, con un consumo de 0.40 gramos de cocaína al día logró superar su abstinencia de morfina.

En mayo de 1885 Freud buscaba afanosamente otras posibles aplicaciones terapéuticas de la cocaína: conjeturaba (según nota de Nicolás Caparrós) "que los pacientes hidrofóbicos quedaban en condiciones de tragar si previamente se les pincelaba la garganta con cocaína".[495] El mismo año,

---

[493] Fleischl había llegado al consumo de la morfina por un largo y tortuoso camino: investigando un caso de anatomía patológica, había contraído una infección a los 25 años por lo que hubo de amputarle el pulgar de la mano derecha. El tumor ahí alojado siguió expandiéndose lo que exigió sucesivas y dolorosas operaciones sólo atemperadas por la morfina. Es en ese contexto que Freud le sugirió intentar suprimir esa adicción con la ayuda de la cocaína. Fleischl se suministró la droga por vía intravenosa y falleció.

[494] "Über die Allgemeinwirkung des Cocains", *Medizinischchirurgisches Zentralblatt*, 20, núm. 32, 374.

[495] Carta a Martha Bernays del 19 de mayo de 1885, en: Caparrós, Nicolás (editor), *Correspondencia de Sigmund Freud* (tomo I), *op.cit.*, p.383.

Freud publicó su "Informe sobre la cocaína de Parke" (1885), donde compara dos tipos distintos de cocaína: una preparación norteamericana (de Parke Davis) y otra alemana (de Merck) que era la que él había estado empleando hasta la fecha. Analizando en detalle las propiedades químicas de ambas sustancias, Freud comprobó que los efectos eran similares; diferían, eso sí, en dos cosas: sabor y precio (la preparación de Merck era exorbitantemente cara).

En otra carta de 1885 dirigida a Martha Bernays, Freud narra cómo en el medio científico su nombre estaba por esos años unido al alcaloide. Pidiéndole consejo a Nothnagel sobre si era tiempo de postularse como *Privatdozent*, éste le espeta:

> —*"¿Sobre qué tratan sus artículos, doctor Coca...?" (Así pues* [escribe un azorado Freud], *se asociaba la coca con mi nombre).*[496]

Un año después, le cuenta asimismo cómo, después de una sesión agotadora con Charcot, consume "algo de cocaína para poder abrir la boca".[497] Dos días después de esta misiva, el mismo Charcot invitaría a Freud y a otro médico de apellido Richetti a cenar. Freud le confía a Martha que, camino a la casa del venerado maestro, Richetti "estaba nerviosísimo; yo muy tranquilo con la ayuda de una pequeña dosis de cocaína".[498] Un mes después, Freud escribe a su prometida:

> *La pequeña cantidad de cocaína que he tomado me vuelve muy hablador, mujercita* [y después de asistir a una cena, Freud continúa]: *me he aburrido como una ostra; sólo me salvó el poco de cocaína que tomé.*[499]

A lo largo de 1885, 1886 y 1887 circularon críticas contra la actitud favorable que Freud manifestaba hacia la droga, entre ellas y en especial las de Friedrich Albrecht Adolf Erlenmeyer (1849-1926)[500] —quien calificó a la cocaína como el tercer azote de la humanidad después del alcohol y

---

[496] Carta a Martha Bernays del 16 de enero de 1885, en: Freud, Sigmund, *Cartas de amor* [1882-1886], México, Ediciones Coyoacán, 1995, p.111.

[497] Carta a Martha Bernays del 18 de enero de 1886, en: Caparrós, Nicolás (editor), *Correspondencia de Sigmund Freud* (tomo I), *op.cit.*, p.428.

[498] Carta a Martha Bernays del 20 de enero de 1886, *Ibíd.*, p.430.

[499] Carta a Martha Bernays del 2 de febrero de 1886, *Ibíd.*, pp.435 y 437.

[500] Críticas publicadas en el *Zentralblatt für Nervenheilkunde*.

la morfina–,[501] y las de Louis Lewin (1850-1929), quien señalaba que si Freud buscaba curar a un morfinómano con cocaína sólo obtendría un caso de doble adicción o "doble ansia".[502] En julio de 1887, Freud publicaría una réplica a esas críticas en sus "Puntualizaciones sobre cocainomanía y cocainofobia (a propósito de una conferencia de W. A. Hammond (1887)". En este artículo, aseguraba que la cocaína no es peligrosa ni crea hábito, que puede administrarse libremente y que su uso prolongado –lejos de provocar adicción– puede en cambio despertar una aversión a la sustancia (errores patentes a la luz de las investigaciones posteriores). Sin embargo advierte:

> *Considero aconsejable abandonar dentro de lo posible la aplicación de cocaína en forma de inyección subcutánea para el tratamiento de afecciones internas y nerviosas".*[503]

La anterior afirmación matizaba la recomendación que había hecho en los complementos a *Über coca* de utilizar este método en casos de ciática. En realidad esta restricción debió haberse ampliado a todos los casos pues fue una aplicación subcutánea de cocaína la que mataría a su querido amigo Fleischl en 1891, cuatro años después de publicado el artículo aquí referido. Así, las investigaciones sobre la cocaína son, sólo en apariencia, una digresión en la ruta científica de Freud, aunque él mismo opinara lo contrario muchos años después:

> *El estudio sobre la coca era un "alotrion", un hobby que me apartaba del riguroso cumplimiento de un deber de investigación.*[504]

En realidad, basta revisar los artículos escritos en el mismo periodo en que la cocaína le significó un marcado interés (1884-1887) para demostrar lo anterior.

---

[501] Erlenmeyer, F. A. (1885), "Crítica del punto de vista de Freud sobre la cocaína", en: *Zbl. Nervenheilk*. Neuropsiquiatra de formación, Erlenmeyer fue el primero en utilizar bromuro en el tratamiento de la epilepsia.

[502] V. Lewin, Louis, "Cocainismo", en: Freud, Sigmund, *Escritos sobre la cocaína* [1884-1898], *op.cit.*, p.295. Este médico farmacólogo y toxicólogo prusiano describió los efectos de la mezcalina en 1888 y es el autor de *Phantastica, Narcotic And Stimulating Drugs* (1924), una notable recopilación de la historia y los efectos de las drogas psicotrópicas.

[503] Freud, Sigmund, *Escritos sobre la cocaína* [1884-1898], *op.cit.*, pp.220-221.

[504] Carta a Fritz Wittels del 12 de diciembre de 1923, en: Caparrós, Nicolás (editor), *Correspondencia de Sigmund Freud* (tomo IV), *op.cit.*, p.500.

---

El mismo año que Freud prueba la cocaína por primera vez (1884), además de *Über coca*, escribe también tres artículos que versan sobre anatomía del sistema nervioso: "Un caso de hemorragia cerebral con síntomas basales focales indirectos en un paciente con escorbuto",[505] "Un nuevo método para el estudio de los tractos nerviosos en el sistema nervioso central",[506] y "La estructura de los elementos del sistema nervioso".[507]

En 1885, a la par que escribe los cuatro artículos ya referidos sobre el alcaloide, también redacta dos informes de anatomopatología: "Un caso de atrofia muscular con perturbaciones extensas de la sensibilidad (siringomielia)" y "Noticia sobre el tracto interolivar".[508] Lo anterior se confirma en dos cartas enviada a Martha Bernays:

> *...han publicado palabra por palabra, mi segundo trabajo sobre la coca*[509] *(...) Y a continuación viene lo principal: he hecho algunos*

---

[505] *"Ein Fall von Hirnblutung mit indirekten basalen Herdsymptomen bei Scorbut".* *Wiener Medizinische Wochenschrift* 34, núm. 9, 244 y núm. 10, 276. "Mi primera pequeña publicación", dice Freud de este escrito, en el que hace patente su rigor científico refiriendo que un aprendiz de sastre con escorbuto lo había visitado. Al observarlo sospecha Freud de una hemorragia cerebral, conjetura su probable localización y deja transcurrir las horas "observando el interesante y variadísimo curso de la enfermedad hasta las siete, hora en que se presentó una parálisis simétrica; de modo que hasta su muerte, a las ocho, no se me ha escapado un detalle", relata. Queda claro que, en efecto –y como cualquier médico–, que Freud trataba "el sufrimiento humano como un objeto". V. las cartas a Martha Bernays del 18 y el 22 de enero de 1884, en: Caparrós, Nicolás (editor), *Correspondencia de Sigmund Freud* (tomo I), *op.cit.,* pp.327 y 328 respectivamente.

[506] *Eine neue Methode zum Studiem des faserverlanges in Centralnervensystem.* Este escrito sería revisado posteriormente y era, para el Freud de entonces, "el mejor que jamás haya hecho, aunque todavía no he cosechado ni una palabra de reconocimiento y sí reproches por supuesta falta de consideración a la literatura existente sobre el tema". V. las cartas a Martha Bernays del 14 de febrero y 14 de agosto de 1884; *Ibíd.,* pp.334 y 358 respectivamente.

[507] *Die Struktur der Elemente des Nervensystems* [1884], Zentralblatt für Psychiatrische Neurologie, 5, Tomo 3, 221.

[508] También traducido como "Sobre el conocimiento del canal interolivar" (*"Zur Kenntnis der Olivenzwischenschicht", Neurologisches Zentralblatt,* 4, núm. 12, 268.

[509] Se refiere a "Sobre los efectos generales de la cocaína" (1885).

*excelentes descubrimientos en el terreno de la anatomía cerebral, unos cinco o seis, los cuales serán las bases del próximo artículo.*[510]

Y, por si hubiera duda de la importancia que seguían teniendo las investigaciones en el terreno de la anatomía cerebral, Freud le asegura a Martha que su única competencia en el área libidinal será su condición de investigador en *ese* campo:

> *Al igual que a ti te divierten las compras y los quehaceres hogareños, a mí me estimula el deseo de esclarecer los enigmas de la estructura cerebral. Creo que la estructura del cerebro es la única competencia legítima que has tenido y que tendrás jamás.*[511]

Freud dedica el año 1886 a artículos estrictamente médicos: "Neuritis múltiple aguda de los nervios espinales y craneanos", "Sobre la relación del cuerpo restiforme con la columna posterior y su núcleo, con algunas puntualizaciones sobre dos campos del bulbo raquídeo", "Sobre el origen del nervio acústico",[512] "Observación de un caso severo de hemianestesia en un varón histérico (Contribuciones a la casuística de la histeria, I)".

En 1887, defendiéndose de los ataques en su contra, sólo dedica a la cocaína el artículo de desagravio ya citado. En cambio, publica ocho poderosos artículos que elucidan problemas metapsicológicos –"La neurastenia aguda" y "El tratamiento de ciertas formas de neurastenia e histeria"–, además de otros seis trabajos dedicados al sistema nervioso: Monoplejía anestésica", "Orientación para el estudio de los órganos centrales del sistema nervioso en el estado de salud y en el patológico", "El sistema nervioso", Contribución a la técnica de coloración de los nervios", "Contribuciones al conocimiento de las vías de conducción en la médula espinal" y "Sobre las relaciones recíprocas entre los núcleos de origen de los nervios motores oculares".

---

[510] Carta a Martha Bernays del 31 de marzo de 1885, en: Caparrós, Nicolás (editor), *Correspondencia de Sigmund Freud* (tomo I), *op.cit.*, p.375. En la misma carta, Freud consigna la feroz competencia que enfrentaba en ese terreno del saber: "Varias de las cosas que estoy descubriendo están siendo publicadas de forma fragmentada todas las semanas por otra persona".

[511] Carta a Martha Bernays del 17 de mayo de 1885, *Ibíd.*, p.381.

[512] Freud, Sigmund, "Ueber den Ursprung des Nervus acusticus", *Monatsschrift für Ohrenheilkunde*, Neue Folge, XX [1886], pp.245-251, 277-282.

Sirva esta extensa reseña de los trabajos que Freud publicara entre 1884 y 1887 para mostrar cómo la anatomía seguía siendo su preocupación central.

Fracasado el intento de que la cocaína fuera la sustancia cuyo influjo aliviara problemas relativos al sistema nervioso (la ansiada conexión entre farmacología y anatomía), Freud prosiguió la construcción de lo que varios años después denominaría *metapsicología*. Desde una perspectiva epistemológica, bien se ve cómo Freud ensayó varias superficies de inscripción posibles para el psicoanálisis. La cocaína no pudo advenir al lugar de objeto articulador entre dos horizontes de saber (el farmacológico y el anatómico). Por tanto, la rejilla de especificación metapsicológica no lograba formalizar aún las categorías que instituirían poco tiempo después una verdadera matriz discursiva.

## Una psicología *otra*

Ensayar una breve arqueología de la palabra "psicoanálisis"[513] en la obra freudiana, remite a dos fuentes precisas: en *Las neuropsicosis de defensa* (1894) se habla de "análisis psíquico", "análisis clínico-psicológico", "análisis

---

[513] Cf. con las notas de James Strachey vertidas en *Las neuropsicosis de defensa (Ensayo de una teoría psicológica de una histeria adquirida, de muchas fobias y representaciones obsesivas, y de ciertas psicosis alucinatorias)* (1894), en: Freud, Sigmund, *Obras Completas, op.cit.,* vol. III, p.48, n.6.

hipnótico" y "análisis psicológico";[514] y en la "Comunicación preliminar" de los *Estudios sobre la histeria* (1895) se lee el verbo "analizar".[515]

Sin embargo, sería hasta *La herencia y la etiología de las neurosis* (1896) donde Freud utilizaría por primera vez la palabra *psicoanálisis*[516] (todos los escritos anteriores a esta fecha pueden considerarse "prepsicoanalíticos"). En lo que al concepto metapsicología se refiere, la fuente primera se encuentra en la correspondencia con Fliess: "La psicología –metapsicología en verdad– me ocupa sin cesar" escribió Freud en una carta de febrero de 1896.[517] Con este neologismo crismaba el fundamento epistémico del psicoanálisis.

Repárese bien en lo siguiente: entre *La herencia y la etiología de las neurosis* (5 de febrero de 1896) y la carta a Fliess recién citada (13 de febrero de 1896) media sólo una semana. De tal suerte que *psicoanálisis* y *metapsicología* fueron términos forjados prácticamente de manera simultánea. Sin duda es "altamente significativo que aproximadamente en el mismo momento aparezcan dos términos que abarcan contenidos semánticos distintos, pero que sirven ambos para nombrar la identidad epistémica freudiana, o bien –ése es el problema– dos identidades, dos formas de desciframiento de la identidad epistémico".[518]

A finales de 1896, año crucial, Freud llamaría a la metapsicología "criatura ideal de mis desvelos",[519] y durante los trece meses posteriores a esta carta maceraría sus reservas sobre la pertinencia del nuevo concepto. Prueba de esta tribulación es una carta a Fliess en la que Freud lo emplaza a formular un juicio definitivo sobre los alcances del mismo:

---

[514]   *Ídem*, pp.48, 54, 60 y 74 respectivamente.
[515]   "Sobre el mecanismo psíquico de fenómenos histéricos: comunicación preliminar (Breuer y Freud) (1893), en: Freud, Sigmund, *Obras Completas*, *op.cit.*, vol. II, p.33.
[516]   *La herencia y la etiología de las* neurosis (1896), en: Freud, Sigmund, *Obras Completas*, *op.cit.*, vol. III, p.151.
[517]   Carta del 13 de febrero de 1896, en: Freud, Sigmund, *Cartas a Wilhelm Fliess (1887-1904)*, *op.cit.*, p.182.
[518]   Assoun, Paul-Laurent, *Introducción a la epistemología freudiana* [1981], *op.cit.*, p.122.
[519]   Carta del 17 de diciembre de 1896, en: Freud, Sigmund, *Cartas a Wilhelm Fliess (1887-1904)*, *op.cit.*, p.229. La traducción de Nicolás Caparrós difiere sensiblemente: "mi ideal abrumadoramente infantil: metapsicología", en: *Correspondencia de Sigmund Freud*, Tomo II (1886-1908), *op.cit.*, p.218.

*Quiero preguntarte seriamente si me es lícito emplear el nombre de*
*metapsicología para mi psicología que conduce tras la conciencia.*[520]

He aquí formulada de manera sucinta la esencia de la subversión freudiana, puesto que el prefijo *meta* significa "al lado de "como "más allá de": Freud escribe sin ambages *"mi* psicología", esto es, la psicología de su invención (que en algún momento llamaría "profunda") y que se ocupa de aquellos procesos que la psicología clásica ("la de al lado") descuida; pero Freud especifica también que su psicología "conduce tras la conciencia", y por tanto va "más allá de" ese objeto que la psicología tradicional privilegia. De suerte que la precisión conceptual era imperiosa pues lo que así se nombraba era un limen epistemológico. Es en ese contexto que "Fliess es interpelado: debe juzgar, por conocer un poco *la cosa*, si el *nombre* es apropiado. Momento de duda larvada: ¿ha nombrado bien lo que hace? Pero la palabra es adoptada (…) está en adelante ligada a la identidad freudiana".[521]

Adviértase sin embargo que –salvo en su correspondencia privada–, el término *metapsicología* prácticamente no figurará en escrito alguno sino hasta 1915, donde alude ya no al método sino a las manifestaciones clínicas del objeto metapsicológico por excelencia: lo inconsciente. Sin embargo, una excepción –no menor, por cierto– obliga a matizar este aserto: en su ensayo sobra la psicopatología cotidiana Freud menciona al pasar la necesidad de "trasponer la metafísica a metapsicología".[522] ¿Qué quiere decir con esto? Momentos antes de enunciar su imperativo, Freud explica la particularidad de un proceso psíquico que tiene lugar en tres tiempos: a partir de una percepción endopsíquica, el sujeto proyecta al exterior lo percibido, construyendo una realidad suprasensible objetivada como espectro metafísico o mitológico. La metapsicología tendría por tarea instrumentar la retroversión de esa realidad suprasensible a su original condición de proceso inconsciente. Adviértase asimismo que Freud propone una analogía ente este fenómeno de proyección y lo que toda paranoia permite observar. La comparación es interesante en extremo porque enuncia

---

[520] Carta del 10 de marzo de 1898, en: Freud, Sigmund, *Cartas a Wilhelm Fliess (1887-1904), op.cit.,* p.329.

[521] Assoun, Paul-Laurent, *Introducción a la epistemología freudiana* [1981], *op.cit.,* p.121.

[522] *Psicopatología de la vida cotidiana* (1901), en: Freud, Sigmund, *Obras Completas, op.cit.,* vol. VI, p.251. ¿No hay aquí una consigna que exige ser contrastada con lo que representan las obras de 1915?

---

de modo implícito que un fenómeno elemental inscrito en el campo de las psicosis (la alucinación del paranoico) *espeja* un proceso psíquico también presente en las neurosis. Es decir, el linde que distinguiría lo normal de lo mórbido sólo se acentuaría si en un campo (el de las psicosis) hubiera un aumento sensible en determinadas operaciones psíquicas (de investimiento, por caso), que de permanecer por debajo de cierto umbral serían habituales en otro campo clínico (el de las neurosis).

Lo anterior recuerda a Canguilhem quien, citando a Renan, señalaba que todo estado mórbido ofrece al investigador un medio de observación privilegiado porque los mismos fenómenos que en la salud aparecen diluidos, manifiestan todo su alcance cuando una variación cuantitativa los torna patológicos. En efecto, los estados alternos de conciencia (la locura, el sueño, la alucinación, el sonambulismo, el delirio) proporcionan un campo de observación privilegiado que no se encuentra en las situaciones normales, "porque los fenómenos que, en este estado, se encuentran como borrados por su tenuidad, aparecen en las crisis extraordinarias de una manera sensible por su exageración".[523] Similar perspectiva tenía Comte, quien afirmaba:

> *Hay en nosotros en cada instante muchas más posibilidades fisiológicas de las que dice la fisiología. Pero se necesita la enfermedad para que se nos revelen.*[524]

En una carta a Jung, Freud esclarece de manera aguda el fenómeno de la proyección, ligando sus reflexiones a la tópica que en detalle propusiera a Fliess en la popularmente llamada carta 52 para ilustrar la naturaleza del aparato psíquico:[525] un proceso psíquico investido anímicamente (*affektbesetzter*) es susceptible de ser proyectado de acuerdo a ciertos presupuestos. La conciencia registra *percepciones* (*Wahrnehmungen*) del exterior, y *sensaciones* (*Empfindungen*) del interior. Las percepciones, explica Freud, tienen cualidades y no están investidas; las sensaciones son de naturaleza más cuantitativa y pueden ser investidas de un modo intenso por ser manifestaciones pulsionales.[526] De manera que las investiduras cuantitativas atañen a lo interior, mientras las cualitativas competen a lo

---

[523]  Citado en: Canguilhem, George, *Lo normal y lo patológico* [1966], *op.cit.*, p.22.

[524]  Ídem, pp.28 y 70.

[525]  Cf. carta del 6 de diciembre de 1896, en: Freud, Sigmund, *Cartas a Wilhelm Fliess (1887-1904)*, *op.cit.*, p.218.

[526]  Se tiene aquí la definición de lo que para la metapsicología es un *sentimiento*: "la percepción íntima de un investimiento pulsional" (V. carta a Jung del 27 de

exterior. Todo proceso psíquico admite participación de ambos extremos. Pero si en las percepciones se cree a pie juntillas, no sucede lo mismo con las sensaciones que son cribadas por una *prueba de realidad"* (*Realitätsprüfung*), para examinar si provienen de la realidad objetiva o no.[527]

Para dar cuenta de espectros conceptuales por demás complejos (objetivo/ subjetivo, interior/ exterior, atención, conciencia, realidad), Freud redactó –entre otros textos– sus *Formulaciones sobre los dos principios del acaecer psíquico* (1911), donde define la atención como un examen periódico que los sentidos y la conciencia hacen del mundo externo.[528]

Enfatizar este despliegue metapsicológico es fundamental porque cuando en su *Psicopatología de la vida cotidiana* Freud habla de *la ciencia* que debe reconducir la realidad suprasensible a lo inconsciente, se está refiriendo al psicoanálisis. De ahí que "trasponer la metafísica a metapsicología" enunciaba la consigna que guiaría la producción freudiana a lo largo del entonces apenas iniciado siglo XX.

## *Psicología científica / Psicología profunda vs. Psicoanálisis*

En los inicios de su obra Freud consideró que el término psicoanálisis implicaba un complejo teórico donde la psicología podía invocarse sin dificultad puesto que se trataba de acometer procesos psíquicos determinados. No obstante, habló de una *psicología científica* para deslindar al psicoanálisis de aquella psicología que sólo consideraba los procesos psíquicos conscientes. A la distancia, la pregunta que de esto surge es obvia: ¿por qué era necesario evocar el significante *psicología* si Freud había ya forjado en 1895 los conceptos *psicoanálisis* y *metapsicología*?

---

agosto de 1907, en: Caparrós, Nicolás (editor), *Correspondencia de Sigmund Freud* (tomo II), *op.cit.*, p.588.

[527] Carta a Jung del 14 de abril de 1907, *Ibíd.*, p.556. Razonamientos como éste (y tantos otros de su vasta obra) contradicen una creencia que Freud mismo tenía sobre su método de trabajo: "soy casi siempre incapaz de exponer una secuencia prolongada de conexiones"; o: "las síntesis se me hacen difíciles y solamente las logro en periodos especialmente favorables". V. cartas a Jung del 25 de febrero y 25 de mayo de 1908, *Ibíd.*, pp.628 y 653 respectivamente.

[528] La primera referencia al tema del *examen de realidad* se encuentra en el *Proyecto de psicología* (1950 [1895]), parte 1, punto 15: "Proceso primario y secundario en Psi", en: Freud, Sigmund, *Obras Completas, op.cit.*, vol. I, p.370, n.80.

---

Merece detallarse cómo fue que, por lo menos durante década y media, Freud mantuvo esta dualidad conceptual que homologaba psicología científica a psicoanálisis habiendo instituido ya el término *metapsicología*:

Es verdad, como afirma Strachey que "hasta el fin de su vida Freud siguió sosteniendo la etiología química de las neurosis 'actuales'[529] y creyendo que a la postre se descubriría el fundamento físico de todos los fenómenos mentales. En el ínterin sólo gradualmente llegó a adoptar la concepción de Breuer en cuanto a que los procesos psíquicos debían tratarse en el lenguaje de la psicología", pues homologar –por ejemplo– *representación* y *excitación cortical* implicaría "un postulado, un asunto de discernimiento futuro y esperado".[530] Esto es: si para Breuer también era cuestión de tiempo que los fenómenos psíquicos encontraran explicación y asiento anatómico, debían explicarse *en tanto esto no sucediera* en términos psicológicos. Nótese que –en palabras de Strachey– se trataba de dar cuenta de fenómenos *mentales* (cerebrales, neuronales), cuando en realidad se trataba de procesos *psíquicos*; diferenciar ambos espectros equivale a distinguir asimismo los campos de aplicación propios de la medicina psiquiátrica y de la psicología del ámbito específicamente psicoanalítico o metapsicológico.

Un párrafo de los *Estudios sobre la histeria* (1893-95) ilustra cómo la tesis de Freud sobre la irreductibilidad de la anatomía psíquica tardó en resignar la esperanza de una explicación médica a los fenómenos psíquicos discernidos por la metapsicología. Cuando un paciente le decía que si los infortunios de una vida derivan en sufrimiento, y si nada remedia lo acontecido, ¿cómo pretendía auxiliarlo?, Freud respondía:

> *No dudo de que al destino le resultaría por fuerza más fácil que a mí librarlo de su padecer. Pero (…) es grande la ganancia si conseguimos mudar su miseria histérica en infortunio ordinario. Con un sistema nervioso restablecido usted podrá defenderse mejor de este último.*[531]

---

[529] En ese tiempo Freud distinguía las, por él llamadas, "neurosis actuales" (neurastenia y neurosis de angustia) de las "psiconeurosis" (histeria y neurosis obsesiva), en una nosología aún titubeante y por demás equívoca.

[530] V. la nota introductoria de James Strachey a los *Estudios sobre la histeria* (1893-95) y la parte teórica que en esta obra corrió a cargo de Breuer, en: Freud, Sigmund, *Obras Completas, op.cit.*, vol. II, pp. 18 y 197 respectivamente.

[531] *Ibíd.*, p.309.

Pues bien, Strachey consigna que en 1925 (¡treinta años después!) Freud modificó la última línea cambiando "sistema nervioso" por "vida anímica", con lo que a partir de entonces se lee: "...usted se convencerá de que es grande la ganancia si conseguimos mudar su miseria histérica en infortunio ordinario. Con una vida anímica [*Seelenleben*] restablecida usted podrá defenderse mejor de este último".

Por otro lado, en su libro dedicado al chiste Freud ratificaría el rechazo a emparentar las anatomías psíquica y somática de otro modo que no fuera provisional: aclara que al hablar de "la desplazabilidad de la energía psíquica a lo largo de ciertas vías asociativas" no se refiere a "caminos a células" ni a "los sistemas de neuronas que hoy hacen sus veces, si bien es forzoso que esos caminos sean figurables, de una manera que aún no sabemos indicar, por unos elementos orgánicos del sistema nervioso".[532] De modo que los símiles nerviosos *hacen las veces* figurativas de lo que la metapsicología elucubraba sobre ciertas funciones del aparato psíquico. Debe enfatizarse la ratificación antemencionada, pues en una fecha tan temprana como 1893 ya afirmaba exactamente lo mismo aduciendo que la sintomática histeria se manifestaba como un franco desafío a las leyes anatómicas.[533] Pero en el mismo libro dedicado al chiste, Freud no ceja en el empeño por hacer del psicoanálisis una psicología científica evocando lo dicho por T. Lipps:

> *La tarea de la psicología* [debería ser] *inferir, desde la constitución de los contenidos de conciencia y de su concatenación temporal, la naturaleza de aquellos procesos inconscientes. La psicología tiene que ser una teoría de esos procesos.*[534]

Desde *La interpretación de los sueños* Freud se había adherido sin reservas a esta conjetura:

---

[532]  V. *El chiste y su relación con lo inconsciente* [1905], en: Freud, Sigmund, *Obras Completas, op.cit.*, vol. VIII, p.141.

[533]  V. *Algunas consideraciones con miras a un estudio comparativo de las parálisis motrices orgánicas e histéricas* (1893), en: Freud, Sigmund, *Obras Completas, op.cit.*, vol. I, p.206.

[534]  Lipps, T., "Der Begriff des Unbewussten in der Psychologie", *Records of the Third Int. Congr. Psychol.* [1897], Munich, p.599-600, 602.

> *La cuestión del inconsciente en la psicología es, según la autorizada*
> *palabra de Lipps (1897), menos una cuestión psicológica que la cuestión*
> *de la psicología.*[535]

Freud había hecho suya esta bandera: la psicología, psicoanálisis mediante, *tenía que ser* una teoría de los procesos psíquicos inconscientes. Esa era *la* cuestión a la que la psicología debía arribar por instancia del psicoanálisis. Por eso no extraña que en una fecha tan avanzada como 1911 Freud aún concibiera una especie de psicoanálisis fundado en la psicología:

> *Dentro de la psicología fundada en el psicoanálisis nos hemos*
> *habituado a tomar como el punto de arranque los procesos psíquicos*
> *inconscientes, de cuyas peculiaridades devenimos consabedores por el*
> *análisis.*[536]

A la postre, mantener el vocabulario neurológico sería tan penoso como el empeño por hacer del psicoanálisis una suerte de psicología científica. En su tribulación por esclarecer la especificidad del proceso defensivo a la luz de la metapsicología, Freud le escribe a Fliess:

> *La psicología es realmente una cruz (...) No quería otra cosa*
> *que "explicar algo" desde el seno de la naturaleza misma. Me he visto*
> *obligado a reelaborar (...) toda la psicología. Ahora no quiero saber nada*
> *más de eso. La sopa está servida, de otro modo seguiría lamentándome.*[537]

Así, no había más que "dos sopas" (además de la que Martha Bernays le había servido): o *reelaborar la psicología toda*, o *instituir la metapsicología* como aquello que trascendería las contradicciones inherentes a una disciplina incapaz de asimilar un espectro tan amplio como el de los procesos psíquicos inconscientes. Lo que Theodor Lipps (1851-1914) deseara para la psicología hace más de un siglo devino el campo de aplicación del psicoanálisis: hoy día lo inconsciente constituye *la* cuestión metapsicológica. Dicho de otro modo: la metapsicología *es* la teoría más afinada de los procesos

---

[535] *La interpretación de los sueños* (1900[1899]), capítulo VII, "Sobre la psicología de los procesos oníricos", apartado F, "Lo inconsciente y la conciencia. La realidad", en: Freud, Sigmund, *Obras Completas*, *op.cit.*, vol. V, p.599.

[536] *Formulaciones sobre los dos principios del acaecer psíquico* (1911), en: Freud, Sigmund, *Obras Completas*, *op.cit.*, vol. XII, p.224.

[537] Carta del 16 de agosto de 1895, en: Freud, Sigmund, *Cartas a Wilhelm Fliess (1887-1904)*, *op.cit.*, p.140.

psíquicos inconscientes. Es por eso, afirma Assoun, que "el psicoanálisis, al querer 'conquistar' los procesos inconscientes para la psicología, se confirma como parte del continente psicológico, pero introduce en él un objeto significativamente descuidado por la psicología, de modo tal que la 'subvierte' de alguna manera y rediseña su topografía".[538] De tal suerte que el psicoanálisis se revela (…) como *operador crítico de la psicología*".[539]

En una vertiente análoga al de la psicología científica, la expresión *psicología profunda* fue acuñada en 1910 por el psiquiatra Eugen Bleuler (1857-1939) para designar la psicología freudiana.[540] Para entonces, tres lustros hacía ya (1896) que Freud había forjado dos conceptos capitales para designar el campo de su experiencia: *metapsicología y psicoanálisis*. Por su alcance epistemológico, la expresión *psicología de lo profundo* (*Tiefenpsychologie*) está emparentada con ambos conceptos y aparece en la obra freudiana en distintos momentos y contextos que conviene evocar para circunscribir mejor el ámbito de fenómenos psíquicos implicado:[541] Hacia 1913 Freud justificaba el uso de la expresión por la necesidad de distinguir la metapsicología de la psicología canónica:

> *El estudio psicoanalítico de los sueños ha inaugurado una perspectiva sobre una psicología de lo profundo no vislumbrada hasta ese momento. Serán necesarios radicales cambios en la psicología normal para ponerla de acuerdo con estas nuevas intelecciones.*[542]

Pero los cambios radicales en el campo de la psicología clásica nunca llegaron, por lo que dos años después Freud se vio precisado a fijar de modo tajante el límite ente ambos campos: lo que distingue al psicoanálisis de la psicología descriptiva y conciencialista es la concepción de una tópica

---

[538] Assoun, Paul-Laurent, *Perspectivas del psicoanálisis* [1997], Buenos Aires, Prometeo, 2006, p.53.

[539] *Ibíd.*, p.55.

[540] Bleuler, Eugen, *Die Psychoanalyse Freuds. Verteidigung und Kritische Bernerkungen* [1910] ("El psicoanálisis de Freud. Defensa y observaciones críticas"); en: "Jahrbuch für psychoanalitische und psychopathologische Forschungen".

[541] "Esto confirma que la metapsicología, para Freud, es más una *necesidad* constitutiva y una declaración de identidad (epistémica) que un rótulo estable y fijado" (Assoun, Paul-Laurent, *Figuras del psicoanálisis* [1997], Buenos Aires, Prometeo, 2005, p.168.)

[542] *El interés por el psicoanálisis* (1913), en: Freud, Sigmund, *Obras Completas*, *op.cit.*, vol. XIII, p.175.

psíquica, la intelección dinámica de los procesos psíquicos y la especificación de los sistemas en que esos juegos anímicos tiene lugar; en suma, se trata de nuevos argumentos y contenidos. "A causa de este empeño ha recibido también el nombre de psicología de lo profundo".[543] Se entiende que esta psicología de lo profundo se diferencia de una psicología académica –prepsicoanalítica–, y se opone radicalmente a una psicología de la superficie (*Oberflächenpsychologie*), –no analítica.

Para Freud, el psicoanálisis representaba el "primer ensayo de psicología profunda",[544] disciplina que –sin renunciar a su especificidad– buscaba correspondencias con la psiquiatría, concebida entonces por él como "una ciencia esencialmente descriptiva y clasificatoria cuya orientación sigue siendo más somática que psicológica, y que carece de posibilidades de explicar los fenómenos observados".[545] Freud era enfático en aclarar que el psicoanálisis no se oponía a la disciplina psiquiátrica. Muy por el contrario, ofrecía proveerla de una base sólida para mitigar su estrechez y elevarla a la condición de psiquiatría científica. Nótese que, Freud no consideraba que la psiquiatría mereciera el adjetivo *científica* mientras limitara su orientación a lo somático. Es en el ámbito de lo psíquico que la metapsicología podía reportar grandes beneficios al saber psiquiátrico pues, hacia 1922 "psicoanálisis es el nombre: 1) de un procedimiento que sirve para indagar procesos anímicos difícilmente accesibles por otras vías; 2) de un método de tratamiento de perturbaciones neuróticas, fundado en esa indagación, y 3) de una serie de intelecciones psicológicas, ganadas por ese camino que poco a poco se han ido coligando en una nueva disciplina científica".[546]

En un balance del estado que guardaba el psicoanálisis hacia 1924, Freud pedía proclamar "al psicoanálisis como doctrina de los procesos anímicos más profundos, no accesibles directamente a la conciencia, como 'psicología de las profundidades' ",[547] término que en ciertas traducciones aparecería

---

[543] *Lo inconsciente* (1915), en: Freud, Sigmund, *Obras Completas, op.cit.*, vol. XX, p.169.

[544] *¿Debe enseñarse el psicoanálisis en la Universidad?* (1919), en: Freud, Sigmund, *Obras Completas, op.cit.*, vol. XVII, p.170.

[545] *Dos artículos de enciclopedia: 'Psicoanálisis' y 'Teoría de la libido'* (1923), en: Freud, Sigmund, *Obras Completas, op.cit.*, vol. XVIII, p.247.

[546] *Ibíd.*, p.231.

[547] *Breve informe sobre el psicoanálisis* (1924[1923]), en: Freud, Sigmund, *Obras Completas, op.cit.*, vol. XIX, p.218.

transmutado en "psicología abisal".[548]Amplio era, entonces, el espectro que a la metapsicología le estaba reservado:

> *Si nos es lícito suponer dondequiera (…) la vida anímica inconsciente (…) es razonable esperar que aplicando el psicoanálisis a los más diversos campos de la actividad espiritual se sacarán a luz por doquier resultados importantes y no alcanzados hasta ahora.*[549]

Hacia 1926, Freud enfatizaba que lo abisal no era otra cosa que el más allá de la conciencia al hablar indistintamente de "psicología de las profundidades o psicología de lo inconsciente".[550] Y atento a los riesgos que la vertiente terapéutica del psicoanálisis podía eventualmente representar para la independencia epistemológica de la metapsicología, sentenciaba:

> *En modo alguno consideramos deseable que el psicoanálisis sea fagocitado por la medicina y termine por hallar su depósito definitivo en el manual de psiquiatría, dentro del capítulo "Terapia" (…) Merece un mejor destino, y confiamos en que lo tendrá.*[551]

Imposible pasar por alto el duro juicio que Freud enfila contra las técnicas (sugestión hipnótica, autosugestión, persuasión) que tan sólo tres décadas antes habían apuntalado la entonces precaria identidad de la metapsicología, cuando escribe que esos procedimientos figurarían junto a la palabra "terapia".[552] Por otra parte, que lo metapsicológico impregnaría campos de conocimiento específico, era para Freud evidente. Aún más, lo psicoanalítico no podría evadirse cuando de reflexionar la condición humana se tratara:

> *Como "psicología de lo profundo", doctrina de lo inconsciente anímico, puede pasar a ser indispensable para todas las ciencias que se*

---

[548]  Cf. las traducciones de José Luis Etcheverri (Buenos Aires, Amorrortu, 24 vols., 1993) y la de Luis López-Ballesteros y de Torres (Madrid, Biblioteca Nueva, 3 vols., 1973).

[549]  *Breve informe sobre el psicoanálisis* (1924 [1923]), en: Freud, Sigmund, *Obras Completas, op.cit.,* vol. XIX, p.218.

[550]  *¿Pueden los legos ejercer el psicoanálisis? Diálogos con un juez imparcial* (1926), en: Freud, Sigmund, *Obras Completas, op.cit.,* vol. XX, p.193.

[551]  *Ibíd.,* p.232.

[552]  Cf. *Ibídem*

*ocupan de la historia genética de la cultura humana y de sus grandes instituciones, como el arte, la religión y el régimen social.*[553]

Redactados en tercera persona, dos artículos destinados a ser insertos en una enciclopedia, fueron palestra para que Freud distinguiera dos acepciones que para entonces (1926) confluían en la metapsicología: hablando de sí mismo en tercera persona, explicaba:

> *Creó el nombre de psicoanálisis, que en el curso del tiempo cobró dos significados. Hoy designa: 1) un método particular para el tratamiento de las neurosis, y 2) la ciencia de los procesos anímicos inconscientes, que con todo acierto es denominada también "psicología de lo profundo".*[554]

De hecho, esta breve exposición enciclopédica rememora el sesgo terapéutico característico del psicoanálisis en sus tiempos primeros,[555] y su posterior formalización en términos de metapsicología (*ciencia*, dice Freud, de lo inconsciente). Este pasaje del registro terapéutico al espectro estrictamente epistemológico encuentra su exposición más acabada en un escrito titulado, simplemente, *Psicoanálisis*. Especificando que la superestructura teórica de esta práctica era aún insuficiente y –por ende– se encontraba en continua reconsideración, pasa a definir los 3 aspectos (dinámico, económico y tópico) que conforman un proceso metapsicológico:

> *El primer aspecto* [dinámico], *reconduce todos los procesos psíquicos (...) al juego de unas fuerzas que se promueven o inhiben unas a otras, se conectan entre sí, entran en compromisos, etc.*[556]

Este bullente complejo de fuerzas supone determinados montos libidinales que deben mantenerse al nivel más bajo posible por la regulación de los flujos excitatorios que caracteriza al aparato psíquico:

> *La consideración económica supone que las subrogaciones psíquicas de las pulsiones están investidas con determinadas cantidades de energía*

---

[553] *Ibídem*

[554] *Psicoanálisis* (1926), en: Freud, Sigmund, *Obras Completas, op.cit.*, vol. XX, p.252.

[555] En la segunda de sus *Cinco conferencias sobre psicoanálisis* (1909), Freud define escuetamente su disciplina como un "método de tratamiento" (de las neurosis, se entiende). V. Freud, Sigmund, *Obras Completas, op.cit.*, vol. XI, pp.18-24.

[556] *Psicoanálisis* (1926), en: Freud, Sigmund, *Obras Completas, op.cit.*, vol. XX, p.254.

*(cathexis) y que el aparato psíquico tiene la tendencia a prevenir una estasis de esas energías.*[557]

Los dos aspectos anteriores (atinentes al monto y al rejuego de fuerzas libidinales) debe acontecer en algún sitio (cuyos estamentos Freud define como *ello* ("portador de las mociones pulsionales"), *yo* ("que constituye el sector más superficial del ello, modificado por el influjo del mundo exterior"), y *superyó* ("que, proveniente del ello, gobierna al yo y subroga las inhibiciones pulsionales"):[558]

> *La consideración tópica concibe al aparato anímico como un instrumento compuesto y busca establecer en él los lugares donde se consuman los diferentes procesos anímicos.*[559]

Como ya se vio, una década antes Freud había establecido con claridad los requisitos para una verdadera intelección metapsicológica cuando aún imperaba en su edificio teórico la intelección de la primera tópica ("propongo que cuando consigamos describir un proceso psíquico en sus aspectos *dinámicos, tópicos y económicos* eso se llame una exposición *metapsicológica*").[560] La cita inmediatamente anterior reviste, pues, un interés particular por atenerse a los mismos criterios pero en un marco significativamente distinto: el de la segunda tópica formulada en su obra capital titulada *El yo y el ello* (1923).

El texto bisagra que articuló la vertiente terapéutica del psicoanálisis con su formalización metapsicológica fue la *Traumdeutung*. Así lo concluye Freud cuando en 1932 dictara el segundo bloque de sus conferencias de introducción al psicoanálisis:

> *La doctrina de los sueños (…) ocupa en la historia del psicoanálisis un lugar especial, marca un punto de viraje; con ella el psicoanálisis consumó su trasformación de procedimiento terapéutico en psicología de lo profundo.*[561]

---

[557] *Ibídem*

[558] *Ibídem*

[559] *Ibídem*

[560] *Lo inconsciente* (1915), en: Freud, Sigmund, *Obras Completas, op.cit.,* vol. XIV, p.178.

[561] *Nuevas conferencias de introducción al psicoanálisis* (1933[1932]), en: Freud, Sigmund, *Obras Completas, op.cit.,* vol. XXII, p.7.

## Psicoanálisis *vs.* Psicosíntesis

En algún momento Freud consideró emplear la palabra *psicosíntesis* para designar su método de abordaje subjetivo. La ambigüedad frente a esta posibilidad es manifiesta en dos textos entre los que media una distancia de 12 años. Por un lado, en una carta a Jung fechada en 1907 y comentando un artículo titulado "Sobre el análisis de los síntomas psicotraumáticos" (de Bezzola),[562] Freud afirma categórico:

> *Las observaciones* [del artículo] *proceden de una cobardía personal desesperanzadora. El hecho de ocultar que la psicosíntesis es lo mismo que el psicoanálisis es algo asaz pérfido. Buscamos mediante el análisis los fragmentos reprimidos tan sólo para unirlos entre sí.*[563]

Por otro lado, en un texto de 1919, Freud afirma que todo síntoma tiene una composición harto compleja y que los elementos últimos de esa composición son las mociones o motivos pulsionales de los que el paciente poco o nada sabe. El psicoanalista operaría como el químico que separa la sustancia fundamental del resto de los elementos que lo desfiguraban. Una vez distinguidos los efectos (sintomáticos) de sus causas (pulsionales), parecería sencillo ensayar una nueva y mejor composición de los elementos discernidos. Dicho de otra manera: una vez concluido el análisis, puede emprenderse una nueva síntesis (con el riesgo, dice Freud, de enfatizar el primero en detrimento de la segunda). Se cree que la síntesis sería labor del psicoanalista que restituiría lo que el análisis había despiezado. Pero ésa ya no es labor del analista, quien se limita a distinguir y a separar lo que de inmediato se incorpora a una nueva articulación:

> *No puedo creer que esa psicosíntesis constituya en verdad una nueva tarea para nosotros. (…) La comparación con el análisis químico encuentra su límite por el hecho de que en la vida anímica enfrentamos aspiraciones sometidas a una compulsión de unificar y reunir.*[564]

---

[562] *Journal für Psychologie und Neurologie*, tomo VIII (1906-1907).

[563] Carta a Jung del 7 de abril de 1907, en: Caparrós, Nicolás (editor), *Correspondencia de Sigmund Freud* (tomo II), *op.cit.*, p.552.

[564] *Nuevos caminos de la terapia analítica* (1919), en: Freud, Sigmund, *Obras Completas, op.cit.*, vol. XVII, p.157.

Las mociones pulsionales que momentáneamente son aisladas, se reintegran en nuevas coligazones que son posibilitadas (mas no determinadas) por el análisis mismo. Así, el análisis correspondería al psicoanalista; la psicosíntesis, al analizante.

> *Si conseguimos* (…) *librar de cierta trama a una moción pulsional ella no permanecerá aislada: enseguida se insertará en una nueva* (…) *la psicosíntesis se consuma en el analizado sin nuestra intervención, de manera automática e inevitable.* [Sólo] *hemos creado sus condiciones.*[565]

Este pasaje es en extremo valioso por abordar uno de los problemas epistemológicos del psicoanálisis más debatidos: *el fin* de un análisis. Entiéndase en una doble acepción: *la finalidad* de un análisis (esto es, la descomposición de los síntomas y la cancelación de resistencias); y *el término* de un análisis, esto es el trabajo de restitución que correspondería al otrora analizante una vez concluido su proceso clínico (*la psicosíntesis se consuma en el analizado sin nuestra intervención*, dice Freud).

Se tienen, pues, dos posturas de Freud frente al mismo problema: en la misiva a Jung, los fragmentos reprimidos son reunificados mediante el análisis. Se entiende que se trata de una operación en dos tiempos: el análisis hace un inventario de lo que la represión habría fragmentado para posibilitar una nueva restitución. Lo confuso de esta primera concepción es que analizar significa separar, no reunificar. Es problemático afirmar que *la psicosíntesis es lo mismo que el psicoanálisis* sin una argumentación ponderada (que, en cambio, tiene lugar en la segunda de las reflexiones de Freud). En efecto, la psicosíntesis acontecería *antes* del análisis, pues *en la vida anímica enfrentamos aspiraciones sometidas a una compulsión de unificar y reunir*, dice Freud; pero también *después* del análisis: *si conseguimos descomponer un síntoma, librar de cierta trama a una moción pulsional ella no permanecerá aislada: enseguida se insertará en una nueva.*

¿Cómo podría entenderse, pues, que el análisis trabaje con fragmentos (*buscamos mediante el análisis los fragmentos reprimidos*) si Freud afirma que cada elemento busca reinsertarse de inmediato en una nueva trama? Se entiende que es la resistencia y la represión (Freud menciona fragmentos específicos, esto es, *reprimidos*) lo que mantiene desvinculadas ciertas mociones de una determinada trama psíquica: la vida del neurótico aparece yugulada por resistencias que deben ser analizadas y resignadas, lo que no

---

[565] *Ibídem*

---

impide que los pacientes vayan "integrando en la gran unidad que llamamos su 'yo' todas las mociones pulsionales que hasta entonces estaban escindidas de él y ligadas aparte".[566] Dicho de otro modo: la psicosíntesis encuentra "sus condiciones por medio de la descomposición de los síntomas y la cancelación de las resistencias".[567]

Acaso una lectura conciliatoria se encuentra en Bachelard, para quien "la ciencia diversifica lo idéntico en la misma medida en que identifica lo diverso".[568] Esta reflexión ¿no permite pensar que el psicoanálisis *diversifica lo idéntico* mientras la psicosíntesis *identifica lo diverso*?

## La bruja epistemológica

Ahora bien, si en la metapsicología ostenta el psicoanálisis sus blasones epistemológicos, a esa bruja (como la llamará Freud más tarde) habrá que recurrir en los momentos de tribulación especulativa. Frente a cada escollo en la construcción del psicoanálisis, Freud citará siempre a su poeta predilecto:

> *"Entonces es preciso que intervenga la bruja". La bruja metapsicología, quiere decir. Sin un especular y un teorizar metapsicológicos –a punto estuve de decir: fantasear– no se da aquí un solo paso adelante.*[569]

La hechicera metapsicológica será evocada en cada interregno clínico. La cruz de la metafísica y de la psicología engendra entonces la metapsicología, homóloga de una psicología de lo inconsciente atenta a las percepciones endopsíquicas.[570] Resulta difícil diferenciar en este punto el psicoanálisis de la metapsicología: por atender la especificidad de lo inconsciente, el psicoanálisis *es* metapsicología; y porque el campo habitual de la psicología es rebasado, el más allá de ésta exige la designación de un saber específico, el *saber insabido* de lo inconsciente, campo de aplicación del psicoanálisis. En

---

[566] *Ibíd.*, p.157.

[567] *Ibídem.*

[568] Lacroix, Jean, "Gaston Bachelard. El hombre y la obra", en: Canguilhem, Georges, Hippolyte, Jean *et al.*, *Introducción a Bachelard* [1973], *op.cit.*, p.15.

[569] Freud alude al *Fausto* [1773-1831], de Goethe: "En ese caso no hay más remedio que apelar a la bruja", dice Mefistófeles (parte I, escena 6); en: Goethe, Johann W., *Obras Completas, op.cit.*, vol. IV, p.803.

[570] Cf. el capítulo 12 de la *Psicopatología de la vida cotidiana* (1901), en: Freud, Sigmund, *Obras Completas, op.cit.*, vol. VI.

suma, se tienen dos categorías (metapsicología, psicoanálisis) para un mismo campo teórico.

Assoun hace una distinción entre ambos términos que no puede pasarse por alto. Psicoanálisis y metapsicología son:

> ...dos formas de desciframiento de la identidad epistémica [freudiana]. Una, exotérica, será exhibida muy pronto; la otra, más esotérica, tendrá el curioso destino de tomar progresivamente posesión del discurso freudiano oficial, sin perder el halo del misterio inicial.[571]

El psicoanálisis, precisa Assoun, define una teoría y una técnica asequible a quienes se adiestren en sus preceptos; la metapsicología, en cambio, acusó siempre una especie de *indeterminación*:

> Hay un hecho que merece sopesarse: creador del psicoanálisis, Freud posibilitó una nueva función, la del psicoanalista. Freud fue el primer psicoanalista, pero el único metapsicólogo.[572]

En esta perspectiva, cuando Freud inquiere a Fliess si le *es lícito emplear el nombre de metapsicología* para su nueva psicología *que conduce tras la conciencia*, pregunta en realidad por su propia legitimidad como metapsicólogo. Si la teoría imperante sobre el sistema nervioso no explicaba los fenómenos observados, se precisaba de una nueva teoría de la mecánica psíquica (distinta a –pero no divorciada de– las concepciones sobre lo *mental*, lo *cerebral*, lo neurológico. Es por eso que aclarar *qué es la metapsicología* equivale, sin más, a definir *quién es Freud mismo* pues "la metapsicología no es sino la práctica epistémica freudiana".[573] Se advierte, pues, la acuciante necesidad que a Freud obcecó por décadas: la de conformar un *corpus* teórico, metodológico, técnico, que ordenara un espectro especulativo –ya para entonces muy rico– que orientara el abordaje clínico de lo inconsciente.

Verdadero gozne entre la observación científica y la especulación filosófica, *metapsicología* es el neologismo que traduce el fundamento, el hueso de la epistemología psicoanalítica. En la modalidad enunciativa de la metapsicología cristalizan los basamentos del psicoanálisis, por lo que

---

[571] Assoun, Paul-Laurent, *Introducción a la epistemología freudiana* [1981], *op.cit.*, p.122.

[572] *Ibídem*

[573] *Ibídem*

teorizar, conceptualizar, describir la naturaleza y evolución de un síntoma, diagnosticar de acuerdo a los marcos nosológicos, equivale en el campo psicoanalítico a *hacer* metapsicología pues ésta tiene como objeto aquello que es directamente incognoscible: lo inconsciente. La metapsicología supone, pues, un golpe de timón que desde el punto de vista epistémico rompe con la medicina, con la filosofía conciencialista y con la psicología a la sazón imperante que consideraba consciente todo proceso mental, presupuesto inadmisible para Freud. No otra cosa se lee, por ejemplo, en el balance que hacia 1913 hiciera Freud de la influencia creciente que el psicoanálisis tuvo en otros campos del saber a partir de la *Traumdeutung*:

> *El trabajo del sueño nos constriñe a suponer una actividad psíquica* inconsciente más abarcadora y sustantiva que la por nosotros *consabida* (…) *nos muestra que en el sistema de la actividad anímica consciente discurren procesos de índole por entero diversa a los que percibimos en la conciencia.*[574]

Es así como lo inconsciente deviene concepto medular de la metapsicología y noción epistémica axial del psicoanálisis.

---

[574] *El interés por el psicoanálisis* (1913), I. "El interés psicológico", en: Freud, Sigmund, *Obras Completas, op.cit.,* vol. XIII, pp.174-175.

## Metapsicología *vs.* Epistemología

Una lectura cuidadosa de Freud arroja un dato irrebatible: en toda su obra no aparece, ni una sola vez, la palabra *epistemología*. Sólo en una carta enviada a Carl G. Jung, Freud alude a la cuestión de modo oblicuo:

> *...me está rondando un trabajo acerca de la* Dificultad epistemológica del inconsciente, *para lo cual me llevaré algunos libros este verano.*[575]

Como tal, este proyecto nunca vería la luz, lo que no obsta para ponderar el alcance de lo que podría entenderse por *dificultad epistemológica* en el campo del psicoanálisis. Bachelard decía que "el conocimiento de lo real es una luz que siempre proyecta alguna sombra",[576] porque lo que puede y debe saberse siempre es opacado por *lo que cree saberse*. A la opinión corriente (obstáculo epistemológico por excelencia), Freud siempre opuso un fundamento científico.[577] Pero arribar a tal conocimiento presuponía haber sabido plantear una determinada problemática. En efecto:

> *Es necesario saber plantear los problemas (...) en la vida científica los problemas no se plantean por sí mismos (...) Nada es espontáneo. Nada está dado. Todo se construye (...) Un obstáculo epistemológico se incrusta en el conocimiento no formulado.*[578]

Lo (hasta entonces) informulado que la metapsicología aprehendió tuvo que resistir a la inercia de ceder ante las teorías que sobre el espectro psíquico ya existían. *Psicoanalizar* suponía, de entrada, desconfiar de todo aquello

---

[575]   Carta a Jung del 1° de julio de 1907, en: Caparrós, Nicolás (editor), *Correspondencia de Sigmund Freud* (tomo II), *op.cit.*, p.579.

[576]   Bachelard, Gaston, *La formación del espíritu científico* [1960], *op.cit.*, p.15.

[577]   Recuérdese la conmoción que en su momento causara la tan mal entendida concepción del niño como un "perverso polimorfo", cuando la opinión generalizada quería creer en la inocencia constitucional de los infantes.

[578]   Bachelard, Gaston, *La formación del espíritu científico* [1960], *op.cit.*, p.16. "Los obstáculos a la formación de un conocimiento objetivo (...) son detenciones del proceso de objetivación provocadas por la intervención de valores subjetivos inconscientes" (Denis, Anne-Marie, "El psicoanálisis de la razón de Gaston Bachelard", en: Canguilhem, Georges, Hippolyte, Jean *et al.*, *Introducción a Bachelard* [1973], *op.cit.*, p.79.

que aparecía unificado pues todo fenómeno "es un tejido de relaciones. No hay naturaleza simple, sustancia simple; la sustancia es una contextura de atributos".[579] El conocimiento que la ciencia reclama supone un saber que —más que respuestas— busca perfilar de manera más precisa sus preguntas. El esfuerzo que para Freud supuso la racionalización del espectro teórico por él construido es lo que interesa a un análisis epistemológico como el que aquí se presenta.

Así, el imperativo de 1901 (*trasponer la metafísica en metapsicología*) enuncia la necesidad de perfilar los fundamentos epistemológicos del psicoanálisis. Freud acometería de lleno esta empresa en 1915 con la redacción de lo que conocemos como sus textos metapsicológicos.[580] De los doce textos originalmente concebidos,[581] sólo cinco han llegado hasta nosotros: *Pulsiones y destinos de pulsión* (1915), *La represión* (1915), *Lo inconsciente* (1915), *Complemento metapsicológico a la teoría de los sueños* (1917[1915]) y *Duelo y melancolía* (1917[1915]). Los otros siete escritos metapsicológicos muy probablemente fueron destruidos por el mismo Freud lo que, aunado a la significativa ausencia en su obra de un texto titulado "Metapsicología" (el término no fue invocado durante veinte años exceptuando la brevísima mención de 1901 ya consignada), revela las reservas que Freud tuvo por largo tiempo para con su "hija problema".[582]

---

[579]    Bachelard, Gaston, *Le nouvel esprit scientifique* [1934], *op.cit.*, p.135 (citado por Denis, Anne-Marie, "El psicoanálisis de la razón de Gaston Bachelard"; *Ibídem*).

[580]    Todos incluidos en: Freud, Sigmund, *Obras Completas*, *op.cit.*, vol. XIV.

[581]    Una carta a Ludwig Binswanger (17/dic/1915) es inequívoca a este respecto: Freud menciona ahí "una serie de estudios" y precisa: "En total existen una docena terminados. Se llamarán: 'Preparación para la metapsicología' ". Otra misiva dirigida a Sandor Ferenczi (24/marzo/1916) confirma lo anterior: "Si viene por aquí será la ocasión de darle el dossier de la Metapsicología", que Freud abrevia M ; en: Caparrós, Nicolás (editor), *Correspondencia de Sigmund Freud* (tomo IV), *op.cit.*, pp.112 y 122 respectivamente.

[582]    James Strachey, uno de sus más insignes traductores, alude en dos ocasiones al "extraviado artículo metapsicológico sobre la histeria de conversión". V. *La represión* (1915), en: Freud, Sigmund, *Obras Completas*, *op.cit.*, vol. XIV, p.151, n.25; y *Lo inconsciente* (1915), *Ibíd.*, p.181, n.9. Assoun consigna asimismo que el esbozo del duodécimo de estos ensayos fue encontrado y publicado en 1986 por Ilse Grubrich-Simitis con el título *visión general de las neurosis de transferencia. Un ensayo metapsicológico* (en: Assoun, Paul-Laurent, *La metapsicología* [1966], México, Siglo XXI, 2002, p.18). No obstante esta puntualización, Freud responde defensivamente cuando Lou Andreas-Salome evoca el tema de

Así, con el *corpus* metapsicológico de 1915, Freud pretendía "proporcionar un fundamento teórico estable para el psicoanálisis",[583] dice James Strachey (¿una epistemología, pues?). Cuatro lustros después de concebido, en una de las obras que sobrevivieron a la destrucción, Freud por fin circunscribe de manera muy precisa el alcance del término: "Propongo que cuando consigamos describir un proceso psíquico en sus aspectos *dinámicos, tópicos* y *económicos* eso se llame una exposición *metapsicológica*".[584]

Se precisa entonces de tres teorías diferenciadas cuya convergencia expositiva constituye la metapsicología misma: una teoría de los lugares del aparato psíquico (*tópica*), una teoría de las fuerzas y sus relaciones intrínsecas (*dinámica*) y una teoría de los montos libidinales (*económica*). Así, la metapsicología define un modo de abordaje de lo inconsciente pero también implica una posibilidad expositiva. Freud fue en extremo riguroso en este punto y cuidó siempre distinguir entre una *descripción fenomenológica* y una exposición propiamente *metapsicológica*.[585] Si la conciencia abarcara la totalidad de lo psíquico, bastaría con "distinguir en el interior de la fenomenología psíquica entre percepciones, sentimientos, procesos cognitivos y actos de voluntad" (descripción fenomenológica). Sin embargo, dice Freud, "hay general acuerdo en que estos procesos conscientes no forman unas series sin lagunas, cerradas en sí mismas", lo que fuerza a postular lo inconsciente como el campo alterno a la conciencia que signa

---

la metapsicología: después de preguntar a Lou qué ha pasado con su *obrita* sobre lo inconsciente (9/marzo/1919), ella le responde: "...ahora devuelvo la pelota y pregunto: ¿Qué pasa con la *Metapsicología*, puesto que los capítulos impresos figuran ya en el IV tomo de la *Teoría de la neurosis*? ¿Dónde están los demás que ya estaban listos?" (18/marzo/1919). Seco, Freud le espeta: "A su 'devolución de pelota' he de reaccionar enérgicamente. ¿Qué dónde queda mi *Metapsicología*? Pues provisionalmente no está escrita" (2/abril/1919). Recuérdese que a Binswanger le había confirmado más de cuatro años atrás que los trabajos metapsicológicos sumaban doce en total *ya* terminados.

[583] Introducción de James Strachey a los *Trabajos sobre metapsicología* (1915), en: Freud, Sigmund, *Obras Completas, op.cit.,* vol. XIV, p.101.

[584] *Lo inconsciente* (1915), en: Freud, Sigmund, *Obras Completas, op.cit.,* vol. XIV, p.178.

[585] V. la parte II de *Inhibición, síntoma y angustia* (1926), en: Freud, Sigmund, *Obras Completas, op.cit.,* vol. XX, pp.88-89.

las fisuras, las lagunas intrínsecas a toda serie consciente (exposición metapsicológica).[586]

He aquí la distancia (epistémica, en estricto) entre metapsicología y fenomenología: mientras la segunda se limita a consignar los hechos tal como aparecen, la primera desmenuza el proceso que precede a la manifestación de los mismos. La exposición metapsicológica es, por así decir, una descripción fenomenológica de segundo grado que elucida las causas y relaciones que subyacen a lo fenoménico. Transustanciar la simple descripción en una exposición comprensiva, coherente, inteligible es *hacer* metapsicología. Como claramente lo puntualiza Freud en una carta a Karl Abraham, llegar a "la comprensión de los verdaderos procesos" es proceder metapsicológicamente.[587] Lo anterior puede ejemplificarse invocando las dos tópicas del aparato psíquico que Freud postulara: la de 1896 (que distingue lo inconsciente, lo preconsciente y lo consciente) fue para Freud sólo un informe y no una teoría propiamente dicha:

> *La doctrina de las tres cualidades* (…) *no es una teoría, sino una primera rendición de cuentas sobre los hechos de nuestras observaciones; ella se atiene con la mayor cercanía posible a esos hechos, y no intenta explicarlos.*[588]

Es éste un ejemplo de descripción que –en palabras de Freud–, no desemboca satisfactoriamente en lo explicativo.[589] Sólo hasta discernir el juego de correlaciones intrínsecas al aparato psíquico podría avanzarse en la intelección de las cualidades y localidades psíquicas.

---

[586] *Esquema del psicoanálisis* (1938), en: Freud, Sigmund, *Obras Completas, op.cit.*, vol. XXIII, p.155.

[587] Cf. la carta del 21 de octubre de 1907, en: Caparrós, Nicolás (editor), *Correspondencia de Sigmund Freud* (tomo II), *op.cit.*, p.604.

[588] *Esquema del psicoanálisis* (1938), parte 1, "La psique y sus operaciones", IV "Cualidades psíquicas", en: Freud, Sigmund, *Obras Completas, op.cit.*, vol. XXIII, p.159.

[589] No es desconocido el rigor con el que Freud juzgaba sus escritos: a pesar de ser prolijo en los detalles, vigoroso en la argumentación, audaz en lo especulativo y por demás riguroso en la articulación de su primera tópica, a sus propios ojos no había logrado conformar una teoría digna de los estándares de cientificidad para él aceptables.

La segunda tópica (1923) buscó, entonces, elucidar lo que hasta entonces sólo había sido referido: si lo reprimido define lo inconsciente, debe distinguirse entre dos tipos de inconsciente: lo latente (que puede advenir a la conciencia) y lo reprimido (que en caso alguno podría acceder a la conciencia). Lo latente es inconsciente en lo descriptivo pero preconsciente en lo dinámico (puesto que podría acceder a la conciencia). Lo reprimido quedaría reservado a lo inconsciente desde el punto de vista dinámico (por ser *insusceptible de conciencia*).[590]

Así, aprehender un fenómeno psíquico equivale, para Freud, a elucidar la mecánica de su mutación. Comprender significa esclarecer un proceso de transformación determinando cómo se concatenaron los acontecimientos, cuál es el probable desenlace de tal secuencia y su causa detonante.[591] Como entidad de saber, a partir de este momento la metapsicología brinda al psicoanálisis su fundamento y su régimen axial de codificación: en términos expositivos, *psicoanalítico* será sólo aquello que esté efectiva y rigurosamente atravesado por el tridente metapsicológico.

## La exposición metapsicológica

Para Freud, como ya se ha dicho, una *exposición metapsicológica* se consigue al describir un proceso psíquico en sus aspectos *tópico, dinámico,* y *económico*. Dicho de otra manera: localizar las instancias involucradas en un proceso psíquico (*tópica*), dilucidar las fuerzas anímicas implicadas y sus desplazamientos (*dinámica*), y ponderar cuantitativamente los investimientos libidinales (*económica*) fue la meta original de una genuina exposición metapsicológica.

A continuación se expondrá detalladamente cómo fue forjada esta concepción expositiva ejemplificando con sendos términos metapsicológicos cada vertiente del trípode, para así demostrar que la potencia especulativa freudiana en nada era ajena al quehacer filosófico.

A) La *tópica* será ejemplificada con la noción de *aparato psíquico*, portentoso supuesto inaugural de la metapsicología freudiana.

---

[590] Cf. *El yo y el ello* (1923), en: Freud, Sigmund, *Obras Completas, op.cit.,* vol. XIX, p.17.

[591] "Comprender es superar", dice Canguilhem (en: Canguilhem, Georges, *Escritos sobre la medicina* [1989], *op.cit.,* p.30).

---

B) En el apartado relativo a la *dinámica* serán las pulsiones –esos entes mitológicos a decir de Freud– las que servirán de ilustración.

C) Por último, para discernir algunos de los conceptos centrales de la *económica*, se evocarán categorías varias indisolublemente unidas en la argumentación freudiana: suma de excitación, principio de inercia neuronal, principio de constancia, homeostasis y principio de Nirvana; categorías cuya evolución será escrupulosamente desplegada en el apartado correspondiente.

## *Tópica*

### El aparato psíquico

El problema relativo a lo espacial representó la primera gran dificultad en la configuración de la epistemología freudiana. Si la objetividad anatómica se sustentaba en la localización somática de un fenómeno determinado, la metapsicología debía generar una tópica que tomara al cuerpo sólo como la superficie de irradiación de lo psíquico. De lo que se colige que la tópica presupone lugares no visibles pero objetivables. De tal suerte que precisar *dónde*, *cómo* y *por qué* acontecen lo que Freud llama "los verdaderos procesos" fue nodal en los inicios de la especulación metapsicológica.

El aparato psíquico fue el postulado originario sobre el que se erigió el edificio metapsicológico. Correlativamente, de la adecuada exposición de los aspectos dinámico, tópico y económico que todo proceso psíquico comporta, dependería la inteligibilidad del aparato psíquico mismo. En efecto, si la cosa psíquica es una suma de instancias con funciones muy específicas, se precisaba de un esquema para representar el modo en que los procesos anímicos acontecen. Un *espacio* así imaginarizado enmarcaría un campo de *fuerzas* susceptibles de desplazamiento según los *montos* de energía implicados en cada caso. Bachelard lo establece con toda exactitud:

> *Tornar geométrica la representación, vale decir, dibujar los fenómenos y ordenar en serie los acontecimientos decisivos de una experiencia, he ahí la primera tarea en la que se funda el espíritu científico.*[592]

---

[592] Bachelard, Gaston, *La formación del espíritu científico* [1960], *op.cit.*, p.7.

No obstante, esta labor de geometrización es insuficiente por ser sólo aproximativa. Bachelard lo enfatiza en la obra recién citada:

> [Toda] *representación geométrica* (…) *implica conveniencias más ocultas, leyes topológicas menos firmemente solidarias con las relaciones métricas más inmediatamente aparentes.*

Los esfuerzos de Freud por esbozar un esquema del aparato psíquico se remontan a 1895 con su *Proyecto de psicología* (1950[1895]), donde enuncia una tipología neuronal (*psi, phi, omega*) para discernir fenómenos como la representación, el dolor, la vivencia de satisfacción, el juicio, el discernimiento, etc. Aunque se trata de una obra estrictamente neurológica, Freud titula uno de los apartados de este ensayo "El funcionamiento del aparato", texto pionero en sus intentos por circunscribir la especificidad de una ficción metapsicológica tal.

Es también en ese *Proyecto* donde Freud concibe cómo funciona la memoria (*Erinnerung*) en el aparato psíquico, elucidando el misterio de que a nivel neuronal se necesite conservar huellas mnémicas sin que eso obste para recibir impresiones nuevas:

> *Tras la excitación las neuronas serían duraderamente distintas que antes, al par que* (…) *las excitaciones nuevas tropiezan, en general, con idénticas condiciones de recepción que las excitaciones anteriores.* (…) *las neuronas quedarían influidas y, a la vez, inalteradas, imparciales.* .[593]

---

[593] *Proyecto de psicología* (1950 [1895]), parte 1, punto 3: "Las barreras-contacto", en: Freud, Sigmund, *Obras Completas, op.cit.*, vol. I, p.343.

Freud se ve impelido a discernir entonces dos clases de neuronas: unas reciben y conservan la impresión, mientras las otras permanecen inalterables para acoger nuevas huellas:

> *El expediente reside en que atribuyamos a una clase de neuronas ser influidas duraderamente por la excitación, y a otra clase la inalterabilidad frente a ella, o sea, la frescura para excitaciones nuevas. Así se generaría la separación entre "células de percepción" y "células de recuerdo".*[594]

No se olvide que la primera aproximación de Freud a este tema data de 1892 cuando observando el cuadro histérico postula que la memoria eficaz en su etiología sintomática es de naturaleza inconsciente:

> *El recuerdo que forma el contenido del ataque histérico es un recuerdo inconsciente (...) pertenece al estado de conciencia segunda, que en toda histeria posee un grado de organización más o menos elevado. [Así], falta por completo en la memoria del enfermo en su estado normal.*[595]

Se colige entonces que dicha conciencia segunda tiene un registro mnémico que le es propio.

En su *Proyecto* Freud distingue, pues, dos tipos de neuronas: aquéllas que tras un *decurso excitatorio* vuelven a su estado anterior, y aquéllas que después de ese mismo influjo quedan en un *estado otro*, posibilitando lo que llamamos memoria. Las primeras son las neuronas pasaderas (*durchlässig*) o células de percepción; las segundas son las células portadoras de la memoria cuya alteración perdura al resistir y retener algo del influjo excitatorio (que Freud engloba con el nombre de neuronas Psi). Freud conjetura que entre las neuronas hay algo que denomina "barreras-contacto" que, en el caso de las neuronas Psi, son modificadas de modo permanente. Esa permanencia de la modificación *es* la memoria. Asimismo, atribuye a las neuronas Psi una mayor susceptibilidad conductiva que a las neuronas de percepción (a las que llama Fi). Colige entonces un grado de facilitación (*Bahnung*) diferenciado que lo lleva a concluir lo siguiente:

---

[594] *Ibídem*

[595] *Bosquejos de la "Comunicación preliminar" de 1893* (1940-41 [1892]), en: Freud, Sigmund, *Obras Completas, op.cit.,* vol. I, p.189.

> *La memoria está constituida por las facilitaciones existentes entre las neuronas PSI.*[596]

Pero para que la memoria devenga reservorio de recuerdos, es preciso suponer en las neuronas una vía específica del decurso excitatorio, pues es lógico suponer que cada recuerdo implica una conectiva neuronal diferente. Freud precisa entonces que si estuvieran igualmente facilitadas o interferidas todas las barreras-contacto Psi, no sería posible memoria alguna:

> *La memoria* [es] *uno de los poderes comandantes que señalan el camino, y con una facilitación igual en todas partes no se inteligiría la predilección por un camino* (...) *La memoria está constituida por los distingos dentro de las facilitaciones entre las neuronas PSI.*[597]

Restaba explicar las condiciones necesarias para que la facilitación interneuronal fuera posible. Freud también propone una solución a esta interrogante:

> *...la memoria (o sea, el poder de una vivencia para seguir produciendo efectos) depende de un factor que se designa "magnitud de la impresión", y de la frecuencia con que esa misma impresión se ha repetido.*[598]

De modo que la facilitación está determinada por la cantidad y fuerza del flujo excitatorio y del número de veces que el proceso se repita. Dicho de otra manera, la facilitación encuentra en un factor cuantitativo su *causa eficaz*. He aquí un supuesto *económico* (concerniente al carácter cuantitativo del flujo excitatorio) y un supuesto *dinámico* (atinente al destino de cada impresión neuronal –fugaz en las neuronas Fi, permanente en las neuronas Psi– y al decurso neuronal específico que un recuerdo determinado presupone).[599]

---

[596] *Ibíd.*, p.345.

[597] *Ibíd.*, pp.344-45

[598] *Ibíd.*, p.345.

[599] Con lo que Freud postularía en la llamada carta 52 a Fliess (detallada a continuación y donde se diagrama la primera *tópica* del aparato psíquico), se tiene ya en 1896 –¡veinte años antes de lo que sería formulado hasta 1915!– una exposición metapsicológica propiamente dicha: Cf. *Lo inconsciente* (1915), en: Freud, Sigmund, *Obras Completas, op.cit.*, vol. XIV, p.178.

Diciembre de 1896 fue crucial en el discernimiento del aparato psíquico. En el lapso de tan sólo un año, el *aparato neuronal* del *Proyecto de psicología* (1950[1895]) deviene *aparato psíquico,* con lo que todo lastre médico quedaba atrás. Proclive a los símiles arqueológicos, Freud retomaría sus tesis generales sobre la memoria en la carta a Fliess en la que detalla una propuesta sobre la estructura y el funcionamiento de este supuesto metapsicológico que era el aparato psíquico, cuyo esquema espacial semejaría una superposición de estratos o capas (*Schichten*) sucesivas:

> *Tú sabes que trabajo con el supuesto de que nuestro mecanismo psíquico se ha generado por superposición de capas porque de tiempo en tiempo el material existente de huellas mnémicas experimenta un reordenamiento según nuevas concernencias, una* inscripción.[600]

El aparato psíquico deviene nudo axial entre metapsicología y escritura al fungir como soporte de inscripciones varias, separadas entre sí de acuerdo a portadores neuronales específicos y superpuestas en estratificación sucesiva.[601]

---

[600] Carta del 6 de diciembre de 1896, en: Freud, Sigmund, *Cartas a Wilhelm Fliess (1887-1904), op.cit.,* p.218.

[601] El desciframiento que Freud hiciera a lo largo de su obra de las llamadas formaciones de lo inconsciente (sueño, lapsus, chiste, síntoma) se inscribe también en este campo. Estas formaciones serían formas de escritura cuya legibilidad dependería de elucidar el sentido de su letra (de su cifra). De ahí que Lacan comparara en un par de ocasiones a Freud con Champollion, pues aquello

Empleando la letra inicial de vocablos alemanes he aquí el esquema que Freud concibe:

|      | I    | II    |      | III   |      |
|------|------|-------|------|-------|------|
|      |      |       |      |       |      |
| *W*  | *Wz* | *Ubw* |      | *Vb*  | *Bew* |

*Wahrnehmungen* (percepciones)

En el primer registro (*W*) se trata de "neuronas en las que se generan las *percepciones* a que se anuda conciencia, pero que en sí no conservan huella alguna de lo acontecido. *Es que conciencia y memoria se excluyen*", escribe Freud.[602] Este registro define las primeras impresiones del aparato psíquico, con lo que se postula también una concepción *escritural* de lo psíquico.

*Wahrnehmungszeichen* (signos de percepción)

Wz "es la primera escritura de las percepciones, por completo insusceptible de conciencia y articulada según asociaciones por simultaneidad", dice Freud.[603] Wz define también la primera transcripción de las impresiones del registro anterior (W) que ya implica una dimensión sígnica de naturaleza sincrónica. Es este, por así decir, el perol de las pulsiones que tiempo después sería designado como el Ello por Freud.[604]

---

que el sujeto no enuncia igual queda (desde la perspectiva metapsicológica) escrito.

[602] Carta del 6 de diciembre de 1896, en: Freud, Sigmund, *Cartas a Wilhelm Fliess (1887-1904), op.cit.*, p.219. Con las herramientas que Lacan ofrece en su lectura de Freud *Wahrnehmungen* designa el campo inmemorial de las percepciones que el cuerpo de un todavía-no sujeto recibe. Se constituiría así lo que para Freud había en el comienzo: el *Real-Ich* ["*Yo-real*"]. V. *Pulsiones y destinos de pulsión* (1915), en: Freud, Sigmund, *Obras Completas, op.cit.*, vol. XIV, p.130. En el curso de su enseñanza, Lacan se refirió a un "sujeto del goce" homologable al *Yo-real* freudiano, sujeto mítico al que "de ninguna manera es posible aislarlo como sujeto" (V. asimismo la clase del 13 de marzo de 1963 de *El Seminario. Libro X, La angustia (1962-1963)*, Buenos Aires, Paidós, 1992. El *yo-real* inicial (freudiano) y el *sujeto del goce* (lacaniano) son previos a la incidencia significante.

[603] Carta del 6 de diciembre de 1896, en: Freud, Sigmund, *Cartas a Wilhelm Fliess (1887-1904), op.cit.*, p.219.

[604] Desde la perspectiva lacaniana, la voz *Wahrnehmungszeichen* designa un revoltijo presignificante una signatura de las percepciones primigenias que,

*Unbewusstsein* (Inconsciente)

Ubw "es la segunda escritura, ordenada según otras concernencias, tal vez causales. Las huellas-Ic quizá correspondan a recuerdos de conceptos, inasequibles también a la conciencia", le dice Freud a Fliess.[605] En esta segunda transcripción, los signos del registro anterior (Wz) acceden a una dimensión diacrónica.

*Vorbewusst* (Preconsciente)

Vb "es la tercera transcripción, ligada a representaciones-palabra. Desde esta Prc, las poblaciones son apercibidas según ciertas reglas, y precisamente esta conciencia cognitiva secundaria es una conciencia supletoria según el tiempo, probablemente anudada a la animación alucinatoria de representaciones-palabra, con lo cual las neuronas-conciencia serían también neuronas-percepción y en sí carecerían de memoria".[606]

*Bewusst* (Conciencia)

En sus elucubraciones metapsicológicas, Freud distinguía la representación-palabra (*Wortvorstellung*) de la representación-cosa (*Sachvorstellung* o *Dingvorstellung*). Para que la primera representación acceda a la conciencia debe enlazarse con la segunda representación: "De golpe creemos saber ahora dónde reside la diferencia entre una representación consciente y una inconsciente. Ellas no son, como creíamos, diversas trascripciones del mismo contenido en lugares psíquicos diferentes, ni diversos estados funcionales de investidura en el mismo lugar, sino que la representación consciente abarca la representación-cosa

---

siendo ya escritura, es aún ilegible; sopita de letras empaquetada, *impresión* vuelta *percepción* cifrada, sincrónica, presubjetiva. Es este el registro donde se cifran las impresiones originarias que hicieron muesca en la carne de lo que podría llamarse un pre-sujeto. Para fundamentar la equivalencia Wz / Ello, Cf.: Braunstein, Néstor, *Goce*, Buenos Aires, Siglo XXI, 2006, p.191.

[605] Carta del 6 de diciembre de 1896, en: Freud, Sigmund, *Cartas a Wilhelm Fliess (1887-1904)*, op.cit., p.219. Siguiendo a Lacan podría afirmarse que en este registro el lío de los signos de percepción se diacroniza instituyendo la dotación significante: lo real de las impresiones y las percepciones cifradas acceden así al universo de las diferencias. La condensación y el desplazamiento serán los vehículos de tal desciframiento. Cf.: Braunstein, Néstor, *Goce*, op.cit., p.193.

[606] *Ibídem*. Para Lacan aquí tiene lugar el sentido, efecto de la cadena significante.

---

más la correspondiente representación-palabra, y la inconsciente es la representación-cosa sola".[607]

Debe recalcarse que muy probablemente Freud arribó a esta hipótesis, como se ha dicho, gracias a las reflexiones sobre la memoria recién evocadas. No en balde, en la misma carta a Fliess puntualiza:

> Lo esencialmente nuevo en mi teoría es entonces la tesis de que la memoria no existe de manera simple sino múltiple, registrada en diferentes variedades de signos (…) las neuronas-conciencia serían también neuronas-percepción y en sí carecerían de memoria.[608]

Así, Freud condensa en este esquema del aparato psíquico todo lo que de su práctica clínica ha podido inferir, y vaticina:

> Si pudiera indicar exhaustivamente los caracteres psicológicos de la percepción y de las tres escrituras, con ello describiría una psicología nueva.[609]

En resumen, una *metapsicología*. En este pasaje Freud da cuenta, pues, de una de las virtudes más enigmáticas del aparato psíquico (la facultad de conservar ciertas percepciones, al tiempo que sigue abierto al advenimiento de otras), y hace una extrapolación pasmosa a la ontogénesis (si de la actividad onírica de un sujeto se trata), y a la filogénesis (en lo atinente al soñar como función que el aparato psíquico ha depurado con el tiempo). Se aprecia bien en este punto cómo es que Freud, en su afán de especificar las diversas instancias psíquicas se vio "arrastrado hacia 'construcciones' más metafóricas que reales, hacia 'espacios de configuración' ".[610]

En este esquema está contenido el ternario que hoy se conoce como la *primera tópica* freudiana: inconsciente, preconsciente, consciente.[611] La conformación de este aparato psíquico puede homologarse a la creación de

[607] *Lo inconsciente* (1915), en: Freud, Sigmund, *Obras Completas, op.cit.,* vol. XIV, p.198.

[608] Carta del 6 de diciembre de 1896, en: Freud, Sigmund, *Cartas a Wilhelm Fliess (1887-1904), op.cit.,* pp.218.

[609] *Ibíd.,* p.219.

[610] Bachelard, Gaston, *La formación del espíritu científico* [1960], *op.cit.,* p.7.

[611] La segunda tópica vería la luz hasta 1923, con *El yo y el Ello,* donde la terna será: Yo, Ello, Superyó.

un golem, según la aguda metáfora que Eric Erikson derivara de una carta de Freud a Fliess:[612]

> *Pareció que todo se armaba, los engranajes empalmaron, se tuvo la impresión de que ahora la cosa era efectivamente una máquina y echaría a andar por sí sola enseguida.*[613]

Las reflexiones sobre la memoria y la tópica del aparato psíquico contenidas en el *Proyecto* y en la llamada *carta 52* a Fliess, verían su continuación en el séptimo capítulo de la *Traumdeutung*, donde Freud hace un resumen del estado que guardaba su reflexión sobre el tema:

> *Imaginamos entonces el aparato psíquico como un instrumento compuesto a cuyos elementos llamaremos instancias o, en beneficio de la claridad, sistemas. Después formulamos la expectativa de que estos sistemas han de poseer quizás una orientación espacial constante.*[614]

Explica a continuación que no es estrictamente necesario conjeturar entre los sistemas psíquicos un ordenamiento propiamente especial:

> *Nos basta con que haya establecida una secuencia fija entre ellos, vale decir, que a raíz de ciertos procesos psíquicos los sistemas sean recorridos por la excitación dentro de una determinada serie temporal.*[615]

Los estratos o capas de la misiva del 1896 habían devenido instancias o sistemas en 1899. El rudimentario esquema de entonces se transformaría en una representación espacial más compleja conocida popularmente como "el peine". En dicho diagrama Freud representa lo asertos siguiente: el aparato psíquico recibe percepciones en forma de huellas mnémicas (lo que definimos como memoria"). Esas huellas hacen las veces de impresiones duraderas que tienen lugar en los diversos sistemas del aparato que, al tiempo que conservan esas incidencias siguen siendo susceptibles de albergar nuevas impresiones.

---

[612]  V. Erikson, Eric H., *Ética y psicoanálisis* [1956-1963], Buenos Aires, Hormé, 1967, 188 pp.

[613]  Carta del 20 de octubre de 1895, en: Freud, Sigmund, *Cartas a Wilhelm Fliess (1887-1904), op.cit.*, p.150.

[614]  *La interpretación de los sueños* (1899[1900]), capítulo VII: "Sobre la psicología de los procesos oníricos". B. "La regresión", en: Freud, Sigmund, *Obras Completas, op.cit.*, vol. V, p.530.

[615]  *Ibídem*

Esta doble propiedad obliga, dice Freud, a conjeturar que cada función tiene lugar en un sistema distinto:

> *Suponemos que un sistema del aparato, el delantero, recibe los estímulos perceptivos, pero nada conserva de ellos y por tanto carece de memoria, y que tras él hay un segundo sistema que traspone la excitación momentánea del primero a huellas permanentes.*[616]

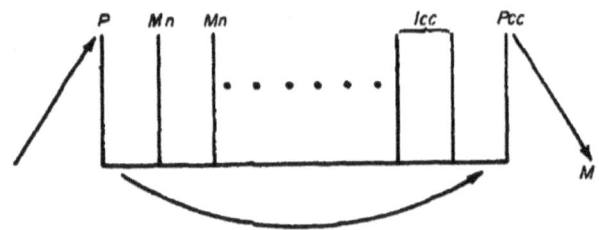

De tal suerte que las percepciones que inciden en el sistema P se enlazan o asocian pero en esta operación no está implicada la memoria:

> *Los elementos P[ercepción] singulares se verían intolerablemente impedidos en su función si contra cada percepción nueva se hiciese valer un resto de enlace anterior. Por tanto, tenemos que suponer que la base de la asociación son más bien los sistemas mnémicos.*[617]

Este esquema figura, entonces los procesos psíquicos en un movimiento que va de un extremo llamado *perceptual* a otro denominado *motor*. Entre otras, destacan en el curso de esta exposición metapsicológica dos conjeturas: a) toda percepción deja como impronta una huella mnémica que, de afectar permanentemente al sistema, deviene memoria; b) el proceso onírico, según Freud, es un testimonio (que posteriormente devino inadecuado) del modo en que el aparato psíquico operaba en los tiempos primordiales. Ahora bien, si los extremos del esquema corresponden a lo sensible y a lo motor, es evidente que se precisa del cuerpo como soporte de tal aparato. Aún así —o por la misma razón— persistía en ese punto de la reflexión freudiana la necesidad de afinar el distingo entre localización anatómica y tópica.

---

[616] Significado de las abreviaturas: P: percepción; M: memoria; Mn: "mnémico".

[617] *La interpretación de los sueños* (1900[1899]), capítulo VII: "Sobre la psicología de los procesos oníricos". B. "La regresión", en: Freud, Sigmund, *Obras Completas*, *op.cit.*, vol. V, pp.531-532.

Valiéndose de avances específicos en el campo de la óptica, Freud propone la idea de una *localidad psíquica* (*psichische Lokalität*), inasimilable a referencia anatómica alguna: al modo que acontece en un microscopio compuesto o en una cámara fotográfica donde las imágenes se forman en sitios inaprensibles del aparato, la localidad psíquica se sitúa en algún lugar del aparato anímico (que a su vez se posicionaría en una zona por ahora indiscernible).

> *...no confundamos los andamios con el edificio. Puesto que para una primera aproximación a algo desconocido no necesitamos otra cosa que unas representaciones auxiliares, antepondremos a todo lo demás los supuestos más toscos y aprehensibles.*[618]

*Localidad psíquica* es la expresión que marca una distancia con la anatomía médica fincada en la visibilidad, al tiempo que define un espacio virtual del aparato psíquico.

Siempre dispuesto a rectificar lo que fuera menester para elucidar mejor determinadas nociones metapsicológicas, Freud avanzó en su intelección del aparato psíquico sometiendo sus concepciones tópicas a conjeturas de orden dinámico. Así, cuando un pensamiento pasa de lo preconsciente a lo consciente, Freud explica que no debe entenderse que subsista el pensamiento original en un lugar y se forme una transcripción en otro; tampoco debe suponerse que el pensamiento cambia de sitio.

> *Una investidura energética es impuesta a un determinado ordenamiento o retirada de él, de suerte que el producto psíquico en cuestión cae bajo el imperio de una instancia o se sustrae de él (…) no es el producto psíquico el que nos aparece como lo movible, sino su inervación.*[619]

Se trata entonces de una concepción dinámica y no tópica. No obstante, en una contradicción aparente, Freud "conveniente y justificado" conservar la figuración de dos sistemas. La aparente paradoja se resuelve cuando explica de qué modo acontecen las cosas en los terrenos de la anatomía corporal, donde también tienen lugar procesos que —en estricto— no son de carácter tangible.

---

[618]   *Ibíd.*, p.530.
[619]   *Ibíd.*, p.599.

> *Representaciones, pensamientos y, en general, productos psíquicos*
> *no pueden ser localizados dentro de elementos orgánicos del sistema*
> *nervioso, sino, por así decir, entre ellos, donde resistencias y facilitaciones*
> *constituyen su correlato.*[620]

De nuevo le es útil la metáfora telescópica donde la diseminación de un haz forma la imagen que las lentes sólo irradian. En el aparato psíquico los sistemas son las lentes, la localidad psíquica es lo situado entre éstas, el producto psíquico inervado es la imagen y la censura entre sistemas es la refracción de la luz cuando pasa de un medio a otro (y gracias a la cual, es visible la imagen). Más contundente aún:

> *Todo lo que puede ser objeto de nuestra percepción interior es*
> *virtual.*[621]

Hay en lo anterior dos puntos a destacar: la investidura (*Besetzung*) le da un valor psíquico (*Bedeutung*) determinado a una representación; es este el factor económico. La representación no muda de instancia psíquica –factor dinámico–; es más preciso decir que la representación sucumbe al influjo de alguna instancia. Freud postula entonces en uno de sus escritos metapsicológicos que, aún manteniendo la distinción entre anatomía y localidad psíquica –factor tópico– debe suponerse una vía de conexión entre ambas:

> *La actividad del alma se liga con la función del cerebro como no lo*
> *hace con ningún otro órgano (…) pero han fracasado de raíz todos los*
> *intentos por colegir desde ahí una localización de los procesos anímicos.*[622]

Es decir, las representaciones no se alojan en células, ni las investiduras transitan por los conductos nerviosos. Sin embargo (y es este el punto de articulación que permanece indeterminado), ¿hay actividad anímica sin neurotransmisores? Freud dice que las tentativas de localizar anatómicamente los procesos psíquicos y sus instancias han sido fallidas. Y que "el mismo destino correría una doctrina que pretendiera individualizar el lugar anatómico del sistema Cc [consciente] en la corteza cerebral, por ejemplo, y situar los procesos inconscientes en las zonas subcorticales del cerebro".[623]

---

[620]   *Ibídem*

[621]   *Ibídem*

[622]   *Lo inconsciente* (1915), parte II "La multivocidad de lo inconsciente y el punto de vista tópico", en: Freud, Sigmund, *Obras Completas, op.cit.*, vol. XIV, p.170.

[623]   *Ibídem*

---

Mas también establece que las entidades teóricas de la metapsicología tiene un carácter ilustrativo y transitorio:

> *Nuestra tópica psíquica provisionalmente nada tiene que ver con la anatomía; se refiere a regiones del aparato psíquico, dondequiera que estén situadas dentro del cuerpo, y no a localidades anatómicas (...) nuestros supuestos* [sólo tienen] *el valor de ilustraciones.*[624]

Esto es: que la tópica de una localidad psíquica *provisionalmente* nada tuviera que ver con la anatomía expresa claramente la esperanza que Freud abrigó toda su vida: que las instancias de su tópica tuvieran por fin localización somática (corteza cerebral, zona subcortical del cerebro, etc.). La tópica funge sólo como ilustración metapsicológica transitoria pues llegaría el momento —suponía Freud— en que la neurología daría cabal cuenta de lo conjeturado.[625] Es esta una paradoja evidente: mientras mejor se delinea teóricamente lo que la metapsicología es, más presente está la cuestión anatómica: *la actividad del alma* (actividad *psíquica*, se entiende) *se liga con la función del cerebro como no lo hace con ningún otro órgano.* Correlativamente, sólo formulando la incompetencia de la anatomía neuropatológica frente a los fenómenos histéricos, es que la metapsicología se distingue mejor como campo ajeno a lo médico. Se impone, de cualquier manera, la pregunta por la naturaleza de la localidad implicada en la tópica. Y puesto que la anatomía presupone también una distribución de lugares, cabe preguntar cuál es el punto diacrítico entre ambos tipos de espacialidad.

Tiempo después, Freud se propondría resolver otro problema que en toda exposición metapsicológica permanece indecidible: ¿cómo explicar la peculiaridad del aparato psíquico concebido como aquello que ofrece un *soporte* (invisible) para que un proceso psíquico acontezca? La aparición en el mercado de un extraño artefacto que hacía las veces de palimpsesto (la llamada "pizarra mágica") le vino de perillas. La superficie del curioso objeto ofrecía dos posibilidades simultáneas: soportar la inscripción de caracteres cualesquiera al tiempo que —separándola de una laminilla

---

[624] *Ibídem*

[625] A la manera en que la robótica y la ingeniería genética —por dar un ejemplo— posibilitarán algún día lo que la mitología prefiguró: centauros, hipogeos, etc. En otro registro, como ya lo adelantaran Jean Baudrillard o Umberto Eco de diversas maneras, la clonación objetiva hoy las metáforas bíblicas: "carne de tu carne, sangre de tu sangre" (¿no es eso un clon?); "amarás a tu prójimo como a ti mismo" (el clon como el prójimo más próximo), etc.

subyacente– permanecer limpia y en posibilidad de recibir impresiones nuevas. Así, la estructura perceptiva del aparato psíquico quedaba convenientemente ilustrada.

Freud abunda en que los soportes relativos a la memoria suponen problemas difíciles de elucidar: si alguien quiere fijar cierta información en una superficie de modo duradero puede escribir sobre una hoja; se tiene una huella duradera pero la superficie es limitada. Si se escribe sobre un pizarrón, puede borrarse cuantas veces se quiera y reescribir; se obtiene una superficie siempre apta pero debe resignarse la permanencia de lo escrito. Esto fuerza a optar entre la durabilidad de una inscripción y la recepción ilimitada de una superficie.

> *Los dispositivos auxiliares de nuestra memoria parecen particularmente deficientes (…) nuestro aparato anímico opera lo que ellos no pueden: es ilimitadamente receptivo para percepciones siempre nuevas, y además les procura huellas mnémicas duraderas –aunque no inalterables.*[626]

Se entiende pues cuál es el avance en la intelección sobre la topología neuronal propuesto en el *Proyecto* proponía (distinguiendo neuronas Fi y neuronas Psi, sedes de la memoria), y precisado en la *Traumdeutung* (diferenciando dos sistemas coexistentes en el aparato psíquico). Freud concluye que el sistema percepción-conciencia no conserva una huella perdurable de las impresiones que recibe, asemejándose a una hoja que funge como primer soporte de lo inscrito permaneciendo –simultáneamente– como no escrita y lista para nuevas percepciones. La inscripción permanente (equivalente a la huella mnémica duradera) tendría lugar en el sistema situado detrás, según lo estipulado en la *Traumdeutung*.

En este largo periplo la memoria fue, pues, el nódulo que aglutinó un conjunto de relaciones (tópicas, dinámicas y económicas). Nombrar la cosa metapsicológica fue un acto grávido de consecuencias por cuanto instó a la conjetura de una localidad psíquica reglada por dispositivos concretos: señaladamente, el de un aparato psíquico con instancias diferenciadas, soportes neuronales diversos, decursos excitatorios y montos de libido mensurables. El sistema de clasificación mnémica que el aparato psíquico espacializaba (registro tópico), se dislocó en dos variables: la atinente al

---

[626] *Nota sobre la "pizarra mágica"* (1925 [1924]), en: Freud, Sigmund, *Obras Completas, op.cit.*, vol. XIX, p.244.

desplazamiento de las representaciones (registro dinámico) y la relativa a la intensidad de los flujos libidinales (registro económico).

A balizar la travesía freudiana en la formalización de una de sus redes conceptuales más tempranas será dedicado el esfuerzo del apartado siguiente.

## De la *tópica* a la *dinámica*[627]

Si en el pasaje de la anatomía a la tópica el personaje principal para Freud fue Ernst Brücke, en el tránsito de la tópica a la dinámica la figura central fue Johann Friedrich Herbart (1776-1841).[628]

Para Herbart, la unidad básica del aparato psíquico (su *átomo* por decirlo de alguna manera), es la representación (*Vorstellung*). Y el primer dato verificable de toda representación es que se trata de una *fuerza* que puede ser calculada. Se tiene aquí una teoría dinámica y económica del psiquismo, por cuanto para Herbart una representación psíquica es efecto de una correlación de *fuerzas verificables*. Esta postura expresa asimismo una concepción metafísica, pues según Herbart cada representación traduce la tendencia del aparato psíquico a autoconservarse. Lejos de concebirlas como entidades autónomas, Herbart postula que la fuerza de cada representación depende de su oposición al resto (a la manera, puede decirse hoy día, en que una palabra se distingue de otra en un universo significante caracterizado por la oposición, pues un significante sólo se define por su diferencia con otro significante).

Hay entonces dos conceptos interrelacionados: *oposición* y *determinación*, pues una representación está determinada por su oposición a otra que debe serle afín, según Herbart. Sin embargo, la oposición de representaciones heterogéneas no puede derivar en una aniquilación mutua porque eso atentaría contra el principio de autoconservación del aparato psíquico. Lo que sí puede suceder es que una representación se imponga a otra inhibiéndola

---

[627] Aunque introduciendo modificaciones sustanciales, en el largo tramo expositivo que aquí inicia (relativo al pasaje de la *tópica* a la *dinámica* y de ésta a la *económica*), se sigue la tripartición que Paul-Laurent Assoun hiciera en su imprescindible *Introducción a la epistemología freudiana* [1981], *op.cit.*, pp.97-183.

[628] Autor de un *Manual de psicología* (1816) y de *La psicología como ciencia nuevamente fundada en la experiencia, la metafísica y la matemática* (1825) [*Psychologie als Wissenschaft neu gegründet auf Erfahrung, Metaphysik und Mathematik* (Zweiter, analytischer Teil); 6, en Herbarts Sämtliche Werke (ed. por K. Kehrbach), Langensalza, 1a ed., Königsberg, 1825].

---

o deteniéndola (*reprimiéndola*, en términos metapsicológicos). Una representación que ha sido reprimida, dice Herbart, es en realidad dividida entre una *tendencia* (la parte de la representación que sucumbió al oponerse a otra) y un *resto* (la fracción de la representación que conserva un residuo oscurecido de su identidad primera). Proponer una especie de *oscurecimiento* progresivo en la representación que cae bajo el imperio de otra, implica una concepción mecánica de la psique pues la *tendencia* definiría un estatuto dinámico y el *resto* una condición estática de la representación.

Herbart concibe un estado de equilibrio (*Gleichgewitch*) generalizado cuando las representaciones alcanzan un grado de oposición ideal (*Verdunkelung*), esto es, cuando se alcanza una especie de *proporción de inhibición mutua*. De manera que a una colisión entre representaciones sigue un declive (una *detención*) o un reforzamiento energético (la definición de una *tendencia*). El punto esencial de la especulación herbartiana es que con estos argumentos llega a proponer una teoría de lo inconsciente: una representación permanecería en la conciencia en la medida en que no fuera inhibida. El *oscurecimiento* de una representación equivaldría al estatuto preconsciente concebido por Freud para aquel contenido psíquico susceptible de ser convocado a la conciencia con menos dificultad que aquella representación *detenida* (reprimida) que tópicamente se ubicaría en lo inconsciente. Esto define la idea herbartiana del "umbral de conciencia": cuando una representación más intensa suprime a otra menos intensa, esto acontece bajo el *umbral de la conciencia* donde, sin ser anulada, la representación inhibida permanece inconsciente.[629]

Así, la compleja dinámica que rige en el universo de las representaciones es intuido por Herbart como un proceso de asociación: se hablaría de *composición* (*Complexión*) cuando las representaciones asociadas son heterogéneas, o de *fusión* (*Schmelzung*) cuando las representaciones asociadas son afines. Para Herbart, una representación irrumpe de manera inmediata a la conciencia cuando una nueva representación le es afín; de manera que una representación otrora oscurecida o inhibida fluye a la conciencia por una especie de atracción ejercida por la representación nueva. La asociación entre representaciones no acontecería entonces sólo por contigüidad de representaciones afines, sino como efecto de una dinámica regida por el

---

[629]    V. Ferrater Mora, José, *Diccionario de filosofía* [1994], Barcelona, Ariel, 1994, vol. II, p.1616. Freud afinaría de manera radical esta concepción al distinguir la represión (*Verdrängung*) de la supresión (*Unterdrückung*).

carácter y el grado de oposición entre las representaciones mismas.[630] "Las representaciones de la misma naturaleza se funden; las de naturaleza distinta se yuxtaponen; las de naturaleza opuesta se excluyen".[631]

Bien se ve la enorme utilidad que una concepción de este tipo prestó a la teoría freudiana de las pulsiones. En este caso no se trató de una transferencia nutrida por una relación personal como claramente había sucedido con Brücke, sino de una transferencia *al texto* herbartiano, pues Freud fue poderosamente influido –como con toda precisión hace notar Assoun– por la lectura del *Lehrbuch der empirischen Psychologie nach genetischer Methode* (1858) de Gustav Adolf Lindner en su último año de liceo, manual afín al influjo de Herbart. Fechner, Wundt Johannes Müller, Meynert (esto es, los principales representantes de la fisiología, la psicología y la psiquiatría entonces vigentes), estaban profundamente marcados por las teorías de Herbart, lo que refuerza la concepción de que "para quien situaría la empresa psicoanalítica en el amplio campo de las tentativas científicas del siglo, ésta se presentaría con todo derecho como uno de los últimos afluentes del gran río herbartiano".[632]

Herbart, pues, no fue sólo una influencia más en Freud. Representa un ascendente teórico de tal envergadura que podría argumentarse una verdadera

---

[630]   Cf. Assoun, Paul-Laurent, *Introducción a la epistemología freudiana* [1981], *op.cit.*, p.132.
[631]   Ferrater Mora, José, *Diccionario de filosofía* [1994], *op.cit.*, vol. II, p.1616.
[632]   Assoun, Paul-Laurent, *Introducción a la epistemología freudiana* [1981], *op.cit.*, p.135.

---

filiación epistemológica pues Freud sólo recibió de Herbart una batería teórica muy vasta, sino además una concepción metafísica global sobre el funcionamiento del aparato psíquico.[633] Debe aclararse que la concepción de metafísica que Herbart tenía era por demás peculiar. Para él, la metafísica suponía la comprensión de la experiencia: esto es, resolver las contradicciones conceptuales que de la experiencia misma se coligen. No se trataba de teorizar sobre un más allá de la experiencia, sino de resolver las aparentes paradojas de la realidad en un plano conceptual (metafísico) que disolviera tales contradicciones en una argumentación lógica y depurada.[634] Herbart entendía por metafísica "la metodología que permite reducir las contradicciones implícitas en lo dado",[635] es decir, en la experiencia.

La metapsicología freudiana persigue exactamente el mismo fin: al razonar los indecidibles que la realidad presenta, busca desentrañar las causas de la aparente incompatibilidad entre los elementos analizados para al final argumentar una lógica causal que restituye una coherencia oculta en lo fenoménico. De hecho, eso definía la concepción científica de Freud hacia 1923 que el psicoanálisis "sólo conoce un propósito: aprehender, sin contradicciones, un fragmento de la realidad".[636]

Así, Fechner, Müller, Meynert y –sobre todo– Herbart, legaron un campo conceptual en función del cual Freud organizó sus intuiciones sobre las representaciones psíquicas. El soporte textual que la fisiología, la psicología y la psiquiatría de la época conformaban, fue también la superficie enunciativa en la que Freud fincó el largo puente metapsicológico que va de la localidad espacial al discernimiento de las fuerzas que habitan un espacio tal.

---

[633] De cómo Freud afinó las teorías herbartianas postulando la relación entre una representación y su *quantum* de afecto, se tratará detalladamente en el capítulo dedicado a la dinámica metapsicológica.

[634] Cf. Assoun, Paul-Laurent, *Introducción a la epistemología freudiana* [1981], *op.cit.*, p.141.

[635] Ferrater Mora, José, *Diccionario de filosofía* [1994], *op.cit.*, vol. II, pp.1615-1616.

[636] *Dos artículos de enciclopedia: 'Psicoanálisis' y 'Teoría de la libido'* (1923[1922]), en: Freud, Sigmund, *Obras Completas*, *op.cit.*, vol. XVIII, p.248.

---

## *Dinámica*

## Las pulsiones

Si para concebir el espectro metapsicológico Freud partió del aparato psíquico (ficción predominantemente *tópica* aunque con importantes derivaciones dinámicas y económicas según lo ya expuesto), es con el concepto de pulsión que tal aparato despliega su *espacio de configuración dinámica* en la reflexión freudiana. En efecto, la pulsión es uno de los conceptos fundamentales de la argumentación metapsicológica y es concebida por Freud como "cierto monto de energía que esfuerza en determinada dirección. De este esforzar (*Drängen*) recibe su nombre: pulsión (*Trieb*)".[637] Y dado que la *dinámica* implica una teoría de las fuerzas actuantes en el aparato psíquico, el discernimiento metapsicológico está obligado a precisar qué son las pulsiones, cuáles son sus destinos posibles y la especificidad de sus manifestaciones anímicas.

> *La doctrina de las pulsiones es nuestra mitología, por así decir. Las pulsiones son seres míticos, grandiosos en su indeterminación. En nuestro trabajo no podemos prescindir ni un instante de ellas, y sin embargo nunca estamos seguros de verlas con claridad.*[638]

La ciencia natural en la que quería ver convertido al psicoanálisis, ¿podía sentar sus reales sobre una mitología? Para Freud una objeción de este tipo sería inadmisible, a juzgar por lo que escribe a Einstein en un intercambio de misivas:

> *Acaso tenga usted la impresión de que nuestras teorías constituyen una suerte de mitología, y en tal caso ni siquiera una mitología alegre. Pero, ¿no desemboca toda ciencia natural en una mitología de esta índole? ¿Les va a ustedes de otro modo en la física hoy?*[639]

---

[637] *Nuevas conferencias de introducción al psicoanálisis* (1933[1932]); 32ª conferencia, "Angustia y vida pulsional", en: Freud, Sigmund, *Obras Completas*, *op.cit.*, vol. XXII, p.89.

[638] *Ibíd.*, p.88.

[639] *¿Por qué la guerra?* (1933), en: Freud, Sigmund, *Obras Completas*, *op.cit.*, vol. XXII, p.194.

En el curso de su reflexión, Freud balizó el trayecto que Bachelard discerniría en todo hecho científico: "es necesario pasar ante todo de la imagen a la forma geométrica y luego de la forma geométrica a la forma abstracta":[640] la noción de lo inconsciente había designado una serie de fenómenos observados en las pacientes histéricas (es esta la fase que Bachelard llama "el estado concreto" en toda formación científica); adosar esquemas geométricos que ilustren la experiencia fenoménica –el forjamiento, por caso, de la tópica– ejemplificaría el "estado concreto-abstracto". Por último, las "informaciones voluntariamente sustraídas a la intuición del espacio real, voluntariamente desligadas de la experiencia inmediata y hasta polemizando abiertamente con la realidad básica" configurarían el "estado abstracto".[641]

Vivo ejemplo del "estado abstracto" en todo fenómeno científico es el intento freudiano por definir con el concepto de pulsión las posibles formas de relación de un sujeto con un objeto donde el primero buscaría en el segundo una satisfacción que, de entrada, es imposible. Conviene entonces hablar de pulsiones, en plural, ya que las modalidades de (in)satisfacción son múltiples. Hay sin embargo, dice Freud, características comunes a todas las pulsiones, independientemente de la variedad con que se busque la (im)posible satisfacción: la fuente, el empuje, el objeto y el fin. Como se sabe, la pulsión nunca puede homologarse al concepto de instinto. *Trieb* es la palabra que emplea Freud y ésta no equivale ni a *instinct* ni a *drive*. Y es que la pulsión remite al deseo, no a la necesidad; de modo que traducir *Trieb* por instinto sería *psicologizar* o, todavía más, *teologizar* el concepto. Por otra parte, la pulsión no podría tener un ejemplo clínico directo por cuanto define más un presupuesto teórico (metapsicológico) que una manifestación clínica específica.

¿Cómo aparece este concepto en la construcción teórica freudiana? Aparece ligada a la noción de energía. En su escrito de 1915, Freud dice que la teoría de las pulsiones es la cuestión más importante pero también la menos acabada de la doctrina psicoanalítica. Es en *Tres ensayos de teoría sexual* (1905), donde Freud utiliza por primera vez este concepto. Pero desde 1890, Freud sospechaba que la misma fuerza que impulsa a la vida es la que, transustanciada, deviene síntoma. En ese tiempo trataba de distinguir la "energía sexual somática" de la "energía sexual psíquica", de donde derivará el concepto de libido. Este intento temprano de delimitación es importante

---

[640] Bachelard, Gaston, *La formación del espíritu científico* [1960], *op.cit.*, p.10.
[641] Cf. *Ibíd.*, p.11.

porque después se traducirá en la definición más conocida de la pulsión como un concepto límite entre lo somático y lo psíquico. Luego, su intuición lo lleva a formular la idea del fantasma y la represión, pasando por el descubrimiento de las formaciones del inconsciente. Si se ligan las nociones de represión y de pulsión, se comprende por qué Freud elige explorar dos terrenos: el de la perversión (donde la represión en cierto grado ineficaz) y el de lo infantil (donde la represión supuestamente no ha tenido lugar). Los niños eran para Freud, perversos polimorfos.

En 1905 Freud define a la pulsión como "la agencia representante (*Repräsentanz*) psíquica de una fuente de estímulos intrasomática en continuo fluir".[642] Construye entonces la noción de zona erógena para dar cuenta de cómo cualquier parte del cuerpo puede ser investido por una pulsión y, devenir en consecuencia, zona susceptible de placer (o de goce), esto es, zona erógena. Así, las pulsiones son múltiples (porque sus objetos y su génesis son muy variados); no tienen un objetivo común (porque pueden conformarse con objetos parciales distintos de sí); los caminos de tramitación de cada pulsión son tan múltiples y distintos como las pulsiones mismas. Freud propone distinguir también las pulsiones de autoconservación o pulsiones del yo (que tienden a mantener vivo al sujeto), de las pulsiones sexuales.

*Pulsiones y destinos de pulsión* (1915) fue uno de los trabajos metapsicológicos que Freud no destruyó. Consciente de las exigencias de cientificidad que serían enfiladas contra un concepto tan escurridizo, Freud inicia su reflexión insistiendo en el grado de indeterminación que domina en un régimen conceptual cuando una joven ciencia instituye su basamento categorial:

> *Muchas veces hemos oído sostener el reclamo de que una ciencia debe construirse sobre conceptos básicos claros y definidos con precisión. En realidad, ninguna, ni aun la más exacta, empieza con tales definiciones.*[643]

Toda ciencia, explica Freud, comienza con descripciones fenoménicas que posteriormente serán articuladas. Las abstracciones que ilustran esta fase descriptiva tienen un significado que es efecto de la convención (deben

---

[642] *Tres ensayos de teoría sexual* (1905), en: Freud, Sigmund, *Obras Completas, op.cit.,* vol. VII, p.153.

[643] *Pulsiones y destinos de pulsión* (1915), en: Freud, Sigmund, *Obras Completas, op.cit.,* vol. XIV, p.113.

acordarse sus correspondencias con el "material empírico del que parecen extraídas, pero que, en realidad, les es sometido").[644]

Repárese en esta aseveración de Freud. Los hechos y las palabras que de ellos dan cuenta, no se ajustan de modo dócil como lo hacen un botón y su ojal. Hay un cierto forzamiento, una suerte de violencia al someter el material empírico a las categorías que lo describen. Esta imposición de orden significante sugiere que las concomitancias "que se cree colegir aun antes que se las pueda conocer y demostrar (…) al principio deben comportar cierto grado de indeterminación; no puede pensarse en ceñir con claridad su contenido".[645] Una vez conocida la fenoménica analizada, se decantan de mejor manera los conceptos que la circundan hasta lograr una aplicación de carácter universal libre de contradicción. Pero aún habiendo alcanzado definiciones precisas, debe procurarse la afinación permanente.

*Un concepto básico convencional de esa índole, por ahora bastante oscuro, pero del cual en psicología no podemos prescindir, es el de pulsión. Intentemos llenarlo de contenido desde diversos lados.*[646]

Freud procede entonces a definir la naturaleza de la pulsión –fuerza constante de origen somático que representa una excitación para lo psíquico–, y a señalar sus elementos característicos: la fuente (corporal), el empuje (la expresión libidinal misma como suma de fuerza), el fin (la imposible satisfacción) y el objeto (aquél que permitiría una satisfacción, si eso fuera posible). ¿Por qué se dice que la satisfacción es imposible? Porque la reducción de la tensión hasta un nivel que hiciera desaparecer la pulsión misma nunca se alcanza sino parcialmente; las nociones de homeostasis, de *nirvana* son sólo presupuestos para dar cuenta de aquello a lo que una pulsión propende. Si a eso agrega que el objeto siempre será inadecuado (pues nunca propicia una descarga libidinal plena y definitiva), se tiene que la tensión renace enseguida y relanzándose todo el proceso. La oposición pulsiones yoicas / pulsiones sexuales ya era obsoleta en este punto de la elaboración freudiana. Si acaso, servía para distinguir los impulsos que tienden a la conservación del sujeto y de la especie.

La segunda parte del ensayo metapsicológico de 1915 se refiere a los destinos pulsionales (*Triebschicksale*), trágicos todos pues nunca pueden

---

[644] *Ibídem*

[645] *Ibídem*

[646] *Ibídem*

alcanzar la satisfacción.[647] Freud enumera cuatro: la represión (responsable de la formación de los síntomas neuróticos), la sublimación (donde la meta sexual es sustituida por otra de naturaleza no sexual), "el trastorno hacia lo contrario" y "la vuelta hacia la persona propia". Estos dos últimos destinos definen la gramática de las perversiones:[648] "el trastorno hacia lo contrario" tiene lugar cuando una pulsión vira de la actividad a la pasividad (voyeurismo/exhibicionismo, sadismo/masoquismo), en una operación que atañe a la meta de la pulsión o a la inversión de su contenido (de amor a odio, por ejemplo); "la vuelta hacia la persona propia" designa el proceso en el que una pulsión cambia su objeto manteniendo inalterada su meta.[649]

En *Más allá del principio del placer* (1920), a partir de lo que ya había trabajado sobre la repetición, Freud postula la hipótesis de una pulsión de muerte que opone a una pulsión de vida: sobre ambas descansará entonces la teoría pulsional. Las pulsiones sexuales o yoicas o de objeto se situarán entonces bajo el imperio de alguna de estas dos pulsiones generales. Se entiende así que la supervivencia de la especie puede ser antagónica a la pervivencia del sujeto, pues la inercia que la pulsión de muerte implica queda identificada a la naturaleza misma de la pulsión.[650]

Queda afirmada así la función del aparato psíquico: reducir al máximo la tensión que es efecto de las pulsiones. Esta búsqueda de la homeostasis está marcada por la muerte. No es la muerte la que viene a interrumpir la vida; es la vida la que viene a cercenar a la muerte misma. Esta pulsión de muerte insta al sujeto a retornar a un estado primigenio de inactividad.[651]

---

[647] "*Schiksal* designa, en primer lugar, al 'destino' como 'conjunto de las cosas de las que el hombre no es él mismo responsable' y, luego, al 'poder superior que, se supone, rige la vida'. Tiene por lo tanto una connotación 'fatalista': esto significaría que las pulsiones constituyen una suerte de fatalidad psíquica". Assoun, Paul-Laurent, *Figuras del psicoanálisis* [1997], *op.cit.*, p.194.

[648] Cf. *Pulsiones y destinos de pulsión* (1915), en: Freud, Sigmund, *Obras Completas*, *op.cit.*, vol. XIV.

[649] No se olvide que en 1914 Freud había hablado de otros dos destinos: la introversión y las regresiones libidinales narcisistas. Cf. *Introducción del narcisismo* (1914), en: Freud, Sigmund, *Obras Completas*, *op.cit.*, vol. XIV.

[650] *Más allá del principio de placer* (1920), en: Freud, Sigmund, *Obras Completas*, *op.cit.*, vol. XVIII.

[651] Lacan hizo de la pulsión uno de los conceptos fundamentales del psicoanálisis (junto con lo inconsciente, la transferencia y la repetición). Para él, la pulsión remite al deseo de un sujeto pero también a lo real: aquello que constituye lo

Freud había enunciado este principio en una fecha tan temprana como 1883:

> *Se dirigen nuestras intenciones más a evitar el dolor que a procurarnos el placer.*[652]

## De la *dinámica* a la *económica*

La dinámica de las representaciones que Freud aprehendió con la intermediación de Herbart presuponía la noción de cantidad: un flujo excitatorio precisaba ser medido para colegir su fuente de impulso y el probable alcance de su discurrir. Freud postuló su *económica* para medir los volúmenes de excitación que operan en el aparato psíquico, exigencia cara a la psicología que aún hoy hace de la cuantificación un criterio de validación científica.

Esta historia encuentra uno de sus puntos posibles de partida en 1879, cuando Wilhelm Max Wundt (1832-1920) fundó el primer laboratorio de psicología en la ciudad de Leipzig a sugerencia de J. Stuart Mill. La explicación de los fenómenos ahí observados se apoyaba indefectiblemente en criterios de magnitud que fundamentaban toda ley: Wundt postulaba en su *Menschen und Thierseele* que "la experimentación es acompañada paso a paso por la *medición*. Medir y pesar, tales son los grandes medios de que se sigue valiendo la investigación experimental para alcanzar leyes precisas. Junto con el experimento, el peso y la medición entraron en la ciencia; pues son éstos los que le otorgan un carácter definitivo. La medición encuentra las *constantes* de

---

imposible. En su seminario XI, *Los cuatro conceptos fundamentales del psicoanálisis (1964)*, (Buenos Aires, Paidós, 1993), Lacan enfatiza la relación que el sexo guarda con la muerte. Insiste en el carácter inadecuado del objeto y remarca que es esa una condición necesaria y no contingente; estructural y no accidental. Ese carácter del objeto hace imposible el alcanzar el fin pulsional que, por otra parte, acomete su objeto de manera parcial pues la pulsión no se dirige necesariamente al objeto todo sino a un rasgo, una especificidad determinada. Si la pulsión yerra el perseguir su objeto, el proceso se reinicia. Lacan ubica en este fracaso de la pulsión por alcanzar un objeto adecuado el origen del despedazamiento corporal, puesto que una genitalidad idónea sería aquella que apuntara a un objeto inequívoco que aseguraría la satisfacción sin margen de error.

[652] Carta a Martha Bernays del 29 de agosto de 1882, en: Caparrós, Nicolás (editor), *Correspondencia de Sigmund Freud* (tomo I), *op.cit.*, p.287.

la naturaleza, esas leyes fijas que regulan los fenómenos".[653] Wundt objetaba así las reservas de Kant (vertidas en sus *Primeros principios metafísicos de la ciencia de la naturaleza*) sobre la cientificidad de la psicología pues no hay ciencia propiamente dicha sino en la medida en que la matemática forma parte de ella (aunque, en rigor, tal objeción era dirigida a Galileo para quien todo fenómeno físico debía poder leerse en lenguaje matemático).

Freud fundamentó la económica del aparato psíquico buscando acceder a lo que tradicionalmente se consideraba el distintivo de una ciencia plenamente desarrollada pues más allá del *cómo* fenomenológico se precisaba elucidar el *porqué* matemático:[654] así, la medición que ratificaba las conjeturas, la cuantificación y la formalización de la teoría traducirían el grado de matematización de lo metapsicológico, permitiendo superar una fase descriptiva de las observaciones y un estadio taxonómico en la clasificación de sus primeros objetos teóricos. Dicho de otra manera: la formulación axiomática de verdades apodícticas permitiría al psicoanálisis acceder al rango explicativo de los hechos psíquicos, pues "el encadenamiento matemático posee una cohesión interna que no se deja atropellar: lo progresivo es de esencia".[655] En efecto:

> La matemática es el elemento directo de la abstracción comprensiva (...) mediante esta abstracción se generaliza comprendiendo [pues] en matemáticas lo simple no es lo simplificado, sino lo "claramente sintético".[656]

Con un entusiasmo que permeó al psicoanálisis, en sus *Fundamentos de la psicología fisiológica* Wundt afirmaba:

> Nuestras sensaciones, nuestras representaciones, nuestros sentimientos son magnitudes intensivas que se siguen inmediatamente en el tiempo. Por tanto, nuestra vida interior tiene por lo menos dos

653 Ribot, Théodule, y Alcan, Félix, *La psychologie allemande contemporaine*, [1892], p.223 (citado en Assoun, Paul-Laurent, *Introducción a la epistemología freudiana* [1981], *op.cit.*, p.143).

654 Bachelard, Gaston, *La formación del espíritu científico* [1960], *op.cit.*, p.8.

655 Cavaillès, Jean, *Sur la logique et la théorie de la science*, 3a edición, París, Vrin, 1975, p.70.

656 Hippolyte, Jean, "Gaston Bachelard o el romanticismo de la inteligencia", en: Canguilhem, Georges, Hippolyte, Jean *et al.*, *Introducción a Bachelard* [1973], *op.cit.*, p.35 y 37.

*dimensiones; lo cual implica la posibilidad de representarla en forma matemática.*[657]

Un hecho significativo escande el curso de estas reflexiones sobre lo cuantitativo y lo científico: el 3 de marzo de 1881 Eduard Zeller pronuncia en la Academia de Ciencias de Berlín un texto titulado *Las mediciones de los hechos psíquicos.* ¿Pueden ser efectivamente medidos los hechos psíquicos? Zeller responde, no. De los hechos psíquicos sólo sabemos por la conciencia. Lo que se mide es la intensidad que en la conciencia alcanza un hecho psíquico pero persiste el desconocimiento sobre la *cualidad* de ese hecho. Argumento letal para las concepciones de Wundt quien afirmaba que si bien sólo podían medirse los efectos de un fenómeno psíquico (impresiones sensoriales, movimiento de un cuerpo), eso implicaba *en sí mismo* dar cuenta de las leyes psicológicas que causaban tales efectos.

El científico que lleva hasta sus últimas consecuencias epistemológicas este diferendo es Gustav Theodor Fechner, fundador de la psicofísica. Matematizar un hecho psíquico fue el objetivo de Fechner, quien fallecería en 1887, cuando el psicoanálisis veía la luz. Freud hereda ese imperativo y construye varias de las nociones psicoanalíticas fundamentales apoyado en las concepciones de Fechner. Lo inconsciente, por ejemplo, definido como aquello que acontece en "otra plaza". En una carta a Fliess Freud comenta la pertinencia de esta conjetura para abordar los problemas relativos al sueño: "Estoy hondamente concentrado en el libro de los sueños (...) La única palabra razonable le pasó por la mente al viejo Fechner con su sublime sencillez. El proceso del sueño se desenvuelve en un terreno psíquico otro".[658] Ya en la *Traumdeutung* Freud honrará los alcances de la hipótesis fechneriana sobre lo que llamará *anderer Schauplatz* por ser una extraordinaria metáfora del aparato anímico y sus instancias.[659]

Se trata entonces de una doble adscripción epistemológica de Freud a Fechner: la primera es de orden específicamente tópico, pues el *cambio*

---

[657] Citado en Assoun, Paul-Laurent, *Introducción a la epistemología freudiana* [1981], *op.cit.*, p.144.

[658] Carta del 9 de febrero de 1898, en: Freud, Sigmund, *Cartas a Wilhelm Fliess (1887-1904), op.cit.*, p.326. Freud se refiere a la obra de G. T. Fechner titulada *Elemente der Psychophysik.*

[659] V. *La interpretación de los sueños* (1900[1899]), capítulo 1: "La bibliografía científica sobre los problemas del sueño". E: "Las particularidades psicológicas del sueño", en: Freud, Sigmund, *Obras Completas, op.cit.*, vol. IV, p.72.

*de teatro de la actividad psíquica* remite, sin más, a la noción central del psicoanálisis: lo inconsciente; por otra parte, "el último pequeño fragmento de especulación", al que alude en una carta a Fliess de 1896 (ya citada) era el siguiente: "Trabajo con el supuesto de que nuestro mecanismo psíquico se ha generado por superposición de capas porque de tiempo en tiempo el material existente de huellas mnémicas experimenta un reordenamiento según nuevas concernencias, una inscripción".[660] Es ésta una manera distinta de referirse a *un aparato anímico compuesto por varias instancias interpoladas una detrás de otra*, conjetura fechneriana. La segunda adscripción epistemológica es de orden económico: muchos conceptos nodales en la económica freudiana –"tesis de constancia de la suma de excitación",[661] "principio de inercia neuronal",[662] "principio de constancia"[663] (expresiones homólogas a las de "homeostasis" y "cathexis" y antecedentes de lo que posteriormente Freud llamaría "principio de Nirvana")–, también encuentran su filiación en Fechner.[664]

Ahora bien, si Fechner tendió un puente entre la psicología y la física, fue Helmholtz quien hizo lo propio con la psicología y la neurología. Un lustro después de que Mayer postulara la conservación de la energía en el campo de la física, Helmholtz importó esa noción al campo de la fisiología. Para Mayer, las características fundamentales de toda *fuerza* (toda *energía*, en sentido familiar), son la indestructibilidad y la variabilidad. Un efecto, entonces, tiene causa en una fuerza cuya magnitud no disminuye, sólo se transforma. Basado en Mayer, Helmholtz postula una dinámica energética susceptible de ser medida.

---

[660] Carta del 6 de diciembre de 1896, en: Freud, Sigmund, *Cartas a Wilhelm Fliess (1887-1904), op.cit.,* p.218.

[661] Consignada en la carta a Breuer del 29 de junio de 1892 publicada en los *Bosquejos de la "Comunicación Preliminar" de 1893* (1940-41 [1892]), en: Freud, Sigmund, *Obras Completas, op.cit.,* vol. I, p.183.

[662] Consignada en el *Proyecto de psicología* (1950 [1895]), en: Freud, Sigmund, *Obras Completas, op.cit.,* vol. I, pp.340-342.

[663] Esbozado desde *Histeria* (1888), y explicitado en los *Bosquejos de la "Comunicación Preliminar" de 1893* (1940-41 [1892]), en: Freud, Sigmund, *Obras Completas, op.cit.,* vol. I, p.55 y p.190, respectivamente.

[664] En el capítulo dedicado a la exposición metapsicológica se ensayará una amplia arqueología de todos estos conceptos. Aclárese desde ya, sin embargo, que *homeostasis* no es –contra lo que comúnmente se cree– un término psicoanalítico.

---

Wilhelm Ostwald, por su parte, deviene hacia 1902 el gran teórico de lo energético llegando a conjeturar la noción de "energía psíquica", categoría esencial en la concepción freudiana del aparato psíquico. Cuantificar dicha energía, dice Assoun, es *"el imperativo categórico de toda una racionalidad (...)* la cuantificación es el efecto necesario al mismo tiempo que el signo esperado de la racionalidad deseada. Freud restablecerá ese deseo al mismo tiempo que ese requisito al incluir una *económica* en su metapsicología".[665]

Es así como las filiaciones epistemológicas (verdaderas pre-existencias discursivas) fueron conformando el panóptico metapsicológico desde el que Freud emprendería la exposición de la cosa psicoanalítica. De los remanentes fisiológicos, químicos, psiquiátricos, físicos y médicos en general surgirían escollos y tropiezos (verdaderos obstáculos epistemológicos en palabras de Bachelard), por cuanto esa pedacería discursiva haría las veces de lastre en la constitución del psicoanálisis como campo de saber.

En efecto, como el decurso de la historia de las ideas prueba, siempre "se conoce *en contra* de un conocimiento anterior" por lo que "es en el acto mismo de conocer, íntimamente, donde aparecen, por una especie de necesidad funcional, los entorpecimientos y confusiones".[666] Que el entorno científico descrito abrió los cauces por los que el psicoanálisis discurrió –formalizando su emergencia hasta delinear su singularidad–, es tan cierto como el que dichos cauces fueran efecto de una restricción ("se verá el poder de un obstáculo en la misma época en que va a ser superado", decía Bachelard).[667] Tal restricción es la que todo discurso hegemónico impone a los saberes emergentes determinando sus posibilidades de enunciación, transmisión, circulación, apropiación y destino.

## *Económica*

### Hacia el *principio de Nirvana*

La exposición metapsicológica del aparato psíquico en su vertiente económica "aspira a perseguir los destinos de las magnitudes de excitación y a

---

[665] Assoun, Paul-Laurent, *Introducción a la epistemología freudiana* [1981], *op.cit.*, p.163.

[666] Bachelard, Gaston, *La formación del espíritu científico* [1960], *op.cit.*, p.15.

[667] *Ibíd.*, p.25.

obtener una estimación por lo menos relativa de ellos".[668] Evaluar los montos libidinales invertidos en toda operación psíquica, columbrar su decurso excitatorio, ponderar cuantitativamente los flujos de energía, aquilatar en términos de *gasto* los procesos anímicos, son los aspectos que conciernen a la economía del aparato psíquico. En todos los casos, se trata de un supuesto teórico necesario (heredado de la termodinámica) siempre insuficiente y hasta impreciso, como reconoce sin ambages Freud mismo:

> *No sabemos nada sobre la naturaleza del proceso excitatorio en los elementos del sistema psíquico, ni nos sentimos autorizados a adoptar una hipótesis respecto de ella. Así, operamos de continuo con una gran X que trasportamos a cada nueva fórmula.*[669]

Contaba Freud en una carta a Fliess que uno de sus tormentos de entonces consistía en "revisar el aspecto que toma la doctrina de las funciones de lo psíquico cuando se introduce la consideración cuantitativa, una especie de economía de la fuerza nerviosa".[670]

### *Suma de excitación* y derivados

El concepto de suma de excitación (*Erregungssume*) ejemplifica bien lo relativo a este rubro por designar el factor cuantitativo que vertebra la hipótesis económica de la metapsicología freudiana. Ya en 1888, en un trabajo redactado por Freud en francés, se habla de una teoría llamada "*Das Abreagieren der Reizzuwächse*" ("la abreacción de los aumentos de estímulo"), en la que es, quizá, la más temprana mención del principio que regula la economía del aparato psíquico.[671] Apoyado en abundantes ejemplos, Freud explica en una conferencia (11 de enero de 1893) en qué consiste la tendencia a mantener constante la excitación intracerebral: cuando una impresión psíquica incide en un sujeto, se incrementa en su sistema nervioso lo que Freud llama "la suma de excitación".

---

[668] *Lo inconsciente* (1915), en: Freud, Sigmund, *Obras Completas, op.cit.*, vol. XIV, p.178.

[669] *Más allá del principio de placer* (1920), en: Freud, Sigmund, *Obras Completas, op.cit.*, vol. XVIII, p.30.

[670] Carta del 25 de mayo de 1895, en: Freud, Sigmund, *Cartas a Wilhelm Fliess (1887-1904), op.cit.*, p.131.

[671] *Algunas consideraciones con miras a un estudio comparativo de las parálisis motrices orgánicas e histéricas* (1893 [1888-93]), en: Freud, Sigmund, *Obras Completas, op.cit.*, vol. I, p.209.

*En todo individuo, para la conservación de su salud, existe el afán de volver a empequeñecer esa suma de excitación. El acrecentamiento de la suma de excitación acontece por vías sensoriales, su empequeñecimiento por vías motrices.*[672]

He aquí anudados al de *suma de excitación*, dos conceptos nodales de la teoría psicoanalítica: "impresión psíquica" y, de manera implícita, el *principio de constancia* (que a su vez remite a otros "principios" que en el tiempo le antecedieron).

Para elucidar en las páginas siguientes lo contenido en el párrafo anterior, puede comenzarse por analizar el contexto médico en el que estas categorías metapsicológicas necesariamente se enmarcan. En la concepción de Claude Bernard, todo organismo cuenta con sistemas para normar posibles desequilibrios, conservando así una integridad biológica. Es decir, un organismo "se caracteriza por la presencia constante y la influencia permanente de todas sus partes en cada una de ellas [y] lo propio de un organismo es vivir como un todo y no poder vivir sino como un todo".[673] Pero esa concepción orgánica integral sólo es posible por los dispositivos de regulación, compensación o control que moderan la distancia entre lo constante y lo variable que también caracterizan a todo organismo. Para Bernard:

*...existe una suerte de medicación natural o de compensación natural de las lesiones o trastornos a los que el organismo puede estar expuesto (…) hay en todo organismo una moderación congénita, un control congénito, un equilibrio congénito.*[674]

En su *Introducción a la medicina experimental* [1865] Bernard postuló que la condición estable del medio interno (concepto sobre el que en breve se abundará) es la condición esencial para la vida. *Homeostasis* es el nombre que en 1932 Walter Bradford Cannon (1871-1945) diera a esta condición.

En su reflexión sobre la normatividad, Canguilhem enfatiza la homeostasis a la que el organismo tiende:

---

[672] *Sobre el mecanismo psíquico de fenómenos histéricos* (1893), en: Freud, Sigmund, *Obras Completas, op.cit.*, vol. III, p.37.

[673] Canguilhem, Georges, *Escritos sobre la medicina* [1989], *op.cit.*, p.109.

[674] *Ibídem*

> *Los conceptos de regulación y homeostasis se hacen necesarios para*
> *la inteligibilidad de las funciones de retardo y resistencia al desgaste, a*
> *la desintegración y el desorden, funciones de la autonomía relativa de los*
> *sistemas vivos abiertos y, por lo tanto, dependientes del medio.*[675]

Esta noción global de un organismo regulado se traduce en la posibilidad de preservar un equilibrio, pues la regulación es el hecho biológico esencial. La evolución de este concepto tiene su punto de partida en 1901, cuando el embriólogo Hans Driesch (1867-1941) publicó en Leipzig *Dic organischen Regulationen*, obra con la que "se constituía en el campo de la biología animal un objeto de saber específico"[676] que había sido desarrollado, empero, desde 1875.[677]

> *Los sistemas vivos abiertos, en estado de no equilibrio, mantienen*
> *su organización a la vez en razón de su apertura al exterior y a pesar de*
> *esta apertura.*[678]

La palabra *cibernética* misma, propuesta por Ampère, designaba desde 1834 "la ciencia de los medios de gobierno" pero "durmió durante más de un siglo esperando la teoría que le proporcionara el concepto formal adecuado para trascender su limitación etimológica".[679] Esta búsqueda de lo relativo a la regulación, al gobierno, puede retrotraerse a 1675 con la invención de la espiral reglante.

Recuérdese que para Leibniz (en abierta oposición a la postura de Newton para quien Dios corrige permanentemente las fallas de su creación), la regulación es entendida como un mecanismo rector que conserva una serie de constantes iniciales:

> *El Dios de Newton y sus sectarios tiene todavía una muy graciosa*
> *opinión de la obra de Dios. A su juicio, Dios necesita dar cuerda de vez*

---

[675] Canguilhem, Georges, *Ideología y racionalidad en la historia de las ciencias de la vida* [1977], *op.cit.*, p.170.

[676] *Ibíd.*, p.103.

[677] Los trabajos de Wilhelm His, Eduard Pflüger, Chabry, Oskar Hertwig y Edmund Wilson antecedieron a los de Hans Driesch, según consigna escrupulosamente Canguilhem (V. *Ibídem*)

[678] *Ibíd.*, p.172.

[679] *Ibíd.*, p.104.

*en cuando a su reloj. De otro modo, éste dejaría de funcionar. No tuvo suficiente visión para convertirlo en movimiento perpetuo.*[680]

Para Leibniz, en cambio, el mundo está totalmente reglado desde un principio: la regularidad no requiere de intervención alguna pues es originaria, concepción que difiere esencialmente de lo sostenido por los newtonianos para quienes la regularidad es efecto de una regularización constante. A partir de este diferendo, Canguilhem se pregunta "si todos los interrogantes posteriores sobre los reguladores y las regulaciones, sea en mecánica, en fisiología, en economía, en política, no se iban a plantear durante un siglo y medio en términos de conservación y equilibrio"[681] (tal como sucedió en el campo de la metapsicología en todo lo relativo a la tendencia del aparato psíquico hacia la homeostasis).[682] Así, desde un punto de vista general, un hecho biológico propiamente dicho traduce el valor que un organismo asigna al mantenimiento de sus constantes, de su homeostasis. Lo patológico, entonces, es consecuencia de una disminución en el poder normativo de un organismo:

*El objetivo de todo medio curativo no es otro que el de volver a llevar al tipo que le es natural a las propiedades vitales alteradas* [decía Bichat].[683]

Canguilhem llama *normatividad biológica* al hecho de que la vida instituye valores tanto para el medio circundante como para el propio organismo. Recuérdese que Claude Bernard propuso la categoría de *medio interno* para elucidar cómo, "en el interior del organismo, cada parte se encuentra en relación con todas las otras por intermedio (…) de dos aparatos que en los animales superiores son la clave de bóveda de todas estas operaciones: el sistema nervioso y el sistema de glándulas de secreción interna o glándulas endócrinas",[684] sistemas que evitan variaciones bruscas en el organismo preservando la vida. Es por eso que, en la concepción que Hipócrates expone en *De l'art*, no se curan todos los enfermos que son tratados. Es más: es

---

[680] Leibniz, *Primer escrito contra Clarke* [1715]. Citado en: *Ibíd.*, p.108.
[681] *Ibíd.*, p.109.
[682] Foucault mismo hereda este desarrollo conceptual en su propuesta sobre las *regularidades enunciativas* o *discursivas*.
[683] Citado en: Canguilhem, George, *Lo normal y lo patológico* [1966], *op.cit.*, p.37.
[684] Canguilhem, Georges, *Escritos sobre la medicina* [1989], *op.cit.*, p.110.

por no tener médico que algunos se curan. Y en *Epidémies*, IV dice que las enfermedades tienen sus médicos en las naturalezas.[685]

> *Debe entenderse por "médica" una actividad inmanente al organismo, de compensación de déficits, restablecimiento del equilibrio roto, rectificación de la marcha al detectarse un desvío.*[686]

No en balde –citando el nombre de una conferencia dictada en 1923 por Ernest Henry Starling (1866-1927)–[687] Cannon tituló una de sus obras *La sabiduría del cuerpo* [1932]. Apelando a la dignidad filosófica del concepto, por tal se entiende:

> *...la idea de la medida, del control y del dominio en la conducción de la vida. Era lo que preservaba al hombre del influjo de la desmesura, tentación permanente de desvío, aberración y desprecio por el límite.*[688]

Sirva como ejemplo Nietzsche, quien retomó esta idea formulando "hay más razón en tu cuerpo que en tu mejor sabiduría".[689] Esta sentencia se inscribe en la tradición hipocrática partidaria de confiar en los dispositivos que todo organismo tiene para preservar su constitución y mantener estables sus funciones.

> *Cuando se habla de sabiduría del cuerpo, se restituye al cuerpo la imagen del equilibrio sobre la cual se injertó (...) la idea de sabiduría.*[690]

"A cuerpo dinámico, medicina expectante" es una frase que resume bien esta postura que hace de la abstención y la paciencia las principales virtudes médicas. Pero la medicina debe también medir y evaluar la fuerza y el poder de la naturaleza.

---

[685]  Cf. *Ibíd.*, p.19.

[686]  *Ibídem*

[687]  Starling acuño en junio de 1905 el término *hormona*. Fue en el marco de las llamadas Conferencias Croone (iniciadas en 1684 a instancias de la viuda del gran biólogo William Croone) que Starling pronunció ante la *Royal Society of Physicians* una conferencia titulada "La Correlación Química de las Funciones del Cuerpo".

[688]  Canguilhem, Georges, *Escritos sobre la medicina* [1989], *op.cit.*, p.113.

[689]  Nietzsche, Friedrich, *Así habló Zaratustra* [1883-1884/1890], Madrid, Alianza Editorial, 1985, p.61.

[690]  Canguilhem, Georges, *Escritos sobre la medicina* [1989], *op.cit.*, p.113.

> *Según lo que resulte de esta medición, el médico debe, o bien dejar*
> *hacer a la naturaleza, o bien intervenir para sostenerla y ayudarla, o*
> *bien renunciar a la intervención puesto que hay enfermedades más*
> *fuertes que ella. Donde la naturaleza cede, la medicina debe renunciar.*[691]

Canguilhem adhiere a Asclepíades (quien criticara duramente esta concepción calificando a la medicina expectante como meditación sobre la muerte), y simultáneamente pide a la medicina honrar a su fundador... dejando de reivindicar la práctica de esperar y observar:

> *No es prudente esperar que la naturaleza se declare cuando se ha*
> *verificado que, para conocer sus recursos, es preciso movilizarlos por el*
> *alerta. Actuar es activar, tanto para revelar como para remediar.*[692]

Ya en el campo de la anatomía metapsicológica, Freud ratificó que también el aparato psíquico tiende a regular sus niveles de estímulo. Pero la intervención del analista para acotar los efectos de la pulsión de muerte ahí implicada tampoco es afín a la tradición hipocrática.[693] El *principio de constancia* (*Konstanzprinzip*) freudiano tiene también un origen fisiológico. Formaba parte del aparato conceptual que enmarcaba lo teorizado por Freud y Breuer entre 1892 y 1895, y define la tendencia del aparato psíquico a mantener estables sus niveles de excitación. Evitación (frente a excitaciones exógenas) y defensa y descarga o abreacción (frente a excitaciones endógenas) son mecanismos de los que el aparato psíquico se vale para mantener o restablecer tal constancia.[694]

---

[691]  V. *Ibíd.*, p.20. Cf. asimismo pp.18 y 24.

[692]  *Ibíd.*, p.31.

[693]  El tema de la pulsión de muerte y la homeostasis será abordado en detalle un poco más adelante.

[694]  En el orden médico es sencillo establecer una analogía con este principio: "tratándose del organismo humano, la norma que es preciso restaurar cuando ese organismo se lesiona o se enferma, no se presta en lo más mínimo a la ambigüedad (…) el ideal de un organismo enfermo es un organismo sano de la misma especie". Canguilhem, Georges, *Escritos sobre la medicina* [1989], *op.cit.*, p.104.

Es en los *Bosquejos de la "Comunicación preliminar"* (1893) a los *Estudios sobre la histeria* (1895) que Freud correlaciona "la tesis de la constancia de la suma de excitación"[695] y la *abreacción*:

> *El sistema nervioso se afana por mantener constante (...) la "suma de excitación", y realiza esta condición de la salud en la medida en que tramita por vía asociativa todo sensible aumento de excitación o lo descarga mediante una reacción motriz correspondiente.*[696]

La *tramitación* aquí mencionada *es* el principio de constancia mismo. Las impresiones psíquicas que no tuvieron una descarga (motriz, asociativa) adecuada devienen síntomas histéricos. De ahí que la operatividad del *principio de constancia* en el aparato psíquico signifique –en términos metapsicológicos– *una condición de la salud*, a decir de Freud.[697] Este principio es basal en la teoría *económica* freudiana. Por lo menos un lustro antes de la publicación conjunta con Breuer, Freud había perfilado que el síntoma neurótico se asocia a una descompensación cuantitativa de tipo nervioso: "... el enfermo de histeria trabaja con un excedente de excitación en el sistema nervioso".[698]

En su *Proyecto de psicología* (1950 [1895]) Freud hace referencia al *principio de la inercia neuronal*[699] (análogo al "principio de constancia" que busca la homeostasis) para explicar una particular característica de las neuronas: procurar "aliviarse de la cantidad" excitatoria de estímulos endógenos o exógenos. Así, el *principio de la inercia neuronal* es concomitante al *principio de constancia* que rige el aparato psíquico, pues la descarga

---

[695] Expresión consignada en una carta a Breuer (29 de junio de 1892) reproducida en: Freud, Sigmund, *Obras Completas, op.cit.*, vol. I, p.183. López-Ballesteros traduce "el teorema de las constancias de las sumas de excitación". En: Freud, Sigmund, *Obras Completas*, Madrid, Biblioteca Nueva, *op.cit.*, vol. I, p.50.

[696] *Bosquejos de la "Comunicación Preliminar" de 1893* (1940-41 [1892]), bosquejo C, punto 5 en: Freud, Sigmund, *Obras Completas, op.cit.*, vol. I, p.190.

[697] Menciónese de paso que la idea de *impresión psíquica* está asociada a la de *huella mnémica*, noción que define el modo en que un suceso encuentra inscripción en la memoria, presente en las concepciones freudianas desde el *Proyecto de psicología* (1950[1895]).

[698] *Histeria* (1888), en: Freud, Sigmund, *Obras Completas, op.cit.*, vol. I, p.54.

[699] *Proyecto de Psicología* (1950 [1895]), parte 1, punto 6, en: Freud, Sigmund, *Obras Completas, op.cit.*, vol. I, p.340.

neuronal busca la *homeostasis*.[700] Con tono neurológico, también Breuer se refiere al principio de constancia en el apartado teórico de los *Estudios*: "...en el organismo existe la '*tendencia a mantener constante la excitación intercerebral*' (Freud)".[701] No es irrelevante que en una carta dirigida precisamente a Breuer (29/nov/1895), Freud se queje de que Sachs y C. S. Freund hablan del "principio de constancia de la energía psíquica" en su artículo "Sobre las parálisis psíquicas" (1893), plagiando el *Estudio comparativo de las parálisis motrices orgánicas e histéricas* que Freud había publicado el mismo año.[702]

Muchos años después Freud postularía en uno de sus escritos metapsicológicos fundamentales lo siguiente:

> *El sistema nervioso es un aparato al que le está deparada la función de librarse de los estímulos que le llegan, de rebajarlos al nivel mínimo posible; dicho de otro modo: es un aparato que, de ser posible, querría conservarse exento de todo estímulo.*[703]

Sirva este breve recuento para puntualizar que el principio de constancia fue atribuido por Freud a Gustav Theodor Fechner (1801-1887), quien basado en los postulados de Ernst Heinrich Weber formuló en 1860 su llamada "ley fundamental de la psicofísica", según la cual la intensidad de la sensación varía en relación directa con el logaritmo del estímulo, de modo que el aumento en progresión geométrica del estímulo causa un aumento en progresión aritmética de la sensación.[704]

Esta ley permite definir los llamados "umbrales de sensación", noción psicofisiológica útil para estudiar cuantitativamente las sensaciones. Los límites inherentes a una sensación están demarcados por la intensidad y la

---

[700] Cf. la opinión de Strachey sobre este asunto en: Freud, Sigmund, *Obras Completas, op.cit.*, vol. I, p.340, n.5.

[701] *Estudios sobre la histeria* (1893-1895), en: Freud, Sigmund, *Obras Completas, op.cit.*, vol. II, p.208.

[702] V. Freud, Sigmund, *Obras Completas*, Madrid, Biblioteca Nueva, *op.cit.*, vol. I, p. 13.

[703] *Pulsiones y destinos de pulsión* (1915), en: Freud, Sigmund, *Obras Completas, op.cit.*, vol. XIV, p.115.

[704] La psicofísica era la rama de la psicología que estudiaba las relaciones entre el psiquismo y el mundo físico (correlacionando las sensaciones –interoceptivas, propioceptivas o exteroceptivas– con sus correspondientes estímulos –acústicos, luminosos electromagnéticos, mecánicos, térmicos, químicos o eléctricos–).

cantidad del estímulo, de ahí que se hable de umbrales absolutos y de umbral diferencial. Los umbrales absolutos indican la cantidad mínima de estímulo (umbral inferior) necesaria para que exista sensación, y la cantidad máxima (umbral superior o dintel máximo) por encima de la cual no hay respuesta del organismo. El umbral diferencial cuantifica la variación o el incremento de intensidad necesarios para que se produzca una variación perceptible en la sensación. Ernst Heinrich Weber inició el estudio cuantitativo de los umbrales y formuló la ley conocida como ley de Weber. Gustav Theodor Fechner, desarrollando esta ley, inteligió la unidad de sensación (incremento del estímulo), que formuló con la hoy conocida ley de Weber-Fechner, una de las primeras leyes empíricas de la psicología.

La influencia de Fechner es fundamental para la concepción económica que Freud tenía del aparato psíquico. En uno de sus más tempranos escritos, afirma que todos los mecanismos biológicos tienen lo que llama "fronteras de acción eficaz" que se ligan a la noción de dolor. Lo ejemplifica con el sistema neuronal que "tiene la más decidida inclinación a huir del dolor. Discernimos en ello la exteriorización de la tendencia primaria dirigida contra la elevación de la tensión (...) toda excitación sensible, aun de los órganos sensoriales superiores, se inclina al dolor con el aumento del estímulo".[705] Las *fronteras de acción eficaz* a las que Freud alude remite a los "umbrales absolutos" de Fechner; la *tendencia primaria* del sistema a rehuir el dolor no es sino el principio de constancia de la suma de excitaciones; y el dolor como efecto del aumento de estímulo supone el "umbral diferencial" de la sensación definida asimismo por Fechner.

Una categoría paralela a los principios de inercia neuronal y de constancia es la de investidura (*Besetzung*), término que aparece por vez primera en una obra de 1895.[706] Es este un punto crucial, señala Strachey, porque con el concepto de investidura Freud abandona la hipótesis fisiológica (neurológica,

---

[705] *Proyecto de Psicología* (1950 [1895]), parte 1, punto 6, en: Freud, Sigmund, *Obras Completas, op.cit.*, vol. I, p.351.

[706] Cf. *Estudios sobre la histeria* (1893-1895), en: Freud, Sigmund, *Obras Completas, op.cit.*, vol. II, en: Freud, Sigmund, *Obras Completas, op.cit.*, vol. II, pp.108 y 166. El término investidura sería traducido por Strachey con el neologismo *cathexis*, para disgusto de Freud que acabó por aceptarlo y emplearlo. Posteriormente, el traductor al castellano de las obras de Freud de la editorial Amorrortu propondría el término *población*, más controvertido aún. (Cf. las razones de José Luis Etcheverri en: Freud, Sigmund, *Cartas a Wilhelm Fliess (1887-1904), op.cit.*, p.XXXIV, n.2.)

en rigor) para referirse a fenómenos en estricto psíquicos[707], esto es, metapsicológicos.

Es claro que la tesis del principio de constancia fue mantenida por Freud durante tres décadas, pues todavía en 1920 sostenía la —hoy canónica— definición de este principio:

> *...el aparato anímico se afana por mantener lo más baja posible, o al menos constante, la cantidad de excitación presente en él.*[708]

Más adelante hablará de una "protección antiestímulo" y explicará que "para el organismo vivo, la tarea de protegerse contra los estímulos es casi más importante que la de recibirlos".[709] Es así que la hipótesis del *principio de constancia* —presente, como se ha demostrado, desde 1888 en la obra freudiana—, sería esencial para la postulación (en 1920) de una de su más importantes (y polémicas) propuestas metapsicológicas: la *pulsión de muerte*. Entre un término y otro, Freud tiende como puente el principio de Nirvana (*Nirwanaprinzip*), variante del *principio de constancia* por cuanto define una proclividad específica del aparato psíquico: la reducción absoluta (a nivel cero) de todo nivel de excitación. Queda así enunciado el tránsito que va del *principio de* constancia a la pulsión de muerte, vía el *principio de Nirvana:*

> *...hemos discernido como la tendencia dominante de la vida anímica, y quizá de la vida nerviosa en general, la de rebajar, mantener constante, suprimir la tensión interna del estímulo (el principio de Nirvana, según la terminología de Barbara Low [1920, p. 73])*[710]

---

[707] Sin embargo es difícil sostener que en todos los escritos posteriores a 1895, el concepto de investidura "tuvo un significado por completo extraño a lo físico", como apunta Strachey (en: Freud, Sigmund, *Obras Completas, op.cit.*, vol. III, pp.64-65). Basta leer el capítulo IV de *Más allá del principio de placer* (1920) para que dicha afirmación aparezca como insostenible (*Cf.* vol. XVIII, p.29, donde Freud ubica las funciones propias de la conciencia en la zona cortical del cerebro.)

[708] *Más allá del principio de placer* (1920), en: Freud, Sigmund, *Obras Completas, op.cit.*, vol. XVIII, pp.8-9.

[709] *Ibíd.*, p.27.

[710] *Ibíd.*, p.54.

He aquí el giro decisivo: el aparato psíquico no tendería solamente a mantener estables determinados niveles de excitación sino al aniquilamiento total y absoluto. No hay lugar para equívoco alguno: el principio de Nirvana *traduce* la pulsión de muerte.

De modo impreciso, Freud vuelve sobre el particular cuatro años después recordando haber establecido un principio rector común en los procesos psíquicos, acorde a la "tendencia a la estabilidad" postulada por Fechner:

> *Atribuimos al aparato anímico el propósito de reducir a la nada las sumas de excitación que le afluyen, o al menos mantenerlas en el mínimo grado posible. Barbara Low (…) propuso para este afán supuesto del aparato, el nombre de* principio de Nirvana, *que aceptamos.*[711]

Las razones para aceptar este concepto, Freud no las explicita pero la implicación que este término tiene en sus elaboraciones ameritaría más que una cita tan incierta como la referida. Prosigue diciendo:

> *…el principio de Nirvana (y el principio de placer, supuestamente idéntico a él) estaría por completo al servicio de las pulsiones de muerte, cuya meta es conducir la inquietud de la vida a la estabilidad de lo inorgánico…*[712]

Y es evidente que no todo aminoramiento de tensión es placentero ni todo aumento de ésta es displacentero: Y es aquí donde Freud introduce una corrección importante: "esta concepción no puede ser correcta (…) existen tensiones placenteras y distensiones displacenteras. El ejemplo de la excitación sexual es el más notable", con lo que hace una tajante diferencia entre el principio de placer y el principio de Nirvana.[713] De manera que placer y displacer no guardan una correspondencia biunívoca con la disminución o el aumento de la "tensión de estímulo"; más precisamente, esta relación no es de orden cuantitativo sino cualitativo: "el principio de Nirvana, súbdito de la pulsión de muerte, ha experimentado en el ser vivo una modificación por la cual devino principio de placer; y en lo sucesivo tendríamos que evitar considerar a esos dos principios como uno solo",[714] afirmación que sutilmente

---

[711] *El problema económico del masoquismo* (1924), en: Freud, Sigmund, *Obras Completas, op.cit.*, vol. XIX, p.165.

[712] *Ibíd.*, p.166.

[713] *Ibíd.*, p.166.

[714] *Ibíd.*, p.166.

acentúa el aspecto dinámico que todo proceso económico comporta por cuanto los desplazamientos de fuerza son la consecuencia de los flujos libidinales que los instan. Freud atribuye tal modificación a la libido que –lo mismo que la pulsión de muerte– regula los procesos psíquicos:

> *El principio de Nirvana expresa la tendencia de la pulsión de muerte; el principio de placer, subroga la exigencia de la libido, y su modificación, el principio de realidad, el influjo del mundo exterior.*[715]

De este modo Freud desliga la identificación que –como él mismo lo dice– había establecido apresuradamente entre el principio de Nirvana y el principio de placer-displacer. En una de sus últimas obras, enuncia:

> *...el principio de placer demanda un rebajamiento, quizás en el fondo una extinción, de las tensiones de necesidad (Nirvana), lleva a unas vinculaciones no apreciadas todavía del principio de placer con las dos fuerzas primordiales: Eros y pulsión de muerte.*[716]

Así, en el aparato conceptual freudiano la pulsión de muerte queda indisolublemente unida al principio de Nirvana, cuya modificación en principio de placer se debe a la influencia de la pulsión de vida o libido. El principio de placer es, pues, una modificación del principio de Nirvana.

Se tiene entonces que en *Más allá del principio de placer* (1920) Freud afirmaba que el principio de Nirvana era expresión del principio de placer y que esto obligaba a colegir la existencia de las pulsiones de muerte. En *El problema económico del masoquismo* (1924) corrige esta afirmación y la sospecha que de ella derivaba: confirma la existencia de la pulsión de muerte (nótese el cambio al singular). Pero el principio de Nirvana ya no es para Freud expresión del principio de placer sino de la pulsión de muerte.[717] Todavía

---

[715] *Ibíd.*, p.166.

[716] *Esquema del psicoanálisis* (1940 [1938]), en: Freud, Sigmund, *Obras Completas, op.cit.,* vol. XXIII, p.200.

[717] El 12 de enero de 1955 Lacan criticó que en un autor de la talla de Hartmann aparecieran "absolutamente identificados los tres términos –principio de constancia, principio de placer, principio de Nirvana– como si Freud jamás se hubiera movido de la categoría mental en la que trataba de ordenar la construcción de los hechos y como si siempre hablara de lo mismo". Un mes después, Lacan se referiría a "esa *x* llamada, según los casos, *automatismo de repetición, principio de Nirvana o instinto (sic) de muerte*". Cf. Lacan, Jacques,

en una obra póstuma Freud escribe: "nos hemos resuelto a aceptar sólo dos pulsiones básicas: *Eros* y *pulsión de destrucción*"; la meta última de ésta es "transportar lo vivo al estado inorgánico; por eso también la llamamos pulsión de muerte".[718] De modo que lo que Freud llamó al principio la "tesis de constancia de la suma de excitación",[719] pasó a ser el "principio de inercia neuronal"[720] que después sería denominado "principio de constancia":[721] estas tres expresiones (que pueden homologarse a las de "homeostasis" y "cathexis") son los antecedentes de lo que posteriormente Freud llamaría "principio de Nirvana".

Ahora bien, es evidente que entre las concepciones freudiana y védica del término *Nirvana* hay diferencias que piden ser reflexionadas. Sorprende que Freud, tan meticuloso en el empleo de los términos, use un concepto de tal prosapia citando una referencia tan vaga. El hecho de que no explicite las razones por las que emplea este concepto y no cualquier otro en su última reflexión sobre el principio de constancia del aparato psíquico, obliga a indagar sobre las atribuciones que la palabra confiere a lo que designa:

La palabra *nirvâna* irrumpe en la literatura védica con el *Mahâbhârata*. Como se sabe, en el capítulo IV de este poema épico de la India antigua está insertado la *Bhagavad Gîtâ*, largo poema filosófico que también es llamado "la Biblia de la India". Es ahí que aparece el término *nirvâna* acaso por vez primera. Se ignora si Freud leyó el *Mahâbhârata* (nada sobre esto consignan los índices analíticos de sus obras). Es seguro que conocía los *Upanishad* por una nota del capítulo VI en *Más allá del principio de placer* [1920]. Comenta ahí un punto de convergencia común a la pulsión de muerte y al mito platónico del andrógino originario: en ambos casos, se trata de restituir un estado anterior. Relaciona a continuación las similitudes

---

*El Seminario. Libro II. El yo en la teoría de Freud y en la técnica psicoanalítica [1954-55]*, Buenos Aires, Paidós, 1992, pp.103 y 176.

[718] *Esquema del psicoanálisis* (1940(1938)), apartado II, en: Freud, Sigmund, *Obras Completas, op.cit.*, vol. XXIII, p.146.

[719] Consignada en la carta a Breuer del 29 de junio de 1892 publicada en los *Bosquejos de la "Comunicación Preliminar" de 1893* (1940-41 [1892]), en: Freud, Sigmund, *Obras Completas, op.cit.*, vol. I, p.183.

[720] Consignada en el *Proyecto de psicología* (1950 [1895]), en: Freud, Sigmund, *Obras Completas, op.cit.*, vol. I, pp.340-342.

[721] Esbozado desde *Histeria* (1888), y explicitado en los *Bosquejos de la "Comunicación Preliminar" de 1893* (1940-41 [1892]), en: Freud, Sigmund, *Obras Completas, op.cit.*, vols. I, p.55 y p.190, respectivamente.

que hay entre ese pasaje platónico de *El banquete* y el más antiguo de los *Upanishad*: el *Brihadâranyaka-upanishad*. En este caso, Freud es meticuloso en la comparación y discurre sobre los puntos de vista encontrados acerca de si Platón retomó o no el pasaje de la literatura india, para después fijar su posición. ¿Por qué aquí procede con el rigor que falta en el uso del concepto *nirvâna*? La pregunta no es insustancial por tratarse de una categoría que –si bien fue bautizada como tal hasta la obra de 1920 antecitada–, atraviesa toda su obra. Y decir "toda su obra" no es irresponsable: desde 1888 hasta 1938 el asunto fue desarrollado bajo denominaciones diversas, como ya se refirió. Pero decir que Freud procede sin rigor al emplear el concepto de *nirvana* obliga a una argumentación detallada:

*Nirvâna* es una categoría eminentemente budista. Buda no inventó la palabra pero al usarla le confirió un sentido nuevo.[722] Mas he aquí que el concepto no designa siempre lo que Freud quería. Por eso importa que en su reflexión no se haya remitido más que a una sola fuente para justificar su uso. Los estudiosos coinciden en que *nirvâna* es la categoría nodal del budismo. Más aún, el *nirvâna* es consustancial al budismo.

Freud intenta definir y describir lo que los textos védicos caracterizan como indefinible e indescriptible. Así, *nirvâna* es un término que sólo sirve para aludir aquello que en esencia es inefable, heterogéneo e inconmensurable; no representa meta alguna para lo vivo, como quiso definirlo Freud, puesto que nada que esté más allá del ser puede ser objeto de apetito alguno. Y si lo mortal puede aún llegar a ser (a na-*ser*), sólo la muerte de lo mortal podría homologarse al *nirvâna*. Es este un punto esencial al budismo: la eliminación del dolor que es trasfondo y serpigo de la experiencia humana; ése que Freud definía como un displacer específico debido a la perforación en un área circunscrita de la protección antiestímulo. Pero si todo *esto* –lo contingente– es dolor, debe haber *algo* que no lo sea. Y es a eso que apunta toda disciplina ascética: renunciar al estado presente para acceder al estado inaugural, primigenio, cualquiera que éste haya sido o siga siendo.

La vía cristiana busca la fuente originaria despiezando lo múltiple. En la interpretación brahamánica, esas piezas reconstruirían la unidad primordial. Pero para la doctrina budista, se trata simplemente de deshacer (*asamskrta*). Así, *nirvana* remite a la extinción de la existencia *sentiente* o pensante, a la aniquilación de toda temporalidad, de toda contingencia.[723] Si la existencia es

---

[722] Cf. Panikkar, Raimon, *El silencio de Buddha* [1996], Madrid, Siruela, 1996, p.97.
[723] Cf. *Ibíd.*, p.101.

lo que es, la no-existencia acaso definiera lo que el *nirvâna* es. Sin embargo, "ni como existencia ni como no-existencia ha de concebirse el *nirvâna*".[724] Todo lo hecho, creado, determinado, confeccionado, limitado y condicionado es lo que el *nirvâna* no es; no representa ni la aniquilación (*ucchinna*) ni la perennidad *(sâsvata)*. Para los budistas, "mente universal" y *nirvâna* son una y la misma cosa. Tampoco puede ser producto de elucubración mental alguna:

> *Yo os digo (…) que ahí no se entra, que de ahí no se sale, que ahí no se permanece, que de ahí no se decae y que de ahí no se renace. Carece de fundamento, carece de actividad, no puede ser objeto de pensamiento.*[725]

La contradicción es sólo aparente. Una filosofía como la de la India que ha discurrido sobre éste y otros conceptos intrínsecamente inefables durante por lo menos tres mil años, explica con una palabra lo que con todas las demás niega. Por ejemplo: el *atman*, que busca "significar lo más entrañable, el centro y eje de algo, su íntima y verdadera naturaleza (…) la *ipseidad* de cada quien, su verdadero ser";[726] el *atman* es "lo que no es pensado por la mente y gracias a lo cual la mente piensa" según un comentario que al *Kena Upanishad* se hace en las *Vedanta Sutras*.[727] Ni la vacuidad define al *nirvâna*, aunque una condición para aspirar a él (y sólo eso, según cierta tradición) sea el vaciamiento de sí mismo. Es por eso que "el *nirvâna* es pero el sujeto *nirvanado* no existe".[728]

Análogamente, lo inconsciente –objeto metapsicológico por excelencia– no *es*, como en el caso del *nirvâna*, sino *habrá sido* cuando al producirlo (en una de las llamadas formaciones de lo inconsciente), deje de serlo en el acto. Lo inconsciente se colige a partir de sus manifestaciones –sueño, *lapsus*, síntoma, chiste, etc.– pero ninguna de éstas *es* lo inconsciente sino sólo una

---

[724] *Ibíd.*, p.107. Aseveración que recuerda una de las tantas definiciones que Lacan diera sobre lo inconsciente: "lo que pertenece propiamente al orden del inconsciente es que no es ni ser ni no-ser, es no-realizado"; en: *El Seminario. Libro XI. Los cuatro conceptos fundamentales del psicoanálisis (1964)*, Buenos Aires, Paidós, 1993, p.38.

[725] En *Udâna* VIII, 1; citado en: Panikkar, Raimon, *El silencio de Buddha* [1996], *op.cit.*, p.105.

[726] Villoro, Luis, *Una filosofía del silencio: La filosofía de la India* [1996], México, Verdehalago, 1996, p.45.

[727] Citado en: Villoro, Luis, *La significación del silencio* [1996], México, Verdehalago, 1996, p.53.

[728] Panikkar, Raimon, *El silencio de Buddha* [1996], *op.cit.*, p.358, n.100.

de sus formaciones. Pero igual que no hay algo como el sujeto *nirvanado*, tampoco hay participio posible en el sujeto del inconsciente. Es por eso que el futuro anterior (*habrá sido*) es el tiempo verbal adecuado para hablar de aquello que de lo inconsciente se muestra fenoménicamente.[729] Esta imposibilidad de acceder al *nirvâna* recuerda lo dicho por Lacan:

> *El inconsciente (…) es algo negativo, idealmente inaccesible. Por otra parte, es algo casi real.*[730]

Ahora bien, para enunciar la característica esencial de la pulsión de muerte, Freud encontró apoyo en un filósofo específico: "inadvertidamente hemos arribado al puerto de la filosofía de Schopenhauer, para quien la muerte es el 'genuino resultado' y, en esa medida, el fin de la vida".[731] Bien se ve que Freud explota el espectro semántico de la palabra *fin*: la muerte sería el *genuino resultado*, el fin (entendido como *finalidad* y no como *término*) de la vida. Inferencia que puede apoyarse en la siguiente aseveración:

> *…suponemos una pulsión de muerte, encargada de reconducir al ser vivo orgánico al estado inerte.*[732]

La pulsión de muerte tiene como meta, pues, aniquilar lo vivo. He aquí la más fuerte discrepancia entre la concepción de Freud sobre el principio de Nirvana (ideal del aparato psíquico que, aguijoneado por la pulsión de muerte, busca *conservarse exento de todo estímulo*), y el *nirvâna* védico.

> *Nirvâna* [no] *puede ser considerado como los fenómenos del devenir y de la cesación, o como el cese del devenir y de la cesación. El nirvâna es la perfecta manifestación* (…) *de la cesación del cambio,* [aunque] *en el momento de la manifestación, no hay tal cosa que se manifieste.*[733]

---

[729]  "El pasado es de otro modo al haber sido", dice Heidegger; en *De camino al habla* [1950-1959], Barcelona, Odós, 1987, p.140.

[730]  Lacan Jacques, *El Seminario. Libro I,* Los escritos técnicos de Freud *(1953-1954)*, Buenos Aires, Paidós, 1992, p.239.

[731]  *Más allá del principio de placer* (1920), en: Freud, Sigmund, *Obras Completas, op.cit.*, vol. XVIII, pp.48-49.

[732]  *El yo y el ello* (1923), en: Freud, Sigmund, *Obras Completas, op.cit.*, vol. XIX, p.41.

[733]  Panikkar, Raimon, *El silencio de Buddha* [1996], *op.cit.*, p.116. Es curioso que la palabra "goce" coincida en este contexto con la elaboración lacaniana al introducir la noción de temporalidad: el goce, desde el punto de vista

Tampoco el futuro anterior que caracteriza la producción del inconsciente denota devenir. En lo que va –por ejemplo– de la palabra emitida a la producción inconsciente que ella entraña, hay un efecto diferido; es ésta una modalidad temporal del desajuste donde el efecto funda la causa como tal. Se trata de un tiempo lógico donde lo manifestado expresa –en estricto– aquello que ya no *es* en lo manifiesto. Como si la causa fuera una presencia ausente en el efecto o –más claro– una ausencia presente.[734]

Hay entonces algunas diferencias entre la perspectiva budista y lo que Freud quería designar: *nirvâna* como estado asequible sólo por el hecho de morir, como homologable a la aniquilación o la vacuidad, como fin o meta de la vida, como susceptible de descripción, definición o elucubración, etc. Quizá la diferencia más importante entre ambas concepciones sea que Freud se refiere al principio de Nirvana como aquello que tiende a un estado anterior pero referido al sujeto en el que tal principio se manifiesta. El *nirvâna* sí se refiere a tal estado pero lo enuncia como anterior al nacimiento del cosmos, anterior al tiempo mismo. Eso expresa la palabra sánscrita *ajâta*. A menos que Freud diera por descontado que por *nirvâna* se entiende ese abismarse en la fusión con el Espíritu universal del que hablan los textos clásicos: "es como echar un terrón de sal en el mar; se disuelve en el agua (de la cual se había extraído), sin que pueda sacarse otra vez".[735] Dice Lacan:

> *En el nirvana, uno aspira a perderse en ese saber absoluto del cual no hay marca. Uno cree que será confundido con ese supuesto*

---

psicoanalítico, acontece en el instante, no en el discurrir temporal; sincrónico por definición, está fuera del discurso pues "el goce está prohibido a quien habla como tal". V. "Subversión del sujeto y dialéctica del deseo en el inconsciente freudiano" (1960), en: Lacan, Jacques, *Escritos* [1966], *op.cit.*, p.801.

[734] Piénsese cuando en análisis se profiere una cadena de significantes que –se supone– emerge del inconsciente; pero no emerge de ahí puesto que el inconsciente existe a partir de tal articulación; pero en el suceder de la articulación ya no se trata en estricto de inconsciente alguno, y así sucesivamente. Se trata, diría Lacan "una voz que ya no es sino *la voz de nadie* (…) esa palabra que habla en mí, más allá de mí"; en: *El Seminario. Libro II, El yo en la teoría de Freud y en la técnica psicoanalítica (1954-1955)*, *op.cit.*, pp.258 y 259. Este pasaje de Lacan recuerda aquel análisis de un sueño que Freud hace en *La interpretación de los sueños* (1900[1899]): "Ahora reparo en que es otro el que habla por su boca", en: Freud, Sigmund, *Obras Completas*, *op.cit.*, vol. V, p.452.

[735] Blavatsky, H.P., *Glosario* [1892], *op.cit.*, p.556.

*saber sostener el mundo; este mundo no es más que un sueño de cada cuerpo.*[736]

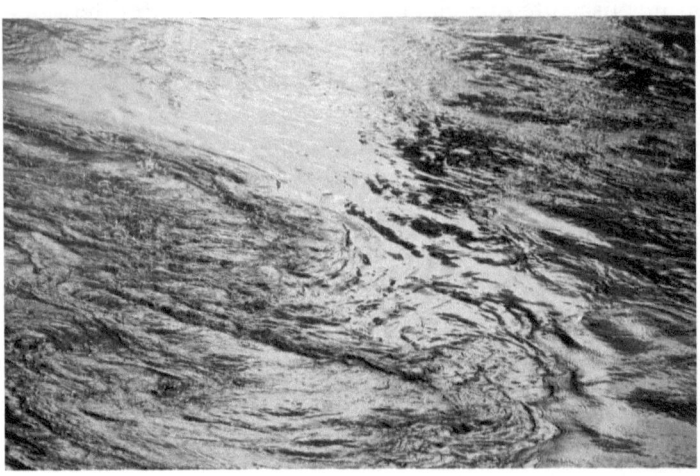

Lo cierto es que ignoramos cuánto había leído Freud sobre el *nirvâna*. Sabemos de cierto, en cambio, que fue Schopenhauer quien difundió en Occidente el concepto. Pero la muy compleja relación que como lector tuvo Freud con el gran filósofo merecería un capítulo aparte.

Este largo recuento de todos los conceptos ligados al de *suma de excitación* autoriza a enunciar la afirmación siguiente: si bien fue hasta 1915 que Freud expuso de manera acabada qué condiciones debía cumplir un discernimiento descriptivo-metapsicológico ("propongo que cuando consigamos describir un proceso psíquico en sus aspectos dinámicos, tópicos y económicos eso se llame una exposición metapsicológica"),[737] ya en 1894 había concebido de forma rudimentaria la *dinámica* y la *económica* que serían la médula en la constitución de su epistemología. En efecto, a partir de manifestaciones clínicas concretas Freud infiere que en toda función psíquica acontece una serie de procesos (investiduras, montos de excitación) "que tiene todas las propiedades de una cantidad —aunque no poseamos medio alguno para

---

[736]  Es este un fragmento de la respuesta que Lacan diera a Catherine Millot en 1974 cuando ésta preguntó de qué lado había que situar el deseo de muerte: si del lado del deseo de dormir o del deseo de despertar. V. *Lacan textual* (edición electrónica).

[737]  *Lo inconsciente* (1915), en: Freud, Sigmund, *Obras Completas*, *op.cit.*, vol. XIV, p.178.

medirla–; algo que es susceptible de aumento, disminución, desplazamiento y descarga, y se difunde por las huellas mnémicas de las representaciones.[738]

El monto de afecto *que tiene todas las propiedades de una cantidad* no define otra cosa sino una teoría *económica* por cuanto consigna el aumento y la disminución de dicha cantidad, todavía inconmensurable desde el punto de vista científico; cantidad también susceptible de *desplazamiento y descarga* constitutivos de una *dinámica* de las representaciones anímicas.

Si a lo anterior sumamos los tanteos topológicos del *Proyecto de psicología* (1950[1895]) y la famosa "carta 52" en la que Freud expone un modelo *tópico* del aparato psíquico (ambos documentos incluidos en su correspondencia con Fliess), se tiene conformado ya el trípode sobre el que descansarán los escritos metapsicológicos que no verían la luz sino hasta 1915, fundamentos epistémicos del psicoanálisis todo.

No obstante, debe señalarse que hay también coincidencias importantes entre la concepción budista del *nirvâna* y la significación que Freud le daba a esta categoría: eliminación del dolor, fin del sufrimiento, acallamiento de lo fenoménico; sed saciada de silencio y paz, en suma.[739]

> *El ser es suceso y acontecer. De ahí que el morir sea también, y quizás ante todo, suceso en que el ser emigra para seguir sucediéndose, cuando ya en la vida ésta, en este lugar, encuentra ese límite que es el no poder ya más (...) Se muere en verdad de no poder ya más vivir.*[740]

En este sentido, el *nirvâna* sería el fin de ese doloroso peregrinar de la vida que aguarda su postrera disolución: es "un estado de absoluta exención del círculo de transmigraciones".[741] De tal suerte que "la palabra primera

---

[738] *Las neuropsicosis de defensa* (1894), en: Freud, Sigmund, *Obras Completas, op.cit.*, vol. III, p.61.

[739] "La vida no quiere curarse", dice Lacan. "La vida de la que estamos cautivos, vida esencialmente alienada, ex-sistente, vida en el otro, está como tal unida a la muerte, retorna siempre a la muerte (...) La vida sólo piensa en descansar lo más posible mientras espera la muerte. (...) La vida sólo sueña en morir" en: *El Seminario. Libro II, El yo en la teoría de Freud y en la técnica psicoanalítica (1954-1955), op.cit.*, p.348.

[740] Zambrano, María, *De la aurora* [1986], Madrid, Turner, 1986, p.65.

[741] Blavatsky, H.P., *Glosario* [1892], México, Teocalli, 1984, p.556.

se recoge, vuelve a su silencioso y escondido vagar".[742] Pero tratándose de moribundos en tránsito, "¿cuál es el sufrimiento de un muerto-viviente? Se trata de un ser (...) cuyo sufrimiento no está ligado al hecho de que no pueda vivir, sino al hecho de no poder morir", dice Alain Didier-Weill.[743]

Si es la efímera vida la que irrumpe en el eterno reposo, si en cada vida revive la muerte, no somos sino "muertos con licencia" como decía Lenin, occisos francos. Penamos por insepultos, pues la vida no es otra cosa que un sepulcro mal sellado.

[742]  Zambrano, María, *Claros del bosque* [1977], Barcelona, Seix Barral, 1977, p.26.
[743]  Nasio, Juan David *et al.* [1987] *El silencio en psicoanálisis*, Buenos Aires, Amorrortu, 1987, p.172.

# Bibliografía

**Adjedj, Jean-Pierre, *et al.***
[1992] *La normalidad como síntoma*, Buenos Aires, Ediciones Kliné, 1994.

**Ansermet, François *et al.***
[1989] *La psicosis en el texto*, Buenos Aires, Manantial, 1990.

**Aristóteles**
[s. IV a.C.] *Tratados de Lógica (El Organón)*, Madrid, Gredos, 2008.

**Assoun, Paul-Laurent**
[1981] *Introducción a la epistemología freudiana*, México, Siglo XXI, 1991.
[1997] *Figuras del psicoanálisis*, Buenos Aires, Prometeo, 2005.
[1997] *Fundamentos del psicoanálisis*, Buenos Aires, Prometeo, 2005.
[1997] *Perspectivas del psicoanálisis*, Buenos Aires, Prometeo, 2006.
[2000] *La metapsicología*, México, Siglo XXI, 2002.
[2001] *El freudismo*, México, Siglo XXI, 2003.

**Bachelard, Gaston**
[1927] *Essai sur la connaissance approchée*, Vrin, París, 1927.
[1934] *Le nouvel esprit scientifique*, Alcan, París, 1934.
[1940] *La philosophie du non*, P.U.F., París, 1940.
[1940] *La filosofía del no*, Buenos Aires, Amorrortu, 2003.
[1949] *Le rationalisme appliqué*, P.U.F., París, 1949.
[1951] *L'activité rationaliste de la physique contemporaine*, P.U.F., París, 1951.
[1960] *La formación del espíritu científico*, México, Siglo XXI, 1985.
[1972] *El compromiso racionalista*, México, Siglo XXI, 1985.
[1972] *Estudios*, Buenos Aires, Amorrortu, 2004.

**Birman, Joël**
[2007] *Foucault y el psicoanálisis*, Buenos Aires, Nueva Visión, 2008.

**Blavatsky, H.P.**
[1892] *Glosario*, México, Teocalli, 1984.

**Braunstein, Néstor**
[1990] *Goce*, Buenos Aires, Siglo XXI, 2006.

**Canguilhem, Georges**
[1951] *Etudes d'histoire et de philosophie des sciences*, París, P.U.F., 1951.
[1952] *El conocimiento de la vida*, Barcelona, Anagrama, 1976.
[1966] *Le normal et le pathologique*, París, P.U.F., 1966.
[1966] *Lo normal y lo patológico*, México, Siglo XXI, 1978.
[1973] *Introducción a Bachelard*, Buenos Aires, Calden, 1973.
[1977] *Idéologie et rationalité*, París, Vrin, 1977.
[1977] *Ideología y racionalidad en la historia de las ciencias de la vida*, Buenos Aires, Amorrortu, 2005.
[1989] *Escritos sobre la medicina*, Buenos Aires, Amorrortu, 2004.

**Caparrós, Nicolás (editor)**
[1871-1886] *Correspondencia de Sigmund Freud* (tomo I), Madrid, Biblioteca Nueva, 1997.
[1887-1908] *Correspondencia de Sigmund Freud* (tomo II), Madrid, Biblioteca Nueva, 1997.
[1909-1914] *Correspondencia de Sigmund Freud* (tomo III), Madrid, Biblioteca Nueva, 1997.
[1914-1925] *Correspondencia de Sigmund Freud* (tomo IV), Madrid, Biblioteca Nueva, 1997.
[1926-1933] *Correspondencia de Sigmund Freud* (tomo V), Madrid, Biblioteca Nueva, 2002.

**Droit, Roger-Pol**
[1975] *Entrevistas a Michel Foucault*, Barcelona, Paidós, 2006.

**Ellenberger, Henri F.**
[1970] *El descubrimiento del inconsciente*, Madrid, Gredos, 1976.

*Enciclopedia Universal Ilustrada Europeo Americana*, Madrid, Espasa Calpe, 1988.

**Erikson, Eric H.**
[1956-1963] Ética y psicoanálisis, Buenos Aires, Hormé, 1967.

**Ferrater Mora José**
[1994] *Diccionario de Filosofía*, vol. IV, Barcelona, Ariel, 1994.

**Foucault, Michel**
[1969] *La arqueología del* saber, México, Siglo XXI, 1995.
[1984] *L'usage des plaisirs*, París, Gallimard, 1984.
[1984] *Historia de la sexualidad 2. El uso de los placeres*, Siglo XXI, Buenos Aires, 1986.
[1954-1988] *Dits et écrits*, París, Gallimard, 1994.

**Freud, Sigmund**
[1873-1938] *Obras completas*, Madrid, Biblioteca Nueva, 1981.
[1882-1886] *Cartas de amor*, México, Ediciones Coyoacán, 1995.
[1884-1898] *Escritos sobre la cocaína*, Barcelona, Anagrama, 1980.
[1887-1904] *Cartas a Wilhelm Fliess (1887-1904)*, Buenos Aires, Amorrortu, 1986.
[1886-1939] *Obras completas*, Buenos Aires, Amorrortu, 1993.

**Goethe, Johann Wolfgang**
[1773-1831] *Fausto*, en: *Obras Completas*, México, Aguilar, 1991.

**Hegel, G.W.F.**
[1812-1816] *Ciencia de la Lógica*, Buenos Aires, Solar/Hachette, 1976.

**Heidegger, Martín**
[1950-1959] *De camino al habla*, Barcelona, Odós, 1987.

**Kant, Emmanuel**
[1781] *Crítica de la razón pura* (edición de Pedro Ribas), Madrid, Alfaguara, 1988.

**Kuhn, Thomas S.**
[1962] *La estructura de las revoluciones científicas*, México, Fondo de Cultura Económica, 1985.

**Lacan, Jacques,**
[1953-1954] *El Seminario. Libro I, Los escritos técnicos de Freud (1953-1954)*, Buenos Aires, Paidós, 1992.
[1954-1955] *El Seminario. Libro II, El yo en la teoría de Freud y en la*

*técnica psicoanalítica (1954-1955)*, Buenos Aires, Paidós, 1992.
[1962-1963] *El Seminario. Libro X, La angustia (1962-1963)*, Buenos
Aires, Paidós, 1992.
[1964] *El Seminario. Libro XI, Los cuatro conceptos fundamentales del
psicoanálisis* (1964), Buenos Aires, Paidós, 1993.
[1966] Écrits, París, Éditions du Seuil, 1966.
[1966] *Escritos*, México, Siglo XXI, 2000.
*Lacan Textual* (edición electrónica)

**Laplanche, Jean y Pontalis, Jean-Bertrand**
[1968] *Diccionario de Psicoanálisis*, Barcelona, Labor, 1983.

**Le Blanc, Guillaume**
[1998] Canguilhem y las normas, Buenos Aires, Nueva Visión, 2004.

**Lecourt, Dominique**
[1972] *Pour une critique de l'epistémologie*, París, François Maspero, 1972.

**Miller, Jacques-Alain**
[1989-1990] *El banquete de los analistas*, Buenos Aires, Paidós, 2000.
[1995] *El saber delirante*, Buenos Aires, Paidós, 2005.
[1997] *El psicoanalista y sus síntomas*, Buenos Aires, Paidós, 1998.

**Nasio, Juan David *et al***
[1987] *El silencio en psicoanálisis*, Buenos Aires, Amorrortu, 1987.

**Nietzsche, Friedrich**
[1883-1884/1890] *Así habló Zaratustra*, Madrid, Alianza Editorial, 1985.
[1886] *Más allá del bien y del mal*, Madrid, Edaf, 1985.
[1901] *La volonté de puissance*, París, Gallimard, 1995.

**Panikkar, Raimon**
[1996] *El silencio de Buddha*, Madrid, Siruela, 1966.

**Roudinesco, Élisabeth y Plon, Michel**
[1997] *Diccionario de psicoanálisis*, Buenos Aires, Paidós, 1998.

**Serres, M., en Le Goff, J. Y Nora, P. (eds.)**
[1974] *Faire de l'histoire*, tomo II, *Nouvelles approches : les sciences*, París,
Gallimard, 1974.

**Villoro, Luis**
[1996] *Una filosofía del silencio: La filosofía de la India*, México, Verdehalago, 1996.
[1996] *La significación del silencio*, México, Verdehalago, 1996.

**Zambrano, María**
[1977] *Claros del bosque*, Barcelona, Seix Barral, 1977.
[1986] *De la aurora*, Madrid, Turner, 1986.

www.ingramcontent.com/pod-product-compliance
Lightning Source LLC
Chambersburg PA
CBHW031838170526
45157CB00001B/352